新文京開發出版股份有限公司

**N E W**
**W C D P**

新世紀・新視野・新文京 ─ 精選教科書・考試用書・專業參考書

# 環境 第**4**版 與 生態

陳 偉、石 濤◎編著

**FOURTH EDITION**

Environment and Ecology

# Preface

　　《環境與生態》的內容是整理自國內外生態、環境與自然保育等相關書籍及網站，並融入教學經驗與心得編著而成，內容共分為 10 章：緒論、生態系統、動物與環境、重視野生動物保育、土壤生態保育、水資源保育與利用、大氣汙染與生態保護、生態工法、都市生態與綠化、掩埋場復育等。除了適合當作「生態學」、「都市生態學」、「森林生態學」及「環境生態學」專業學科的教科書外，亦可作為許多通識課程，如：「環境生態學概論」、「生態學概論」、「自然保育」、「環境保護概論」、「生態旅遊」、「自然資源保育」等之參考書籍。

　　本書自 2003 年第一版付梓至今，受到許多大專院校相關科系的支持與採用，特此表達感激。為使讀者獲得完整的環境與生態知識，廣納各方建議與指正予以再版，第四版內容乃將原有章節依其相關性加以整併，並依國內現況進行相關章節圖表之增修，包括數據與法規之更新。在內容編撰上力求嚴謹，並且經過再三審校，以求正確及完整，然若仍有遺漏之處，敬祈各方專家學者不吝賜教，提供寶貴意見。是所企盼，不勝感謝。

編著者 謹識

# *Preface* 序

　　不論是生態學、環境生態學或是環境科學，都是探討影響生物生存與在環境中生物與非生物之互動關係。而環境與生態除包含原有之觀念，更進一步涉及人類與環境因子產生互動後所衍生的問題。要解決環境與生態的問題，從教育著手是根本之道。唯有良好的環境教育，使大家體認人類不能置外於所生存之環境，才能更珍惜我們賴以生存的地球，對於資源也才能夠永續利用。

　　本書的內容是整理自國內外生態、環境與自然保育等相關書籍及網站，並加入編著者的教學心得而成，內容共分為 10 章。本書除了適合當作「生態學」、「都市生態學」、「森林生態學」及「環境生態學」專業學科的教科書外，亦可作為許多通識課程，如：「環境生態學概論」、「生態學概論」、「自然保育」、「環境保護概論」與「自然資源保育」等課程之參考書籍。

　　另外，目前國內生命科學、生物學、森林、自然資源、環境資源管理、生態與環境相關研究所中，需要考生態學、環境生態學或相關學科的學校，包括中山大學、中興大學、臺灣大學、成功大學、東華大學、屏東科技大學、師範大學、輔仁大學及靜宜大學等；書末收錄的各研究所考題彙整，更是有志升學者必備之應考寶典。

　　本書在內容編撰上力求嚴謹，並且經過再三審校，以求正確及完整，然若仍有遺漏之處，敬祈各方專家學者不吝賜教，提供寶貴意見。是所企盼，不勝感謝。

**編著者** 謹識

# *Contents* 目 錄

## Appendix II 研究所考題篇 ...................................................341

# 緒 論
## Introduction

*Foreword* 前言

　　生物與其生長的周遭環境是密不可分的，生物必須依靠陽光、空氣、水等因子始能存活，生物與生物間也由互相依存或互相競爭而產生互動。故本章將介紹生態與環境的基本概念，包括常用名詞解釋、族群間的相互關係、環境與環境汙染等。

## 1-1 生態學的概念

### 一、名詞解釋

#### （一）生態學(Ecology)

指研究生物與生物，生物與環境之間互動之科學；Ecology 一詞來自於希臘，eco-表示住所或棲息地，-logy 表示學問。就字面上來說，生態學是研究生物棲息環境的科學。

#### （二）族群(Population)

是棲息在同一個地區當中同種個體所組成的群體，一個族群當中含有出生率、死亡率、增長率、年齡結構、性比等。

#### （三）群聚(Community)

是棲息在同一地域中的動物、植物和微生物的複合體。即一生態區域內所有生物族群的組合。

#### （四）生態系統(Ecosystem)

指的是在一定的空間內生物的成分和非生物成分通過物質的循環、能量的流動等交互作用，互相依存而構成的一個生態學功能單位。

#### （五）生物圈(Biosphere)與副生物圈(Parabiosphere)

生物圈是指地球上的所有生物與一切適合於生物生存的場所。生物圈包括岩石圈、全部的水域及大氣層的下層（圖 1-1）。岩石圈是所有陸生生物的棲息場所，岩石圈的土壤中含有植物的地下部分，以及細菌、真菌、許多無脊椎動物等。岩石圈中最深的生物極限可達 2,600~3,000 公尺。在大氣層中，生命主要集中於下層，即與岩石圈的交界處，一些鳥類能飛到數千公尺的空中，昆蟲與一些小動物能被氣流帶到更高的地方，在平流層當中亦有細菌與真菌。這些地方無法為生物提供長期生活的條件，故吾人稱之為副生物圈(Parabiosphere)，亦有人稱為 Biosphere II。

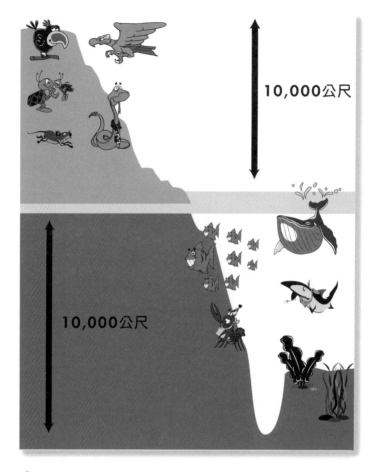

10,000公尺

10,000公尺

🦋 圖 1-1　生物圈範圍：海平面上下各 10,000 公尺

## （六）生態交會區(Ecotone)

在多數情況下，不同群聚之間都存在過渡帶，此稱為生態交會區。

## （七）生物多樣性(Biodiversity)

可以定義為生物中的多樣化和變異性以及物種生境的生態複雜性。其中包括了植物、動物和微生物等所組成的群聚與生態系統。生物多樣性一般包含了遺傳多樣性、物種多樣性及生態系統的多樣性。生物多樣性對於人類而言非常重要，許多動植物除了是人類的糧食以外，更含有可以治療人類疾病的成分。對於生態系統而言，生物多樣性也是讓生態系統得以穩定的力量。1992 年 6 月於巴西里約熱內盧簽訂生物多樣性公約，共同維護全球的生物多樣性，現今已有超過 190 個國家簽署這份公約（臺灣因政治因素尚未簽署）。

## 二、族群間的相互關係

　　族群間的相互關係大致上可分成競爭、片利共生、互利共生、片害共生、寄生等（表 1-1）。

🦋 表 1-1　族群間之相互關係

| 類　型 | A | B | 實　例 |
|---|---|---|---|
| 競爭 | － | － | 動物之間競爭食物與生存空間 |
| 片利共生 | ＋ | ○ | 生活於海參消化道末端之小魚<br>牛背鷺和水牛 |
| 互利共生 | ＋ | ＋ | 地衣（藻菌共生）、豆科植物和根瘤菌、白蟻和鞭毛蟲 |
| 片害共生 | － | ○ | 青黴菌與細菌 |
| 寄生 | ＋ | － | 肝吸蟲與人類 |

### （一）競爭(Competition)

　　對交互作用中的兩者皆不利。

### （二）捕食作用(Predation)

　　交互作用有利於其中一種生物，寄生(Parasitism)亦可包括於其中。

### （三）片利共生(Commensalism)

　　一種生物自交互作用中得利，但另一種不受影響，如：蕨類與樹（圖 1-2）。又例如：牛背鷺喜歡在水牛身上棲息，如此方便捕食水牛身上的昆蟲。對於水牛來說，牛背鷺的存在與否對其並無影響，但是牛背鷺卻可以藉由水牛獲得食物。

🦋 圖 1-2　蕨類與樹木共生

## （四）互利共生(Mutualism)

　　對兩種生物皆有利。如：白蟻體內的鞭毛蟲可以幫助白蟻消化纖維素，兩者若分開就無法生存。小丑魚也喜好棲息在珊瑚礁海域與海葵進行「互利共生」，海葵觸手上有刺細胞，對於一般魚類會產生麻痺作用，而小丑魚身上會分泌一種保護黏液，可避免刺細胞傷害，因此小丑魚可以安心的把海葵當成最安全的生活環境（圖 1-3）。

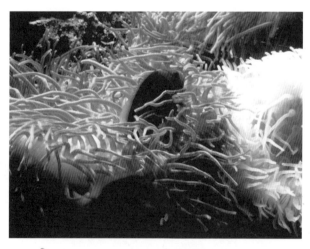

🦋 圖 1-3　小丑魚與海葵的互利共生

## （五）片害共生(Amensalism)

一種生物自交互作用中獲得壞處，但另一種不受影響。如：青黴菌可分泌青黴素殺死細菌，但對於青黴菌本身並無明顯利害關係，此即片害共生。

然而族群間亦有所謂的原始合作(Protocooperation)關係，如海葵與寄居蟹。海葵附著在寄居蟹上，因寄居蟹的爬行而有機會獲得更多食物，寄居蟹也因海葵的刺細胞而不致於遭受其他生物的侵害。只是兩者若分開生活還是可以利用另外的生活方式存活。

## 三、生態學的種類

### （一）以生物組織水準劃分

個體生態學、族群生態學、群聚生態學、生態系統生態學、全球生態學。

### （二）以生物棲息環境劃分

淡水生態學、海洋生態學、河口生態學、陸地生態學。其中陸地生態學又可再分為森林生態學、草原生態學、濕地生態學、熱帶生態學、沙漠生態學與凍原生態學。

### （三）以生物學分類劃分

魚類生態學、兩生類生態學、爬蟲類生態學、鳥類生態學、哺乳類生態學、植物生態學、藻類生態學、微生物生態學。

### （四）以交叉學科劃分

數學生態學、化學生態學、物理生態學、地理生態學、生理生態學、演化生態學、行為生態學、生態遺傳學。

## 四、生態系統的特徵

（一）生態系統是生態學上的一個主要構造與功能單位。

（二）生態系統內部具有自我調節能力。生態系統的構造越複雜，物種數目越多，則自我調節能力就越強。

（三）生態系統具有三大主要功能：能量流動、物質循環與資訊傳遞。

（四）生態系統是一個動態系統，從簡單到複雜與不成熟到成熟的發育過程當中，其早期發育與晚期發育階段具有不同的特性。

（五）生態系統中營養階層的數目受限於生產者固定的最大能量值，因此生態系統營養級的數目通常為 4~5 個。

## 1-2 環境與環境汙染

環境指的是生物體以外，與生物體產生互動，進而影響生物體生存的事物。而目前造成環境汙染之原因包括：

### 一、人口問題

由於人口成長（圖 1-4），造成空間與糧食不足，故生存空間受限，也因而引發糧食危機。開發中國家的人口成長劇烈，但是已開發國家則呈現零成長或是負成長的現象。以臺灣而言，目前的趨勢是人口高齡化與少子化（年輕夫婦不願意生育下一代）。一般而言，超過 65 歲的人口若占總人口數的 8%以上，則稱為高齡化社會，臺灣在 2021 年超過 65 歲的人口已占總人口的 16%。在少子化方面，民國 71 年臺灣地區人口出生數有 40 萬，但到了民國 105 年卻只剩下 20 萬，出生人口數減少一半。2021 年總人口開始減少，正式邁入高齡社會（老年人超過 14 %）。

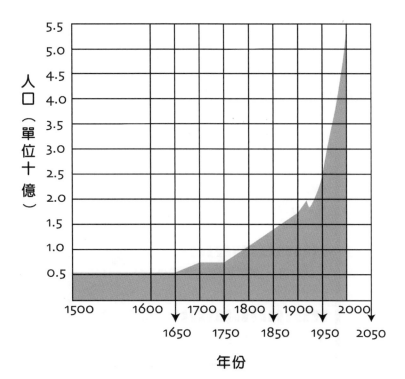

🦋 圖 1-4 世界膨脹人口曲線（截至 2000 年，2001～2050 待統計）

## 二、工業發展

新科技的發展產生了新的汙染，例如氟氯碳化物（噴霧劑、髮膠、冷媒等）的過度使用。大氣層當中的臭氧原有保護人們免於受到紫外線照射之威脅，這些氟氯碳化物與大氣層當中的臭氧層結合後將會使臭氧層的濃度下降，進而使得紫外線更容易穿透大氣層。

此外，以消費行為而言，因為商品的過度包裝與廣告促銷單而產生許多垃圾。而溫室效應亦是過度工業發展所導致的後果，溫室效應是因為由於燃燒石油及煤而排放過量的二氧化碳、燃燒化石燃料所產生的氮氧化物，大量用於製造各種產品的氟氯碳化物、水田及掩埋場所排放的甲烷等。這些物質稱為溫室效應氣體，這些氣體在大氣中的含量日漸增加會加速破壞大氣自動調節地球溫度的能力，使得地球的溫度逐漸上升。地球溫度逐漸上升的後果是冰山融化，海平面上升。科學家預測，在 21 世紀末以前，度假勝地－馬爾地夫將會被海水淹沒而成為歷史名詞。為了降低溫室效應氣體的排放，許多工業大國在 1997 年於日本京都簽訂了京都議定書(Kyoto protocol)，內容是規定在 2010 年時，這些工業大國溫室效應氣體的排放量，比起 1990 年將減少 5.2%。溫室效應氣體分別為 $CO_2$（二氧化碳）、$CH_4$（甲烷）、$N_2O$（二氧化氮）、HFCs（氟化烴）、PFCs（全氟化碳）及 $SF_6$（六氟化硫）。

除此之外，工業活動所產生之噪音亦會帶來不同程度之影響（圖 1-5），而由核能發電廠所排出的廢水，也會引起「祕雕魚」之疑慮（圖 1-6）。

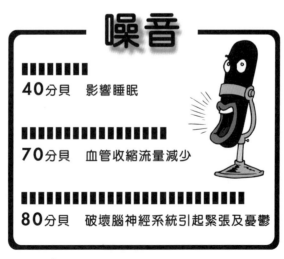

噪音

| | |
|---|---|
| 40分貝 | 影響睡眠 |
| 70分貝 | 血管收縮流量減少 |
| 80分貝 | 破壞腦神經系統引起緊張及憂鬱 |

圖 1-5　噪音對人體之影響

圖 1-6　祕雕魚

## 三、都市發展

　　城市當中的綠地較為稀少，若遇到連續假期一般民眾想前往風景優美的地區度假，常必須忍受塞車之苦。且由於公園綠地少，大量民眾前往對於原有生態風景易造成破壞。

## 四、農業問題

### （一）過度使用化學肥料

　　由於化學肥料中多含有氮及磷等營養鹽，這些營養鹽容易造成優養化。所謂優養化指的是水體內氮、磷等營養鹽的濃度大量增加，使得浮游生物或藻類迅速繁殖的現象。一般而言，優養化可分成天然與人為兩種，天然的優養化常需數百年才能完成，人為優養化肇因於家庭汙水與工業廢水排入河川湖泊等水域，或是砍伐樹木，造成水土流失，營養鹽因而進入水體。

### （二）大量使用農藥

　　進入到水域或土壤的農藥，有一部分可以被微生物氧化成為衍生物，但是未被分解的則是會被生物吸收，造成生物累積作用(Bioaccumulation)，又可稱為生物放大作用，這些農藥經過食物鏈最後將進入人體內（圖 1-7）。

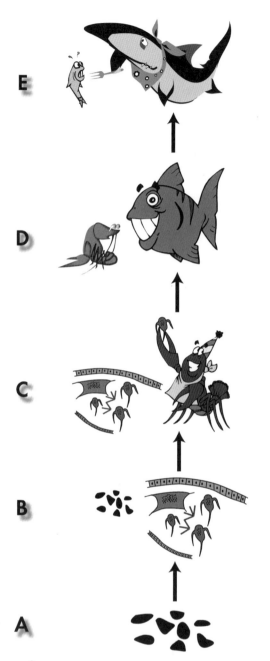

🦋 圖 1-7　汙染物在食物鏈中之累積

### （三）飼養家禽家畜時注射抗生素

　　注射抗生素原本的目的是提高動物的抗病力，使動物長得更快。但是過度使用抗生素將使若干細菌產生抗藥性，如圖 1-8 即顯示濫用抗生素產生對許多種抗生素都有抗藥性的超級細菌的情形。原本自然環境中的細菌彼此間可以自然達成平衡，飼養動物施打抗生素後，固然可以殺死部分細菌，但會使細菌間原本達成的平衡被破壞，有的細菌因競爭者被抗生素殺死造成本身可以大量繁殖，這些具抗藥性的細菌族群一旦大量繁殖後將越發難以控制。

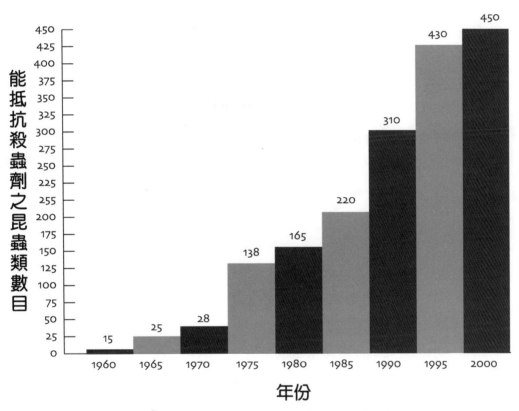

圖 1-8　濫用抗生素產生超級細菌

## 學習評量

### 一、選擇題

1. 下列哪一項是造成祕雕魚的原因？　(A)放射線　(B)溫度　(C)重金屬 (D)以上皆是

2. 牛背鷺與水牛是屬於哪一種族群關係？　(A)寄生　(B)競爭　(C)片利共生 (D)片害共生　(E)互利共生

3. 下列哪一項不是生態系統的主要功能？　(A)能量流動　(B)物質循環　(C) 資訊傳遞　(D)單一種類的生物數目越多則越穩定

4. 生態系統營養級的數目通常為　(A)1~2 個　(B)2~3 個　(C)3~4 個 (D)4~5 個　(E)5 個以上

5. 白蟻和鞭毛蟲是屬於哪一種相互關係？　(A)競爭　(B)片利共生　(C)互利 共生　(D)片害共生

6. 超過 65 歲的人口若占總人數的多少稱為高齡化社會？　(A)5%　(B)6% (C)7%　(D)8%

7. 多少分貝以上的噪音會使血管收縮量減少？　(A)40 分貝　(B)50 分貝 (C)60 分貝　(D)70 分貝

8. 下列哪一項物質與臭氧層產生破洞無關？　(A)噴霧劑　(B)塑膠袋　(C)髮 膠　(D)冷媒

9. 生物圈一般指海平面上下各多少公尺？　(A)500　(B)1,000　(C)10,000 (D)1,000,000

### 二、簡答題

1. 何謂「生物多樣性」？
2. 請列表簡述族群間之相互關係。

解答：ACDDC　　DDBC

# 生態系統
## Ecosystem

　　生產者、消費者與分解者是構成生態系統的三大生物因子。這三大生物因子以食物鏈及食物網的串聯而產生互動關係。而非生物因子（環境因子）則包括了日光、水、土壤、大氣、礦物質及溫度等。生物為了要生存，就必須從環境中獲得資源，造成生態系統當中有能量的流動，形成一個動態的平衡。

## 2-1　生態系的組成結構

### 生態系的組成

#### （一）氣候因素

包括溫度、濕度、風、雨量、降雪等。

#### （二）無機物

包括氧氣、氮氣、二氧化碳、水分及礦物質。

#### （三）有機物

包括蛋白質、醣類、脂肪與腐植質。

#### （四）生產者(Producer)

指能利用無機物質製造食物的自營性生物，包括各種綠色植物、藍綠藻及一些可以行光合作用的細菌。

#### （五）消費者(Consumer)

指的是異營性生物，包括草食與肉食性動物、雜食性動物與寄生動物等。直接吃植物的動物叫做草食性動物(Herbivores)，稱為一級消費者（如蚱蜢、牛、羊等）；以草食動物為食的動物叫做肉食性動物或二級消費者（如吃野兔的狐狸、獵捕羚羊的獵豹等）；甚至還有三級消費者（二級肉食性動物），消費者亦包括既吃植物又吃動物的雜食性動物(Omnivores)，以及吃碎屑的腐食性生物(Detritivores)。圖 2-1 與 2-2 分別說明草原及田園群落食物網之結構。

#### （六）分解者(Decomposer)

具有分解動植物屍體及糞便能力的異營性生物。最終將所分解的有機物轉化成為無機物，這些無機物參與物質循環後可被重新再利用。分解者主要為細菌和真菌，亦包括某些原生動物、白蟻、禿鷹等大型腐食性動物。西藏有「天葬」儀式，即是將死去的親人放置荒野中供禿鷹享用，藏人相信，屍體越早被吃且吃得越乾淨，就能夠早日超生。

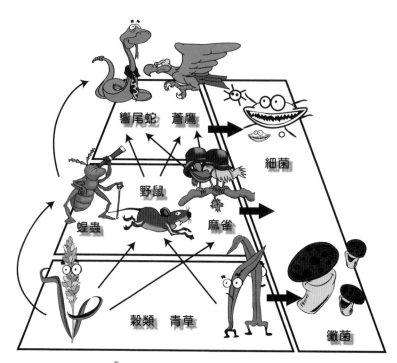

圖 2-1　草原群落食物網

圖 2-2　田園群落食物網

　　生產者與消費者之間，各個營養階層構成「質量金字塔」（圖 2-3），質量金字塔以生物的乾重表示每一營養階層生物的總重量。

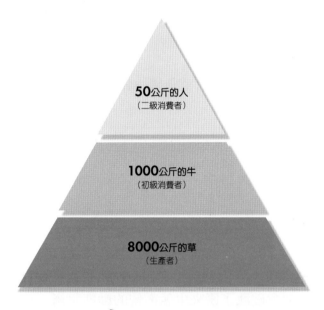

50公斤的人
（二級消費者）

1000公斤的牛
（初級消費者）

8000公斤的草
（生產者）

圖 2-3　質量金字塔

## 2-2　食物鏈關係

### 一、湖泊生態系

浮游性水藻→浮游性小蝦→食草魚類→食肉魚類→魚鷹（圖 2-4，2-5）。

### 二、草原生態系

草地→野兔→蒼鷹（圖 2-6）。

### 三、特　徵

食物鏈構成食物網（圖 2-7），並維持動態平衡，因此當某族群繁殖過度或人力介入時，則會破壞了原來生態系統的動態平衡，如：(1)極地苔原：挪威旅鼠週期性集體跳海自殺。(2)新竹水壩：香魚週期性撞牆而死。(3)澳洲塔斯馬尼亞海灘：鯨魚集體擱淺。

圖 2-4　海洋群落食物網

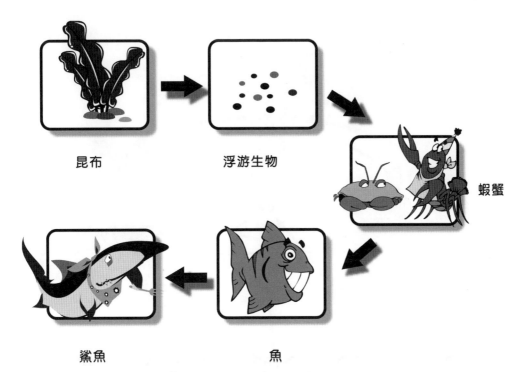

昆布　　　　　浮游生物　　　　　蝦蟹

鯊魚　　　　　魚

🦋 圖 2-5　海洋群落彼此間的關係

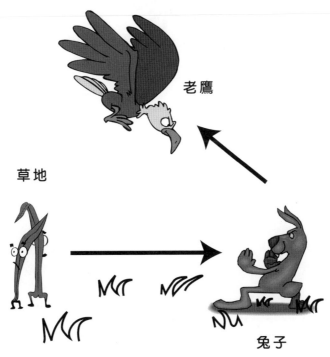

老鷹

草地

兔子

🦋 圖 2-6　草原生態系（舉例）

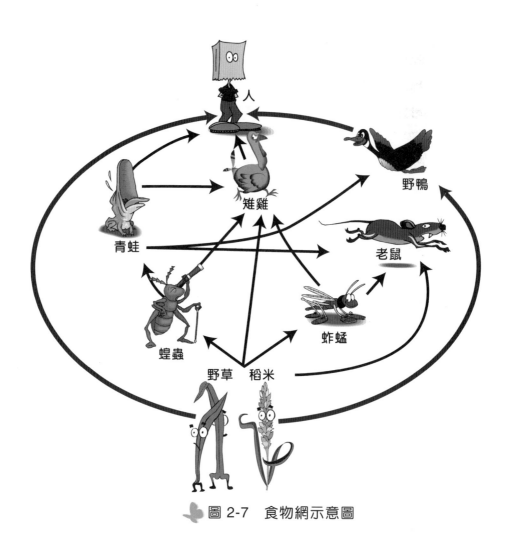

🦋 圖 2-7　食物網示意圖

## 2-3 生產量與生物量的基本概念

### 一、初級生產量(Primary production)

綠色植物所固定的太陽能或所製造的有機物質稱為初級生產量。

### 二、次級生產量(Secondary production)

動物和其他異營性生物的生產量稱為次級生產量。

### 三、淨初級生產量(Net primary production, NPP)

在初級生產量當中，除去植物本身的呼吸作用所消耗的部分，剩下的是以有機物質的形式用於植物的生長與繁殖，則稱之。而把包括呼吸作用消耗在內的全部生產量稱為總初級生產量(Gross primary production, GPP)。總初級生產量(GPP)減去植物呼吸作用所消耗的能量(R)即為淨初級生產量(NPP)。

GPP=NPP+R

### 四、生物量(Biomass)

即生態系統單位面積內所積存的生物有機質。而生物量實際上就是淨生產量的累積量。生物量的單位通常是用平均每平方公尺生物體的乾重（克乾重／公尺$^2$）或平均每平方公尺生物體的能量（焦耳／公尺$^2$）來表示。

### 五、初級生產量的生產效率

綠色植物直接利用太陽能進行有機物質的生產與能量固定，其過程稱之為光合作用(Photosynthesis)，可用化學方程式表示如下：

$$6CO_2 + 12H_2O \longrightarrow C_6H_{12}O_6 + 6O_2 + 6H_2O$$

## 2-4　生態因子與環境類型

### 一、生態因子

在任何一種生物的生存環境中都存在許多生態因子，這些生態因子依其性質可以歸納為五類：

#### （一）氣候因子

如溫度、濕度、光、降雨、風、氣壓等。

#### （二）土壤因子

土壤是岩石風化後在生物參與下所形成的生命與非生命的複合體。

#### （三）地形因子

包括地面的起伏、山脈的坡度等，這類因子對於植物的生長與分布有明顯影響。

#### （四）生物因子

包括生物間的各種相互關係，如捕食、寄生、競爭與互利共生等。

#### （五）人為因子

人類的活動對於自然界和其他生物的影響已經越來越大，分布於全球各地的生物都直接或間接受到人類活動之影響。

### 二、生物對生態因子的耐受限度

#### （一）Liebig 的最小因子法則(Law of the minimum)

每一種植物都需要一定種類和一定數量的營養物，如果缺乏其中一種營養物質即不能生存。如果該種營養物質數量極微，植物的生長就會受到不良影響。

## （二）Shelford 的耐受性法則(Law of tolerance)

建立於最小因子法則之基礎上，他認為生物不僅受生態因子最低量的限制，而且同時受生態因子最高量的限制(Law of the maximum)。

## （三）生物的種類

對同一生態因子而言，不同種類的生物其耐受範圍並不同。例如鮭魚對於溫度的耐受範圍是 0~12℃，最適溫是 4℃。可以耐受很廣溫度範圍的生物稱為廣溫性生物(Eurytherm)，而只能耐受很窄溫度範圍的生物稱為狹溫性生物(Stenotherm)。

## （四）其他的生態因子

廣濕性(Euryhygric)、狹濕性(Stenohydric)、廣鹽性(Euryhaline)、狹鹽性(Stenohaline)、廣食性(Euryphagic)、狹食性(Stenophagic)、廣棲性(Stenooecious)、狹棲性(Stenoecious)、廣光性(Euryphotic)、狹光性(Stenophotic)等。分別是指生物對於生態因子耐受範圍的大小。

## （五）限制因子(Limiting factors)

將 Shelford 與 Liebig 的法則加以結合而產生的概念。限制因子即生物的生存和繁殖依賴於各種生態因子的綜合作用，其中有少數是限制生物生存和繁殖的關鍵性因子，這些關鍵性因子即是所謂的限制因子。

## 三、常見的環境類型

## （一）自然生態系

自然生態系的特徵是生物歧異度高。越穩定之自然生態系，族群種類越多，群聚對抗環境之應變力越強，系統穩定度越高。

## （二）人造生態系（傳統／現代農林生態系）

如稻田、果樹及菜園，生物穩定度低（因農藥之使用）。

## （三）工業都會生態系

生態結構脆弱，環境汙染嚴重，所有資源（物質、能量）皆需仰賴外界，一旦遭逢不測，幾乎沒有應變能力（如 921 地震重創臺灣）。

## 學習評量

### 一、選擇題

1. 兔子是在哪一種生態系統生存？　(A)海洋生態系　(B)沙漠生態系　(C)森林生態系　(D)草原生態系

2. 下列哪一種生物屬於分解者？　(A)綠色植物　(B)草食動物　(C)腐食性動物　(D)肉食動物

3. 下列哪一項不是光合作用的主要產物？　(A)二氧化碳　(B)碳水化合物　(C)氧氣　(D)水分

4. 根據質量金字塔，16,000 公斤之草可提供多少公斤之人生活？　(A)50　(B)80　(C)100　(D)160

5. 細菌及真菌一般在食物鏈扮演何種角色？　(A)生產者　(B)一級消費者　(C)分解者　(D)二級消費者

### 二、簡答題

1. 請寫出生態系統的三大生物因子。

2. 請試舉出族群繁殖過度或人力介入時，會破壞了原來生態系統的動態平衡之兩個例子。

3. 何謂 Liebig 最小因子法則？

4. 請簡單說明三種常見之「環境類型」。

解答：DCCCC

# Chapter 03

# 動物與環境
## Animal and Environment

*Foreword* 前言

　　「物競天擇，適者生存」是生物與演化學家達爾文(Darwin)所提出的名言，每一種動物在地球上為了生存與繁殖，就必須演化出一套適應環境的本領，否則就會被環境所淘汰，遭致滅絕的命運。本章即介紹各種動物所獨特具有適應環境的方法。

## 3-1 影響動物生理或行為變化的環境因子

### 一、溫 度

#### （一）變溫動物(Poikilotherm)

不具溫度調節能力的動物又稱冷血動物，地球上的動物大部分都是冷血動物，如魚、蛙、蛇和龜等。冷血動物的體溫與其所生活的環境類似，如魚的體溫等於其四周的水溫。這一類動物的體溫是隨著環境溫度的改變而改變，而不能直接控制自己的體溫。即牠們缺乏維持一定體溫的生理機能。

#### （二）恆溫動物(Homeotherm)

具溫度調節能力的動物，如鳥類和哺乳類的腦部有體溫調節中樞，且保溫的構造較好，因此，可以維持體溫在某一範圍內，這類動物稱為恆溫動物。當天氣寒冷時，恆溫動物皮膚中的血管會收縮，使流至皮膚的血液量減少，可以減少體熱的散失，當天氣炎熱或運動後，皮膚的血管便擴張，使較大量血液流入皮膚表層，以促進體熱的發散。

#### （三）特例物種

某些恆溫動物，如刺蝟、土撥鼠於季節分明之地區，會讓自己的體溫與代謝率降低而進入冬眠現象。

#### （四）生物對極端溫度的適應

#### 1. 伯格曼法則(Bergmann's rule)

具有近親關係之動物，寒帶地區生長的種類其體型較熱帶地區生長的種類為大（圖 3-1）。如南極之帝王企鵝身長約 1 公尺，赤道之加拉巴戈企鵝則僅 50 公分。

#### 2. 亞倫法則(Allen's rule)

具有近親關係之恆溫動物，其身體的突出部分如四肢、尾巴和耳朵，出現寒帶者有變小變短的趨勢，這是減少散熱的一種型態適應，例如：北極狐的外耳明顯短於溫帶的赤狐。

3. 葛羅哥法則(Grog's rule)

具有近親關係的動物，出現寒帶者體色較熱帶者淡之現象。

🦋 圖 3-1 澳洲小企鵝（當地溫度約 20°C）

## 二、日　照

### （一）對生存的影響

進化後的保護性角質化皮膚、羽毛與毛髮可防止曬傷，如鳥類與爬蟲類。

### （二）對生殖的影響

鳥類生殖腺的發育與日照時間的長短有所關聯，例如早春時的日照時數會促進生殖腺之發育。

### （三）對視覺的影響

日照會影響視神經、腦神經及荷爾蒙系統，因而造就了日行性、夜行性及黃昏性動物。

## 三、水　分

### （一）海洋動物

　　海洋中的動物為了生存，如何調節滲透壓是一個重點。海洋動物有兩種滲透壓調節類型，一種是動物的血液或體液的滲透壓比海水的滲透壓略高或幾乎相等，如此形成等滲透狀態，就不需要額外耗費能量去克服滲透梯度，如許多無脊椎動物、鯊魚及魟魚（軟骨魚）（圖 3-2），體液的滲透比海水略高，所以水分會從鰓部擴散至鯊魚或魟魚體內；另一種類型是動物的血液或體液之滲透壓遠低於海水的滲透壓，因此水分常會經由鰓而流入海洋中，所以常補充海水以平衡水壓，如一般的硬骨魚。

🦋 圖 3-2　魟魚

### （二）淡水動物

　　淡水動物所面臨的滲透壓調節問題是最嚴重的。由於淡水的滲透壓極低，而動物血液或體液滲透壓比較高，所以水不斷的滲入動物體內，這些多餘的水分必須不斷地排出體外才能保持體內的水分平衡。

### （三）陸生動物

　　陸生動物與水生動物一樣，細胞內必須保持適當的含水量與溶質濃度。陸生動物失水的主要途徑是皮膚蒸發、呼吸失水及排泄失水。為了減少呼吸

失水，昆蟲衍生出氣管系統來呼吸，以減少水分散失。鳥類及哺乳類則是將肺內呼出的水蒸氣，在擴大的鼻腔內通過冷凝而回收。為了減少排泄失水，許多動物具有重吸收水分的腎臟。

（四）耐旱動物的生理適應行為

1. 利用細胞呼吸時之水分。

2. 降低新陳代謝活動。

## 3-2 生物對生態因子耐受限度的調整方式

### 一、馴化(Acclimation)

生物藉由馴化過程可以調整其對於某一生態因子的耐受範圍。

### 二、休眠(Dormancy)

休眠是動植物抵禦暫時不利環境條件的一種非常有效的生理機制。動植物一旦進入了休眠期，其對於環境條件的耐受程度就會比正常活動時寬得多。如變形蟲(*Amoeba*)在池塘乾涸時就會進入休眠的囊孢期，植物的種子亦可以進入休眠期。休眠時間最長的是埃及睡蓮(*Nelubium speciosum*)，它經過一千年的休眠之後仍然有部分蓮子具有萌發能力，是為特例；一般植物的種子在休眠數年或數十年後仍能萌發是很平常的。

### 三、滯育(Diapause)

許多昆蟲在不利氣候條件下（特別是日照長短因素）常會進入滯育狀態，此時動物的代謝率可下降到正常時期的 1/10。

### 四、蟄伏(Torpor)

當環境溫度超過動物原本的適溫範圍，動物就會以降低體溫與代謝率的方式進入蟄伏狀態。

### 五、冬眠(Hibernation)或夏眠(Aestivation)

某些刺激（如光週期）所引發，或因同種動物的荷爾蒙相互影響，使動物提早儲備休眠期的食物，若發生在冬季稱為冬眠，夏季則稱為夏眠。

## 六、恆定(Homeostasis)

即生物控制自身的體內環境使其保持相對穩定，是演化發展過程中形成的一種機制。它多少能降低生物於外界條件的依賴性。

## 3-3 生物保護自己的方法

### 一、保護方法

#### （一）個體本身

尖刺突起、皮毛、種子、硬殼，如植物。

#### （二）化學上

釋放有毒物質，如毒蛇、毒蠍、毒藻。臺灣有六大毒蛇：雨傘節（神經毒）、眼鏡蛇（神經毒）、百步蛇（出血毒）、龜殼花（出血毒）、赤尾青竹絲（出血毒）及鎖鏈蛇（神經與出血混合毒）。其中被百步蛇咬到的死亡率最高，因為百步蛇體型較大且釋放出的毒液量非常多所致。至於毒蠍，臺灣並未發現有毒的蠍子。臺灣的毒藻包括淡水產的微囊藻及半淡鹹水當中的微小亞歷山大藻。微囊藻具有微囊藻毒，對於肝臟可以造成慢性病變；微小亞歷山大藻則具有麻痺性貝毒，是一種急性的神經性毒素。

#### （三）行為上

躲藏，如較弱小的動物。

#### （四）形態上

分為保護色、警戒色及擬態，見圖 3-3。

1. 保護色：如蜥蜴、蝦類（圖 3-4）。
2. 擬態：如蝴蝶、蛙（圖 3-5~3-7）。

### 二、保護理論

#### （一）擬態(Mimicry)

擬態是由於天擇而發展出來的結果。其定義為一生物發展出和沒有直接親緣關係的另一生物或環境在外表（形狀，顏色）、聲音或行為上的相似。

對昆蟲而言，是為了自我保護或增加捕食機會；對植物來說，則是為了吸引協助授粉的動物或使捕捉者遠離。

**保護色**
動物體色與環境相似
避免被天敵捕食
沙漠區動物常為黃褐色

**警戒色**
動物體色鮮明豔麗
使掠食者有所警惕
毒蛇、毒蛙都有鮮豔體色

**擬態**
動物體型與某物體相似
便於避敵與攝食
木葉蝶形似枯樹葉

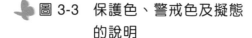 圖 3-3　保護色、警戒色及擬態的說明

🦋 圖 3-4　蜥蜴與蝦類分別模擬環境的顏色

## （二）穆勒氏擬態理論(Mullerian mimicry)

### 1. 定義

在相同的棲息場所當中，不同種而皆有毒之生物，為了讓捕捉者遠離牠們，而逐漸演化出相同或類似的體色，使捕捉者在短時間內學到教訓，遠離帶有類似體色的生物（圖 3-5），如熱帶雨林中的 *Heliconius* 屬蝴蝶。

### 2. 研究實例

三種散居在不同棲息場所的 *Heliconius* 屬蝴蝶，分別命名為 A，B，C。A 種蝴蝶帶有白色色斑；B 種蝴蝶帶有黃色色斑；而 C 種蝴蝶具有黃或白兩種不同體色。這三種蝴蝶在幼蟲期都會吃有毒植物的葉子，並將有毒物質累積至體內直到成蟲。

首先研究者將一百多隻 C 種蝴蝶的翅膀進行編號，分別帶至 A 種與 B 種蝴蝶的棲息場所野放，觀察當地的捕捉者對這些外來之蝴蝶的反應，並在兩週後計算野放的 C 種蝴蝶的存活率。

研究者發現在 A 種蝴蝶棲息場所，捕捉者不敢靠近帶有白色色斑的 C 種蝴蝶；而帶黃斑的 C 種蝴蝶在相似體色的 B 種蝴蝶棲息場所裡也不會被當地的捕捉者攻擊。但是與當地種類不同體色的 C 種蝴蝶（例如在 B 種蝴蝶棲地中的白斑 C 種蝴蝶）便特別容易引起捕捉者的注意，其存活率較相同體色的同類下降了 64%。這項研究報告之實驗數據證實了穆勒氏擬態理論。

🦋 圖 3-5　六種不同種但彼此相似的蝴蝶，牠們都是不好吃的。彼此相似的目的在於，捕捉者容易記住有此外表特徵的生物有危險，而不去捕食

## （三）貝氏（警戒）擬態(Batesian mimicry)：狐假虎威

### 1. 定義

同一棲息場所中，無毒的蝴蝶會模仿有毒或難吃的蝴蝶（通常數量很多且經常出現），在天敵誤食後，對類似的體色之蝴蝶便不敢再捕捉。此種擬態方式稱為貝氏擬態（圖 3-6，3-7），如雌紅紫蛺蝶會模仿樺斑蝶、黃星鳳蝶與斑鳳蝶會模仿青斑蝶等。

### 2. 研究實例

貝氏擬態(Batesian mimicry)最早是由英國動物學家 H.W. Bates 提出的，因而命名為貝氏擬態。他是在南美洲的森林中收集蝴蝶，並依其翅膀的樣式與顏色來排列，結果發現一些沒有直接親緣關係的蝴蝶，其翅膀的圖案和顏色非常相似，且顏色都非常鮮豔。他認為兩種沒有直接親緣關係卻長得很類

似的生物，一定有某種生存競爭上的優勢，至少有一種蝴蝶是鳥類所厭惡而不喜歡吃的，而其鮮豔的翅膀正能幫助捕捉者記憶。當捕捉者吃到這一種蝴蝶時，會發現牠是不好吃的，以後就不再吃了，而其他蝴蝶和這一種蝴蝶有相似翅膀樣式的就可以受到保護，原先不好吃的蝴蝶稱為模式生物(Model)，其他具有相似翅膀樣式而受到保護的蝴蝶則稱為擬態生物(Mimic)。

日後許多實驗也用來驗證貝氏的假設。如將鳥類和不好吃的蝴蝶放在同一個籠子中。實驗結果發現，鳥類在吃了一些蝴蝶知道不好吃後，就不再吃了。即使後來再放入外型類似但是好吃的蝴蝶，鳥類一樣不去吃牠們；另一項研究則是拍下鳥類捕捉在樹幹上休息的蛾之畫面，結果發現鳥類是根據蛾的外表顏色與形狀來決定是否要捕捉。

上述的實驗結果都支持貝氏的假設。而昆蟲為了躲避鳥類的捕捉者而最常產生貝氏擬態。不過貝氏擬態有一點很重要，就是擬態生物的數量必須比原來的模式生物數量少，否則捕捉者就可能會學會分辨擬態生物和模式生物。

圖 3-6　蝴蝶之貝氏擬態

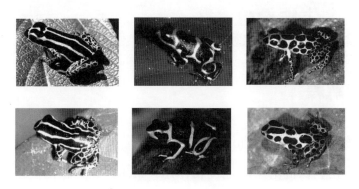

🦋 圖 3-7　蛙類之貝氏擬態

## （四）攻擊擬態(Aggressive mimicry)：披著羊皮的狼

### 1. 定義

　　生物擬態成另一種生物或周圍的自然環境，以吸引或欺騙欲捕食的生物，以方便捕食。

### 2. 研究實例

　　英國有一種布穀鳥，牠會將自己的蛋下在其他五種比較小的鳥的巢中，因為牠下的蛋的大小、色澤、斑點都和寄主的蛋很相似。所以寄主就會把牠當作是自己下的蛋來養。在孵化之後，長得比較快的布穀鳥幼鳥會把寄主的幼鳥趕出巢中，自己享用寄主帶來的所有食物，此種擬態又叫做蛋擬態(Egg mimicry)。

　　其他攻擊擬態的例子是動物會偽裝成自然環境的一部分以便於捕食，如琵琶魚(Frogfish)會用牠變形成海藻的背鰭來引誘小魚以作為食物。也有些魚類長得類似珊瑚，躲藏在珊瑚礁中，等待獵物上門。

## 3-4 生態棲位

### 一、名詞解釋

#### （一）生態棲位(Ecological niche)

是指物種在生物群落中的地位和作用。niche 一詞源自拉丁文 nidus，原意為巢，生態棲所通常是就物種而言，有時雖以個體為對象，也多是將其看作該物種的代表。不過也有人把生態棲位視為生境的同義詞。

#### （二）功能生態棲位(Functional niche)

是指一個動物的生態棲位在生物環境中的地位，即它與食物和天敵的關係，則謂之。

#### （三）基本生態棲位(Fundamental niche)

通常一個物種只能在一定的溫度、濕度範圍內生活，攝取食物的大小也常有一定限度，如果把溫度、濕度及食物大小三個因子作為參數，這個物種的生態棲位就可以描繪在一個三度空間內，此謂為基本生態棲位。

#### （四）實際生態棲位(Realized niche)

自然界中，因為各物種相互競爭，每一物種只能占據基本生態棲位的一部分，即為實際生態棲位。

#### （五）競爭排斥原理(Competitive exclusion principle)

具有相同棲位的兩種生物無法永遠並存，兩種生物發生競爭時，其中適應度較高的一方最後將會取代另一方的生物。

#### （六）適應幅度(Adaptability scale)

指對環境忍受範圍的程度。

## 二、「適應幅度」的生態棲位

### （一）寬生態棲位型

生物對於生態因子的變化具有較強的適應能力，如寬溫度適應型、寬鹽度適應型及寬光線適應型生物。

### （二）窄生態棲位型

生物對於生態因子的變化其適應能力較差，如窄溫度適應型與窄鹽度適應型生物，像鱒魚就是窄生態棲位型生物，因為鱒魚僅能生活於冷冽且高溶氧之水域中。

## 3-5　競爭生態棲位時的法則

### （一）各取所需，互不干擾

生物在運用周遭環境資源時，僅取一部分，互不干擾。舉例如下：

1. 生活於同一海域之燕鷗，其食物來源互不相同（有的吃陸生昆蟲，有的吃海中生物）。

2. 同棲息於一棵樹木之斑鳩（築巢於枝枒）與穴鳩（棲身於廢棄啄木鳥洞穴），互不干擾。

### （二）競爭排斥

生物共同生活於同一環境，擁有相同之生態棲位，競爭排斥在所難免，但也因此造就了生物多樣性。以應變對策來說，有的生物產生突變，以適應環境；有的生物改變作息方式或食物的偏好，以迴避競爭。

## 學習評量

### 一、選擇題

1. 下列哪一種屬於恆溫動物？　(A)魚　(B)青蛙　(C)蛇　(D)烏龜　(E)鳥

2. 具有近親關係的動物，出現寒帶者軀體較大的趨勢，此為　(A)亞倫法則　(B)柏格曼法則　(C)葛羅哥法則　(D)物競天擇

3. 昆蟲特殊的休眠狀態稱為　(A)冬眠　(B)滯育　(C)夏眠　(D)以上皆是　(E)以上皆非

4. 下列哪一種動物會使用「攻擊擬態」？　(A)蝴蝶　(B)布穀鳥　(C)蛾　(D)青蛙　(E)以上皆是

5. 具有近親關係的動物，出現寒帶者體色較熱帶者為淡的現象，此為　(A)亞倫法則　(B)伯格曼法則　(C)葛羅哥法則　(D)肯當法則

6. 下列哪一種恆溫動物於季節分明地區亦會進行冬眠現象？　(A)土撥鼠　(B)野兔　(C)蛇　(D)獅子

7. 南極之企鵝比赤道之企鵝大，符合何種法則？　(A)伯格曼法則　(B)亞倫法則　(C)麥因斯法則　(D)肯當法則

8. 許多陸生動物為減少水分之喪失，常具有何器官吸收水分？　(A)腎　(B)肺　(C)肝　(D)皮膚

9. 目前記載何種植物之種子休眠期可達 1,000 年？　(A)向日葵　(B)野百合　(C)埃及睡蓮　(D)仙人掌

10. 同一棲息場所，無毒的蝴蝶會模仿有毒或難吃的蝴蝶，進行「擬態」之行為，稱之　(A)穆勒氏擬態　(B)貝氏擬態　(C)攻擊擬態　(D)仿毒擬態

11. 何種魚類屬於窄生態棲位型生物，僅能活於冷冽且高溶氧之水域中？　(A)鬥魚　(B)鱒魚　(C)劍魚　(D)石斑魚

12. 下列何者非「競爭排斥」之應變對策？　(A)突變　(B)改變作息　(C)改變食物偏好　(D)自殺

## 二、簡答題

1. 請解釋並舉例伯格曼法則。

2. 請說明並舉例亞倫法則。

3. 請說明穆勒氏擬態。

4. 請解釋貝氏擬態。

5. 請說明蛋擬態。

解答：EBBBC　　AAACB　　BD

# 重視野生動物保育
## Respect Conservation of Wild Animal

　　由於自然環境的惡化使許多動植物都面臨瀕臨絕種的危機，所以世界各國在近年來訂定許多法規與公約，以加強野生動植物及其生存環境的保育。

　　然吾人過去並不重視生態保育，許多野生動物被賣入國內作為各種不同的用途，例如利用象牙製作裝飾品及圖章、犀牛角做成中藥材等，這些行為均會加速大象及犀牛的瀕臨絕種。同時不重視自然資源保育而慢慢破壞殆盡，如資源的過度開發，濫捕、濫採、濫墾等，讓野生動植物的數量大量減少。近年來政府體認此一問題的嚴重性，開始積極推動保育工作，並且配合立法與訓練保育人才、設立保育機構等措施，希望讓臺灣再度擁有福爾摩沙－美麗島嶼之美名。

## 4-1　族群的生長與分布

　　族群(Population)是由拉丁語衍生，含有人或人民的意思，一般譯為人口。在昆蟲學中譯為蟲口，魚類學中譯為魚口，另外還有牲口、鳥口等，如今統一譯為族群。

　　當族群越多時，個體之取代性高。反之當族群越少時，個體即有其存在之價值。如歐洲公路，每年約輾斃野生鹿群數萬頭，這對行車安全及道路維護產生極大的代價，但對鹿群本身之存續，並無影響。反之對季節性遷徙的癩蛤蟆，雖僅輾斃上千隻，但已經對於整個癩蛤蟆的生存構成極大的威脅，因此工程的施作及維護，需考量在生態上的影響，圖 4-1 即顯示生態與其負荷量關係。

生態系均有一定的負荷量，超過生態系的負荷量會造成生物族群遷出或死亡而影響族群量。

負荷量

過量

🦋 圖 4-1　生態系負荷量示意圖

## 一、族群動態

族群動態是族群生態學的主要問題，族群動態是研究族群數量在時間上和空間上的變動規律，其內涵包括：1.族群的數量與或密度；2.族群的分布；3.族群的遷移方式；4.族群的調節方式（演化策略）。

## 二、動物物種分布與出現頻率

（一）由多項環境條件控制。

（二）隨時間序列之動態變化。

（三）空間分布之模式：一般以「方格眼出現頻率」研判：

1. 常態分布：變化值小於平均值。

2. 巧合分布：變化值等於平均值。

3. 畸型分布：變化值大於平均值。

## 三、動物物種的動態消長

（一）數量統計

數量變動＝出生－死亡＋遷入－遷出

研究族群動態，首先要進行族群的數量統計。因為許多生物呈現大面積的連續分布，族群邊界並不明顯，故在實際工作中往往隨研究者的方便來確立族群邊界。

（二）分布密度

估計族群大小最常用的指標是密度，密度通常以單位面積或空間上的個體數目來表示。一般而言分為絕對密度統計與相對密度統計。

### 1. 絕對密度

單位面積或空間的實有個體數。

### 2. 相對密度

表示數量高低的相對指標。例如每公頃有 20 隻田鼠是絕對密度，每日置放 100 個捕鼠器捕獲 20 隻田鼠是相對密度，即 20 %捕獲率。對於不斷移動的動物，直接統計個體數很困難，可以應用標示重捕法。即在調查樣地上捕獲一部分欲調查總體數量的動物進行標示，標示完後放回，經一定期限後進行重捕，根據重捕取樣中標示的比例與樣地中總數標示比例相等的假設，來估計樣地中被調查動物的總數。

$$N = M \times \frac{n}{m}$$

$N$：族群動物總數　　　$n$：再捕獲動物個數

$M$：初次標示動物總數　$m$：再捕獲動物中之標示數

## （三）成長趨勢曲線

### 1. A 型曲線：K 選物種(K-selection)

遲滯期（生長初期）→躍進期（生長中期）→持穩期（生長後期）
（適應環境→幾何成長→達涵容能力或稱為負載力(Carrying capacity)）

### 2. B 型曲線：r 選物種(r-selection)

生長呈暴漲，超過涵容能力後，暴跌，並周而復始。如某些魚類，繁殖能力強，一胎多產，但抵抗力不佳。

## 四、族群生長的人為干預與物種演化策略

以鳥類而言，每一種鳥的產卵數有以保證其幼鳥存活率最大為目標之傾向。在演化過程當中，動物面臨著兩種相反的演化對策。一種是低生育力，親代有良好的育幼行為；另一種是高生育力的，但缺少對於幼仔的照顧。

1976 年，MacArthur 和 Wilson 按照棲息環境與演化策略將生物分成 r 選物種（r-selection，如一些害蟲、雜草）及 K 選物種（K-selection，如大型哺乳類動物），其特色見表 4-1。

🦋 表 4-1　r 選物種與 K 選物種的特性

| 特　性　＼　演化策略 | r-selection | K-selection |
|---|---|---|
| 個體大小 | 小 | 大 |
| 出生率 | 高 | 低 |
| 個體早熟與否 | 是 | 否 |
| 生殖策略 | 一生中僅產卵一次 | 一生中可產卵多次 |
| 子代數目 | 多 | 少 |
| 子代個體大小 | 小 | 大 |
| 子代保護機制 | 無 | 通常具備 |
| 競爭力 | 弱 | 強 |
| 族群擴張能力 | 族群擴張能力強，一有機會就侵入新的生態棲地 | 族群擴張能力弱 |
| 成長速率 | 快 | 慢 |
| 壽命長短 | 短 | 長 |

　　而族群生長的人為干預手段包括：直接撲殺，或者間接改變其環境資源，降低其涵容能力（此法有效，且可預測族群消長之方向）。其對族群生長的影響如下：

1. 對於 K 選物種而言，將穩定之族群數量，降至「躍進期」，反而會刺激新一代族群之崛起及激發更佳之生存能力。

2. 對於 r 選物種而言，介入人為力量，將穩定之族群數量，降至「幾何級數遞增期」，反將導致成長遲滯，或加速族群滅絕。

3. 相較之下，r 選物種對人為抗力較 K 選物種不敏感。

## 五、族群生長模式

### （一）與密度無關的增長(Density-independent growth)

族群在「無限制」的環境中，即假設環境中空間食物等資源是無限的，因而其增長率不會隨族群本身的密度而變化，這類增長通常呈指數式增長，其生長曲線為稱為指數生長曲線(Exponential growth curve)。

與密度無關的增長又可分為兩類，如果族群的各個世代彼此不重疊，如一年生植物和許多一年生殖一次的昆蟲，其族群生長是不連續的，稱為離散增長；如果族群的各個世代彼此重疊，例如人類與多數的脊椎動物，其族群增長是連續的，此稱為連續增長。

### 1. 離散增長（幾何型成長）

在假定(1)增長是無界限的；(2)世代不相重疊；(3)沒有遷入和遷出；(4)不具年齡構造等條件下，族群增長的公式為：

$$N_{t+1}=\lambda N_t \quad \text{或} \quad N_t=N_0\lambda^t \qquad \lambda：幾何成長率$$

### 2. 連續增長模型（指數型成長）

在世代重疊的情況下，族群以連續的方式變化，此類動態研究必須以微分方程來解釋，族群增長的公式為：

$$\frac{dN}{dt}=rN$$

$N_t=N_0e^{rt}$　$r$ 為個體增長率(Per capita growth rate)，與密度無關

### （二）與密度有關的增長(Density-dependent growth)

與密度有關的增長同樣分離散和連續的兩類。自然族群不可能長期的按照指數生長，即使是細菌。若依照指數生長，在很短的時間內細菌族群就會充滿地球表面。在空間、食物等資源有限的環境中，比較可能的情況是出生率隨密度上升而下降，死亡率隨密度上升而上升。此類生長曲線為稱為邏輯生長曲線(Logistic growth curve)。

$$\frac{dN}{dt} = \frac{\gamma_{max} \times N \times (K - N)}{K}$$

$K$：族群負載量

## 六、族群生長之間接干預詳論

### （一）改變原生育空間

藉由改變原生育空間，導致環境涵容能力之變化，進而調整族群之數量，如群居之哺乳類數量，最少需 50 個個體，方有繁衍發展之機會。其一般通則為：

1. 族群之生育面積，一般為單獨個體之 70~100 倍。

2. 族群中之配偶有共同生活習性者，則族群之生育面積，一般為單獨配偶之 30~50 倍，如狼及棕熊之生育空間，最忌諱被分割。

3. 族群數量與生育空間面積之關係

   族群數量＝定值×生育空間面積$^Z$

   大陸型生育空間，Z=0.14~0.17
   島嶼型生育空間，Z=0.28~0.34

### （二）改變環境資源的吸引力

1. 驅趕方式讓動物無法接近食物。

2. 利用食物添加劑，產生怪味，迫使動物不喜歡攝食。

## 七、自然族群的數量變動

### （一）族群增長

自然族群數量變動中，J 型與 S 型兩種增長模式最為常見（圖 4-2），但是曲線不像數學模型所預測那樣的光滑、典型。甚至常出現兩者之間的中間過渡型。曾有昆蟲生態學家對於某種昆蟲做了十幾年研究後發現，在環境較

好的年份，昆蟲數量增加迅速，直到繁殖結束時增加突然停滯，表現出 J 型增長；但在環境較差的年份則呈現 S 型增長。而比對各年增長曲線，可以見到許多中間過渡型。

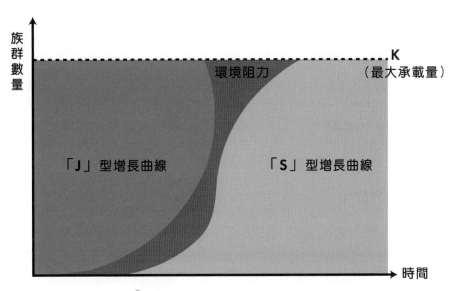

圖 4-2　J 型和 S 型增長模式圖

## （二）季節消長

藻華(Algae bloom)是指一些藻類或是浮游生物在每年有春秋兩次的密度高峰，其原因是冬季期間，低溫與日照減少，降低了水體的光合作用強度，營養物質隨之漸漸累積；到了春季時水溫升高、日照適宜，並且營養物質充足，使得藻類迅速增長，形成春季高峰。不久後營養物質耗盡，水溫升高，造成藻類數量下降，形成夏季的低峰期。

## （三）不規則波動

在一年內族群數量的變動，有規則性的（週期性波動）與不規則性的（非週期性波動）兩種。規則性波動最有名的例子是旅鼠，而大部分動物的族群數量波動都是屬於不規則性的，如蝗蟲災害的發生。

## 八、常見及稀有物種的分布機率

### （一）未經人為干擾之物種分布

常態分布。

### （二）經人為干擾之物種分布

高聳分布。

### （三）稀有物種之成因

1. 生育空間受限：如食物鏈頂端之猛禽類。

2. 人為間接或直接干預。

了解稀有物種之成因後，方能對症下藥，進行保育工作。

## 4-2 若干保育類動物簡介

### 一、無脊椎動物

#### （一）腔腸動物：以珊瑚為例（圖 4-3）

　　珊瑚屬於動物界當中的刺絲胞動物，牠們身體表面含有很多微小的刺絲胞，這些刺絲胞具有鉤刺和毒液，能將海洋生物擊昏，因此具有捕食生物及防禦的功能。當一隻珊瑚幼蟲在水中漂流時，只要碰到適合的岩塊，就會緊緊的附著在上面，以分裂或出芽方式形成更多的新珊瑚蟲，眾多的珊瑚蟲就稱之為珊瑚群體。

　　珊瑚是喜歡群體生活的動物，每一群體所含的個體數目並不一定，珊瑚就是利用這種增加珊瑚蟲數目的方式來生長，其最適合的生長溫度是23~28℃。為何珊瑚具有美麗的顏色，其原因是珊瑚常與藻類共生，而珊瑚美麗的顏色即來自於藻類。共生藻從珊瑚那裡獲得二氧化碳以進行光合作用，而珊瑚也提供共生藻營養鹽；共生藻行光合作用後產生的有機物可供珊瑚利用。近年來，海域汙染程度增加，許多共生藻因環境惡化而脫離珊瑚，造成珊瑚產生白化現象。

圖 4-3　珊瑚

## （二）節肢動物

### 1. 昆蟲

(1) 以螢火蟲為例，其生活史必須經歷卵、幼蟲、蛹、成蟲四個階段，而且每階段的外觀、行為都有明顯的不同，稱之為完全變態昆蟲。螢火蟲的幼蟲是肉食性動物，但成蟲是以露水和花蜜維生。

為何螢火蟲會發光？因為螢火蟲具有高度特化的發光器。發光器內具有能夠製造螢光素的細胞，當螢光素在體內進行生化反應時便使得螢火蟲發出光芒，光芒的持續時間因種類而有所不同，有的不到一秒鐘，有的可以持續好幾分鐘；光芒的顏色以綠色光最多，其他還有紅、橙、黃、藍等色光，因螢火蟲種類的不同而異。

(2) 以蝴蝶為例（圖 4-4），臺灣的蝴蝶據估計約有 400 多種，依據蝴蝶的外型特徵可以分為 11 個科。蝴蝶的生活史分成卵、幼蟲、蛹及成蟲 4 個時期，稱為「完全變態」。

蝴蝶的幼蟲(俗稱毛毛蟲)大多為圓筒形，可分成頭、胸、腹三部分。頭部具有口器和感覺器官。幼蟲利用氣孔呼吸，其食量很大，進食時用牠的咀嚼式口器不斷地啃食植物葉片。幼蟲接著變成蛹，外表雖然沒什麼變化，但其內部正進行一連串生理變化。蝴蝶發育完成掙扎出蛹殼的過程稱為「羽化」。蝴蝶必須先找到適當地點倒垂，讓體液輸入翅膀中，將翅膀展開成典型翅型，直到翅膀完全乾燥硬化，再等到體溫回升後才能飛行。

圖 4-4　蝴蝶

成蝶是以虹吸式口器吸食液體養分，負有繁殖與散布後代的任務。由於近年來土地過度開發，很多蝴蝶的棲地遭到破壞，所以野外所能見到的蝴蝶正急遽減少中，其中某些蝴蝶有瀕臨絕種的危機，如曙鳳蝶、寬尾蝶、大紫斑蝶等。

## 2. 甲殼類

以鱟為例，鱟又稱為馬蹄蟹，是一種與三葉蟲一樣古老的動物，其祖先出現在地質歷史古生代的泥盆紀，當時恐龍尚未崛起。因鱟從 4 億多年前問世至今仍保留其原始而古老的相貌，而有「活化石」之稱。

鱟的身體由頭胸部和腹部組成，以鰓呼吸，頭胸部呈馬蹄形，背甲有三條縱脊，一對單眼，尾巴呈現長劍型，其體長約 50 公分，體高約 10 公分。每年初夏開始從海中爬上沙灘產卵，能離海生存 10 天左右，產卵後又回到深海。臺灣西部沿海沙質底海域有分布。鱟的主食是小型軟體動物。一般成鱟是無毒的，但是曾有學者在幼鱟體內發現河豚毒(Tetrodotoxin)，毒源可能來自於食物鏈或是細菌。

## 二、脊椎動物

### （一）魚類

以櫻花鉤吻鮭為例（圖 4-5），櫻花鉤吻鮭又有人稱為臺灣鱒、梨山鱒、次高山鱒等。魚體側扁呈紡錘形，口端位，口裂大。背部青綠色，腹部銀白色。生存溫度應低於 18℃，側線上具有 8~12 個黑褐色橢圓形橫斑，雄魚在繁殖期，下頜明顯彎曲成鉤狀。喜歡活躍清澈冰冷的水域，主要棲息於高山森林溪流深潭及攔砂壩下方深潭。近年來，由於人為的大量開發，造成的數量銳減，如今只剩下七家灣溪和高山溪可以見到其蹤跡。

圖 4-5　櫻花鉤吻鮭

### （二）兩生類

#### 1. 青蛙與蟾蜍

青蛙(Frog)和蟾蜍(Toad)是屬於脊椎動物門中兩棲綱的無尾目，分辨青蛙與蟾蜍最簡單的方法是看皮膚是否光滑。一般而言，青蛙的皮膚較濕潤平滑，身形較纖細；而蟾蜍的皮膚上常常長著一粒粒突起的疣，皮膚較乾，後腿較短，此外，蟾蜍眼睛後方的腺體可分泌有毒物質。再者，蟾蜍常製成中藥，有蟾酥、乾蟾、蟾衣三種。青蛙與蟾蜍的幼蟲都叫做蝌蚪，蝌蚪用鰓呼吸，以素食為主。不過成蛙則是用肺呼吸，食性上屬於是肉食性，只吃活的、會動的食物。

從蝌蚪變成成體的過程稱為變態(Metamorphosis)，蝌蚪在發育中期會先長出後肢，前肢則在蝌蚪期末期才會成形。期間利用伸出的前肢擋住用鰓呼吸時的出水孔，使剛變態的小蛙自然而然地不再用鰓呼吸，完全改用肺及皮膚呼吸。在習性上，大多數的青蛙與和蟾蜍都屬於夜行性動物，有些種類甚至一定要到繁殖期才會出現在水邊。

#### 2. 山椒魚

兩生類是脊椎動物中最弱小的一群，因為牠們介在魚類和爬行類之間，在牠從魚類演化成陸生動物時，就演化出許多適應的構造。山椒魚具有光滑裸露的體表，沒有鱗片等任何堅硬的構造保護，極易受到傷害。因利用皮膚呼吸，所以必須生存在潮濕的環境中。

山椒魚有圓而扁的頭，小眼睛、大嘴巴，短短的四肢可在溪流或陸地上活動。皮膚柔軟而黏滑，背面為暗褐色並帶有斑點，因為牠體臭類似山椒味，所以被取名為山椒魚。牠喜歡棲息在較冷的溪流邊，以小型節肢與環節動物為食。目前臺灣僅存的兩種山椒魚是楚南氏山椒魚與臺灣山椒魚，兩者都算是保育類動物。

### （三）爬蟲類：以綠蠵龜為例

綠蠵龜產於熱帶至亞熱帶海洋，喜歡以海藻為食。成熟海龜於生殖季時會洄游至原出生地附近海域交配，母龜並於附近活動待龜卵成熟後登陸產卵於溫度高於 25℃的沙灘上，因背甲與體內脂肪為綠色，故英文名為 Green turtle。

生殖季節時，母龜在滿潮的夜晚上岸產卵，每窩約 64~172 個卵，一隻母綠蠵龜平均 2~4 年才會再上岸產卵，小海龜存活率約 1/1000。目前綠蠵龜所面臨的問題是產卵地受到破壞、常遭到拖網或流刺網纏住窒息而死，有瀕臨絕種的可能。

### （四）海洋哺乳類：以鯨豚為例

鯨的外型跟魚很類似，因為長年生活在大海中，久遠以來被認為是魚類。不過牠們在分類學上屬於哺乳類動物綱。鯨用肺呼吸，具有胎盤，會泌乳，在幼年期體表有毛，屬於溫血動物。由於以肺呼吸，所以必須時常要到水面換氣。

鯨的血中含有許多的肌紅蛋白，比人類的血紅蛋白可攜帶更多的氧氣，所以牠們的肌肉呈現深紅色，其溝通的方式主要是靠聲納來傳遞訊息。鯨類的成員很多，且各種之間體型大小差異頗大，最大如藍鯨，身長可達 30 公尺以上，是地球上最大的哺乳動物。人們過去習慣將身體長度超過 3 公尺的稱為鯨，體型較小的稱為海豚（圖 4-6），事實上鯨豚類都屬於鯨豚科，親緣關係頗近。

🦋 圖 4-6　海豚

### （五）海洋哺乳類：以海牛為例（圖 4-7）

海牛是大型的哺乳動物，皮膚鬆皺且臉面生鬍鬚。海牛性情溫順，行動遲緩，幾乎整天都呈現昏睡狀態，特別是飽食之後，大部分時間都潛入 30~40 公尺深的水中，伏在岩礁下，只到一定時間才浮到水面換口氣。

海牛的食性與與陸地上的牛相似，以海藻、水草等多汁的水生植物為食。其後肢已經退化消失，前肢也變成了適合游泳的槳狀鰭肢。海牛本身生

育率低，每隔 2~3 年才生育一次，通常一胎只有一隻。海牛生性好奇且不怕人類，喜歡在最熱鬧的地方出沒，也因此常受到人類攻擊或受到船隻的撞擊，而面臨絕種的危險。

## （六）鳥類：以黑面琵鷺為例（圖 4-8）

黑面琵鷺是全世界僅存七百多隻有瀕臨絕種之虞的珍禽，主要分布在亞洲的東部。黑面琵鷺通常單獨或成小群出現於海岸附近或是沙洲等淺水地帶。食性以肉食為主，覓食時以嘴在水中左右掃動，捕食水中生物。夜間覓食，於白天休息，臺南市曾文溪口為現今全世界最大的黑面琵鷺棲息地。臺南市七股區在每年的 9~11 月可以看到許多的黑面琵鷺來此棲息。

圖 4-7　海牛

圖 4-8　黑面琵鷺

## 4-3 臺灣的野生動物

　　臺灣的動物有一個很特殊的現象，就是我們有很多的「特有種」動物。「特有種」是指在某一地區經長期演化形成其他地區並無該動物之生長及分布，亦即生長於該地區的獨特資源。特有種的存續及消長與其生存的環境有關，若其一旦絕滅，就表示永久自地球上消失。

　　臺灣常見的脊椎動物與昆蟲類野生動物約有 18,000 種，其中約 11,000 為特有種（亞種）（表 4-2）。在眾多的野生動物中，公告為珍貴稀有的動物則有 23 種，但已於民國 90 年公告解除，目前並無指定任何物種為珍貴稀有動物。

 表 4-2　臺灣區野生動物統計表

| 種　類 | 數　量 | 特有種（亞種） | 比例(%) |
|---|---|---|---|
| 哺乳類 | 60 | 43 | 71.67 |
| 兩棲類 | 33 | 10 | 30.30 |
| 爬蟲類 | 90 | 11 | 12.22 |
| 鳥　類 | 500 | 83 | 16.60 |
| 淡水魚類 | 150 | 29 | 19.33 |
| 已命名昆蟲 | 17,600 | 11,000 | 62.50 |
| 合　計 | 18,433 | 11,176 | 60.63 |

## 4-4　如何保育野生動物

在都市環境中我們對於動物的衝擊亦不少，以人工照明為例：1.燈塔所發出的燈光容易吸引候鳥，導致候鳥不小心撞上塔臺。2.夜行性的蛾類因為長期受到人工光線的照射而使其生育能力受損。3.蝴蝶、蛾類因偏愛短波長光線，引起生態結構改變（如飛蛾撲火）。4.養殖池或湖泊旁的路燈會影響昆蟲之繁殖能力與魚類覓食習慣之改變。而我們可藉由房屋建築設計進行野鳥保育工作，如：1.煙囪為雨燕之夜宿場所；2.鵜鶘（圖 4-9）喜歡捕食魚類；3.海鷗喜歡在平頂屋頂過夜；4.野鴿喜歡棲息於建築物立面的內縮或外突部位。

🦋 圖 4-9　澳洲鵜鶘

至於野生動物的保育工作，應從日常生活做起，以下為日常生活中的舉手之勞。

### 一、飼養寵物

常被人們當作寵物的貓和狗通常都不是瀕臨絕種的動物或稀有動物。不過我們對待動物的方式仍有待改進。首先必須確定自己一定會持續收養動物，負起飼養的責任。除了買食物飼餵貓狗之外，還必須帶牠們出去散步、為牠們洗澡、清理寄生蟲、打掃狗籠或貓籠等。現在飼養貓狗都必須在貓狗體內植入晶片，一方面是走失時較容易尋獲，另一方面是一旦主人棄養，很快能夠查出原來的飼主的身分。

此外，不要飼養一些來路不明的動物，因為這些動物身上可能會有病毒或細菌，因未曾檢疫過，萬一具有人獸共通疾病，後果不堪設想。再者，若一旦棄養，這些外來種的動物亦會對本土生態產生衝擊。

## 二、釣魚與捕魚

釣魚算是一種相當興盛的戶外休閒活動，然而很少人能完全遵守法律，不去釣法律禁止獵捕的物種。一般具有保育觀念的釣友都知道，如果釣到的魚很小，最好還是將魚釋放，因為這樣小魚才能繼續的長大繁殖。而且釣魚的時候最好使用沒有倒鉤的魚鉤，這樣在把魚鉤從魚嘴拉出時，魚才不容易受傷。另外要知道的是，魚的身上通常都會有一層黏液，這層黏液具有保護魚的作用。因此最好避免用乾燥的手來抓魚，因為這樣可能會把魚身上的黏液刮掉，使魚兒在釋放後感染疾病。

至於捕魚方面，遠洋漁業有許多種不同的捕魚方式，其中以流刺網的效果最好，可以捕獲的魚種最多，但是對海中生物的殺傷力也最大。流刺網像一張又長又大的排球場，長度可達數千公尺，寬度約一千多公尺。流刺網進入水面後，在網子的上方會綁著浮標以浮在水面上，下方會綁鉛錘，可以將漁網在水裡展開。其結構因為是塑膠網，所以在水中也很難看得出來，一般被用來捕撈魷魚、鮪魚及鮭魚。不過許多海洋生物如鯨、鯊魚、海獅、海狗、海豚等都可能纏在魚網上而成為犧牲品。許多海鳥則是因為想吃流刺網上的食物或潛入海中捕食也一併被流刺網所捕獲。

事實上，流刺網的使用已經使得許多魚類的族群明顯下降。因此近年來使用流刺網的國家受到國際很大的指責與壓力，目前我國也規定不可再使用流刺網捕捉魚類。

## 三、動物放生

放生原本是一種慈悲表現，但近年來隨著變質的放生活動風行，導致野生動物加速滅絕且破壞原來的生態環境。其原因包括：1.不肖商人為供應放生所需，常不擇手段的濫捕野生動物；2.放生後的動物因離開原本熟悉的生存環境，常因適應不良而死亡，僥倖不死的放生動物，常造成放生地環境的改變或生態上的不利影響，間接影響原有物種之生存。

## 四、氣球殺手

許多慶典活動常會施放氣球，然而這些飄向空中的氣球，最後仍要回到地球。這些氣球不是流入河川湖泊就是流入海洋，因為氣球是由橡膠做的，分解不易，所以至少要在海裡待上數個月才會被分解。在這期間很可能會被一些海洋動物所食，造成食道胃腸阻塞而死，如誤食氣球的海豚就曾被發現體內的氣球造成其窒息。

## 五、山產野味篇

吃野生動物與食補觀念在臺灣甚為盛行，各地風景區常看見小販及山產飲食店以山產野味來吸引客人。不過這些野生動物的身上可能帶有病菌，且烹調環境有否合乎衛生安全標準是頗令人擔憂的。再者，食用野生動物是否真的有益健康，也是值得探討的話題。

## 學習評量

### 一、選擇題

1. 下列哪一種動物的生殖策略是採取 r-selection？　(A)人類　(B)大象　(C)蝗蟲　(D)麻雀

2. 進行森林浴應該以哪個時間較為適宜？　(A)清晨　(B)傍晚　(C)夜間　(D)以上皆可

3. 下列哪一種動物雖然為恆溫動物，但有時體溫還是會隨著環境而變化？　(A)魚　(B)土撥鼠　(C)大象　(D)蛇

4. 下列哪一種動物的生殖腺隨著日照時間增加而發達？　(A)熊　(B)老虎　(C)鳥　(D)以上皆是

5. 最適合珊瑚生長的溫度是　(A)15℃以下　(B)16~20℃　(C)23~28℃　(D)30℃以上

6. 最早的魚類是出現在哪一個地質年代？　(A)志留紀　(B)奧陶紀　(C)石炭紀　(D)寒武紀

7. 珊瑚之所以有美麗的顏色是因為跟何種生物共生？　(A)魚類　(B)貝類　(C)藻類　(D)人類　(E)以上皆非

8. 族群之生育面積一般為單獨個體之　(A)10~20 倍　(B)30~50 倍　(C)70~100 倍　(D)150~200 倍

9. 德國公路上常壓死何種動物，雖然其數目僅上千隻但已其生存造成威脅？　(A)野生鹿　(B)蚯蚓　(C)青蛙　(D)癩蛤蟆

10. 蝴蝶發育完成掙扎出蛹的過程，稱之　(A)羽化　(B)脫蛹　(C)變態　(D)蛹成

11. 有活化石之稱之動物為　(A)綠蠵龜　(B)珊瑚　(C)山椒魚　(D)鱟

12. 環境較差之年份，一般昆蟲之生長曲線為　(A)A 型　(B)B 型　(C)J 型 (D)S 型

13. 鯨豚親緣關係相近，一般大小以多少公尺為分界？　(A)3　(B)5　(C)6 (D)8

14. 海牛因何種特性與陸上牛相似因而得名？　(A)叫聲　(B)外型　(C)行動 (D)食性

15. 何種鳥類性喜於平頂屋頂過夜？　(A)雨燕　(B)鵜鶘　(C)野鴿　(D)海鷗

## 二、簡答題

1. 保育學者要調查某一地區的梅花鹿數量，初次捕捉到 50 隻梅花鹿，做完標示後放回，再次捕捉時捉到 20 隻梅花鹿，這 20 隻梅花鹿當中有 3 隻身上具有標示，請問該地區的梅花鹿數量約為多少隻？

2. 請列表比較 r-selection 及 K-selection 並分別繪出其生長曲線。

3. 何謂昆蟲史之完全變態？

4. 櫻花鉤吻鮭名稱之由來為何？

5. 請說明保育野生動物之方法。

解答：CABCC　　BCBDA　　DDADD

# 土壤生態保育
## Conservation of Soil Ecosystem

*Foreword* ——————————————————————— 前言

　　近幾十年來，由於人口急遽膨脹，人類大量濫墾耕地，再加上化學肥料之使用，使得土壤的肥力銳減，長此以往，土壤將逐漸無法利用，形成沙漠化。故本章節將從土壤的結構開始談起，進而論及土壤保育的方法，並暢談「土壤守護神」－蚯蚓之復育。

## 5-1 土壤生態概論

　　人類活動及其所利用的空間，是由許多有機與無機之環境元素所構成，其中最重要之環境空間即為土壤生態，土壤提供植物生長、動物棲息與小生命的化育，因此自然界之種種生態循環，土壤扮演極重要的角色，雖然土壤環境僅為自然環境之一小部分，然而對人類的重要性卻是影響深遠的，土壤汙染由來已久，但對於土壤環境的保育卻是近年來才逐漸受到重視的，雖然土壤汙染防制之時機稍遲，但保育的工作永遠不嫌晚。

### 一、土壤的定義

　　土壤乃是岩石經過長時間風化作用後慢慢形成，常見之風化作用(Weathering)包括：物理性風化、化學性風化及生物性風化。而土壤之成分一般分為土壤礦石、有機物、微生物、水及空氣，一般而言最適合植物生成的土壤組成，其體積百分比應為：礦物質占 45%、有機質占 5%、水和空氣各占 25%。一般土壤的定義為：「地球硬殼上面較鬆軟之部分，主要是經由有機物之腐植作用與風化作用及少部分之搬運作用而成。」土壤有厚薄之分，大都在 30 公分左右，厚者如紅土，可達數十公尺。

### 二、土壤的剖面

　　土壤在發育時，除非受到外界不斷的沖刷與侵蝕，否則土壤必會逐漸堆積變厚，成為土層。由地面向下直至成土壤母質的垂直剖面，明顯由若干層次所組成。這些層次的質地、顏色、結構和成分均有差異，由這些連續層次所構成的剖面稱為土壤剖面(Soil profile)。

　　整個土壤之縱向剖面是由幾個化育層(Horizon)所組成，由地殼表層部分往下之垂直面，依序分為 O、A、B、C 等層次（圖 5-1）。

1. O 層：在 A 層之上，上面有許多黑色之有機質層。

2. A 層：一般稱為診斷表育層(Diagnostic epipedon)或淋溶層。

3. B 層：是承受由 A 層淋溶下來的物質沉澱所形成的土層，稱為診斷化育層(Diagnostic horizons)或澱積層。

4. C 層：稱為母質層(Parent materials)或底土層，為岩石風化碎屑殘積物組成，它是土壤發育的母體，幾乎保留了母岩的特徵。

　　C 層之下則稱為未經風化的堅硬岩層，一般稱為母岩層（R 層）或底土層，但其不列入土壤成分。因此亦有人依序將其分為有機質層、表土層、底土層、腐岩層及底岩層五層。化育完整之土壤一般具有 A、B、C、R 層級；化育程度不佳者，無 B 層之層級。而影響化育完整性之關鍵因素則包括：氣候、地形、母質、植生及時間五項因素。

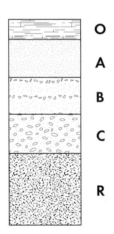

圖 5-1　完整土壤之剖面

## 三、土壤的質地

　　所謂土壤質地(Soil texture)是指土壤之粗細程度或土壤中的顆粒大小分布。土壤顆粒可以分為砂粒(Sand)、坋粒(Silt)和黏粒(Clay)三類，不同顆粒比例組合而成的土壤質地，將影響土壤的滲水性和空氣循環。

　　美國農業部將土壤質地按砂粒、坋粒和黏粒不同組成分量劃成三角表（圖 5-2），大致可以再分為四類：砂土(Sand)、壤土(Loam)、黏壤土(Clay loam)、黏土(Clay)與 12 種細分之質地。不同質地的土壤決定了其保水能力、保肥能力、透氣程度及保溫能力。如以土壤的保水能力而言，砂土保持水分最少，黏土最多，壤土中等。

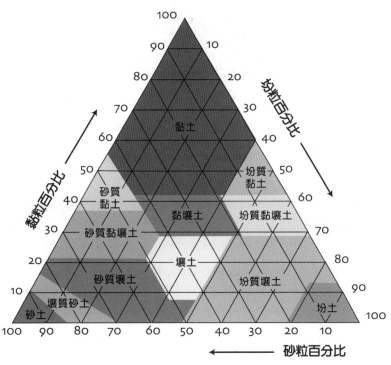

🦋 圖 5-2　正三角形土壤質地分布圖

　　「砂土」一般是指土粒直徑在 2 mm 以上或含砂粒 80%以上，且黏粒 20%以下之土壤。砂土是單粒構造之土壤，孔隙大、土質鬆軟、通氣性佳，但相對地其保水力及保肥力較差。「黏土」則是土粒直徑在 0.002 mm 以下或含黏粒 60%以上，且砂粒含量在 40%以下之土壤，其性質與砂土相反，保水力強、土質緊密，但排水及通氣不良。

　　「壤土」的特性則介於砂土和黏土之間，兼具兩者的優點，是最理想之土壤。一般而言，土壤顆粒越細，表面積越大，故能吸收和保存大量的養分。而一般土壤顆粒表面都帶負電荷，使帶靜電的陽離子（鹽基離子如鈣、鉀、鈉、錳等）被吸引到黏粒表面，使養分不易流失或被帶走。

## 四、土壤的功用

### （一）土壤具有自淨能力

土壤組成要素中對於汙染物去除最有效且最具貢獻者即為微生物(Microorganism)，不同之微生物負責不同汙染物之去除，微生物體內具有多元的酵素系統，任何有機物質（甚至少量無機物質）都能被微生物所分解，只是有速度上的快慢之分而已，一般而言真菌(Fungi)對於許多難分解之物質，如農藥，有較顯著之去除能力。人類生存的環境中由許多死亡之動物、植物及微生物或不預期之人為有機廢棄物排入，也因為有土壤，可將這些有機物吸收、吸附或分解，才能保持地球生態環境潔淨。最常見的例子是10,000 平方公尺排水良好的土壤層，1 年約可淨化至少 100 公噸的有機物。

### （二）土壤具有緩衝能力

土壤本身對於酸鹼性(pH)有極佳之調適能力，即是對於酸鹼度有良好的緩衝能力(Buffer capacity)，可促使土壤中之各種生物生存處於適當的環境中，使之能延續世代的生命而生存下來。當可溶性鹽類($K^+$, $Na^+$, $Li^+$)或肥料($NH_4^+$)過多時，土壤即以其固有之「陽離子交換能力」(CEC)將這些物質吸附，使其不致於因過多而使植物受傷害。

一旦營養鹽類不足時，土壤又可以可逆之反應慢慢將鹽類釋出，提供植物所需的養分，因此土壤即成為作物生產之母，想想若土壤不具備此項能力，農夫辛辛苦苦所施的無機鹽肥料，則將直接注入地下水中了。

### （三）土壤可提供營養素

土壤肥力來源一般認為是來自動植物腐化後之殘骸－腐植質，而腐植質又可因其溶於酸或鹼之特性，區分為腐植素、腐植酸與黃酸三類。其中腐植素為強鹼不溶之部分，結構複雜，分子量大；腐植酸則為強鹼可溶，但強酸不溶之部分，分子量最大且含碳量達 60%；而黃酸則為強酸、強鹼皆可溶之部分，分子量最小。三者皆可經礦化作用釋放出 $CO_2$、$NH_4^+$、$PO_4^{3-}$ 等營養素，同時提供較大之陽離子交換能力，以穩定土壤的酸鹼度。

## 5-2 土壤微生物

　　土壤微生物在生態系統的定位上常扮演分解者之角色。在微生物的參與下，動、植物之有機殘體最終被微生物所分解，而所釋放出的營養鹽又可被植物所吸收，形成自然生態系統之物質循環過程，建立一個良好自然之土壤生態。

　　土壤微生物一般包括真菌、細菌與放線菌三類。三者分布於相同或相似之土壤層面，但負責不同的除汙功能。一般而言，厚 15 cm 之表土，一公頃面積內，約含微生物重達約 25 公噸。而在每公升腐植土中平均約有 10 億個單細胞原生動物、3 萬隻線蟲、2 萬隻蟎、500 隻輪蟲與 2~5 隻蚯蚓。目前土壤微生物所負責自然界物質之循環作用，較重要的包括：碳循環、氮循環與硫循環。

### 一、碳循環

　　碳循環之要素主要是二氧化碳，植物、藻類與藍綠細菌可利用空氣或水中的二氧化碳進行光合作用(Photosynthesis)，把無機碳轉化為有機物，作為成長和存續之用。初級、次級和高級消費者（一些動物）則以這些生產者作為食物。同樣地在水中和陸地上的消費者(Consumer)和生產者(Producer)則進行呼吸作用(Respiration)，把二氧化碳排放至環境中。這些有機物，包括人為之汙染物、動植物之殘骸則依賴分解者(Decomposer)如微生物，透過各種新陳代謝作用在有氧情況下，將碳釋放出來，反之，在無氧狀態下，這些有機物將經由一連串微生物的作用，最後形成甲烷，當這些甲烷遇到氧氣時，又會被甲烷氧化菌將之分解成二氧化碳，形成一個自然界之碳循環（圖 5-3）。而當化石燃料被燃燒時，亦會釋出大量之二氧化碳。

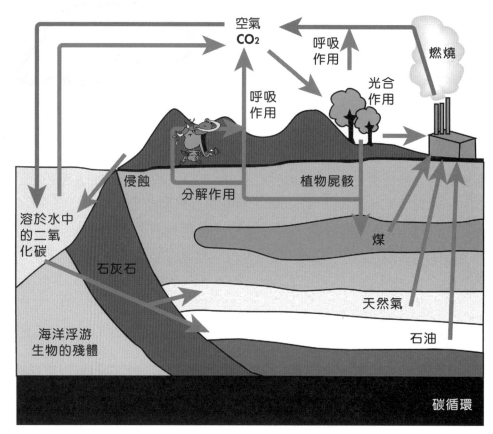

圖 5-3　自然界之碳循環

## 二、氮循環

　　氮元素循環包括微生物與一般之物化作用（如雷電固氮），常見之氮循環（圖 5-4）包括五大作用：礦化（氨化）、同化（合成）、硝化、脫氮及固氮作用。固氮作用(Nitrogen fixation)是指將空氣中之氮轉變成 $NH_3$ 或蛋白質，一般又細分為三類，非共生菌（固氮菌、梭狀芽孢桿菌、放射菌與光合硫細菌）、共生菌（根瘤菌與豆科植物）及藍綠藻。

　　一般而言，生物是無法直接利用空氣中的 $N_2$，必須將之轉化成氨硝酸態甚至亞硝酸態才能被植物吸收，因此生物的固氮作用在氮循環中是相當重要的。另外，空氣中的氮也可經「閃電作用」變成硝酸($NO_3^-$)溶於雨水中進入土壤，而被植物根部吸收。

　　動物之排泄物與遺體中的有機氮化合物，則將經由細菌或真菌的礦化作用(Mineralization)轉變成氨，因此此過程亦稱為氨化作用(Ammonification)。氨化作用所產生的氨一部分回到大氣中，另一部分則可經由統稱為硝化菌（亞硝酸菌及硝酸菌）之一類特定細菌，以硝化作用(Nitrification)轉變成硝酸鹽，進而繼續被植物所吸收。在缺氧的情況下，硝酸鹽則經由脫氮菌之脫氮（硝）作用(Denitrification)還原成氮氣回到大氣中，繼續循環。而殘存於土壤中之氨或硝酸鹽，同樣地亦會被一些細菌、真菌與放射菌所攝取，形成細胞中之有機物，此作用稱為同化作用(Assimilation)，整個氮循環就是經由上述之作用所構成。

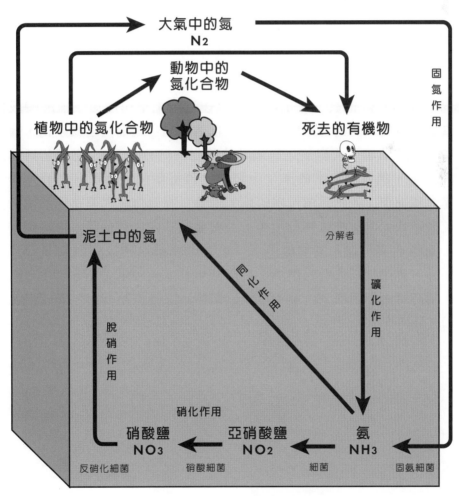

圖 5-4　自然界之氮循環

## 三、硫循環

　　硫是組成蛋白質的重要元素之一，可隨蛋白質的同化與礦化作用於自然界中循環。過去硫大多以無機硫之型態流布於海洋與湖泊的沉積層或深層土壤中，無機硫極易與一些過渡金屬離子相結合而發生沉積作用，常見之沉積型態包括 $FeS$、$Fe_2S$ 及 $CaSO_4$。自然環境中的硫循環一般包括四大作用，分別是礦化、同化、硫氧化與硫還原作用。而與其相關之土壤微生物則包括：光合硫細菌、硫氧化菌與硫還原菌三類。

　　有機硫化物被微生物分解成硫酸根離子或硫化氫，一般稱做礦化作用，相反之過程則由硫酸根離子形成有機硫，此過程則為同化作用。礦化作用主要憑藉細菌之協助，而同化作用則須靠微生物或藻類之協助。

　　在沒有氧氣之情況下，硫還原菌或硫酸還原菌，將使無機硫（如元素硫或硫酸）轉變為硫化氫，硫化氫溶於水後可因化學作用形成硫酸鹽或元素硫，當然貢獻最大的還是一些稱做硫氧化菌及光合硫細菌之微生物，硫氧化菌可在有氧的環境下代謝硫化氫或其他硫化物$(S_2O_3{}^{2-}$, S)，它們包括白硫桿菌、硫絲菌、硫桿菌及常於溫泉中發現之硫化葉菌。而在有光照及無氧環境，光合硫細菌（如紫硫菌、綠硫菌）則負責將硫化氫代謝為元素硫。當釋出之硫酸鹽或元素硫被植物利用後，可轉變為體內之有機硫，再經動物攝食植物，有機硫又可進入動物體內，含硫之動物排泄物或殘骸則又回到土壤中。另外，經由化石燃料的燃燒（如柴油車）或火山爆發，含硫化合物進入大氣，再經降雨作用回到土壤中形成硫酸鹽，又被植物利用，形成自然界之硫循環（圖 5-5）。

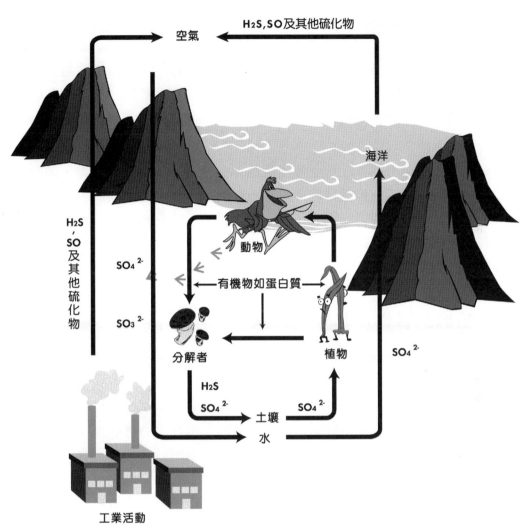

H₂S,SO及其他硫化物

空氣

海洋

H₂S
,
SO
及
其
他
硫
化
物

$SO_4^{2-}$

$SO_3^{2-}$

動物

─有機物如蛋白質─

分解者

植物

$SO_4^{2-}$

H₂S

$SO_4^{2-}$

$SO_4^{2-}$

土壤

水

工業活動

🦋 圖 5-5　自然界之硫循環

5-3　土壤的守護神—蚯蚓

　　土壤中棲息了許多高等動物，由農業或土壤生態的角度來看，蚯蚓被認為是土壤中最重要的生物。蚯蚓同時亦可作為一些野生動物（如鳥類和哺乳類）的食物，因此，了解蚯蚓在生態上的地位，將有助於了解這些野生動物行為和生態之關聯。

　　除此之外，越來越多之學者發現蚯蚓似乎擁有預知地震之能力，因此蚯蚓之習性與特性已成大眾矚目的焦點。一般而言，蚯蚓是有益於農業的，然而，也有少數種類是對農作物有害的，如常見於中臺灣的長形多環蚓，由於具有鑽洞的習性，因此易引起水稻田的滲漏現象，而其他國家亦有類似之報導。

## 一、蚯蚓的習性及其生態效應

　　蚯蚓一般生活於中度濕潤之環境，太乾或太濕皆不適合其生存，生存期可長達 10 年，一般生活於通氣坑道，最怕浸漬於水中，主食為腐植性有機物，由於消化後可排出腐植質提高土壤肥力，因此在歐、美、日都已有成功利用蚯蚓清除汙泥、有機垃圾與廢紙等，並將其轉換成有機肥料。蚯蚓一般可藉由疏鬆土壤、翻動土壤、改良土質及對土壤施肥四種作用，而有助於土壤肥力，牠最深可至 1.5 公尺，並產生 200~300 個坑道／公尺 $^2$，此行為將有助空氣流通。當蚯蚓翻動土壤時，順便將裡土層之物質帶至地表，使表土層每年增加約 1 公分。

　　蚯蚓經消化後排出之土壤，性質疏鬆、含水量高、空氣量高，菌數可增加超過 30%，因此具有改良土質之作用。過去有人收集蚯蚓一年內於單位平方公尺所產之糞便，竟發現約有 5~10 公斤，這些量經常是農地施肥量之 1~2 倍，由此可知蚯蚓對土壤之重要性。此外由於蚯蚓生活於土壤中，在其進食過程中，亦會吸收重金屬及農藥，因此是個極佳的土壤環境記錄者，目前歐美已發展出利用蚯蚓為土壤環境監測的標準技術。為了讓這些蚯蚓好好的生存下去，學者建議，要慎用農田機具，同時將田埂—防風林間地帶，設立深 80 公分、寬 150 公分之「蚯蚓生育地」。

## 二、蚯蚓大量離洞現象

　　過去在臺灣特別是屏東及高雄等地，常常發現地震發生前夕，出現駭人之蚯蚓離洞現象（圖 5-6），這些現象被一般民眾認為是蚯蚓擁有「預知地震」之能力，因此有必要對蚯蚓大量離洞之現象，從外在環境因素與內在本身因素加以說明：

🦋 圖 5-6　蚯蚓大量離洞現象

### （一）外在環境因素

#### 1. 自然因素

　　大雨數日後的清晨，蚯蚓大批離洞而死於地表的現象是最常見的。可能的原因是當水分滲入蚯蚓的棲所，導致土壤孔隙間之氧氣含量降低，使得蚯蚓受不了而爬出洞穴，若照射到陽光，被紫外線所麻醉，因此無法再鑽回地下，最後導致牠們脫水死亡。此外，也有學者認為在潮濕季節，濕氣容易導致土壤通氣不良產生厭氧環境，而生成硫化氫毒氣，此毒氣將迫使得蚯蚓大量離洞，不過這種可能性較低。

#### 2. 人為因素

　　由於人類任意棄置一些有害廢棄物，將導致土壤環境受到嚴重的破壞，過去學者研究顯示，受化學品汙染的場址，蚯蚓之含量非常低，顯然蚯蚓會因為一些化學藥劑的施用而大量死亡，不過在汙染初期，例如噴灑農藥（除草劑、殺蟲劑）或附近工廠排放廢水，則會迫使蚯蚓大量離洞，因此若發現蚯蚓大量離洞，而最近並無下雨，則需注意是否有化學物質滲入土壤，導致此現象發生。

## （二）內在本身因素

### 1. 族群效應

　　蚯蚓的壽命一般認為不會超過 5 年，但日本曾有超過 10 年的報告，因此當土壤之溫度、濕度與養分適合時，常會造成已居住一段時間之蚯蚓族群密度突增，進而引起彼此間競爭食物、空間與氧氣之問題，競爭失敗者則傾向離洞重新尋找新的棲所。

### 2. 生理效應

　　過去學者曾測得蚯蚓一天有兩次呼吸高峰期，一次在傍晚，一次在清晨，而以清晨較為明顯。因此認為蚯蚓會爬出地面，是因為需要充足之氧氣所致。例如歐洲的異形密氏蚓(*Millsonia anomala*)在午夜至早上 9 點左右會爬至地表。

## 三、與地震的關係

　　動物因地震而產生的異常行為，稱為「地震動物異常行為」(Seismic animal anomalous behaviors, SAAB)。地震前動物的異常行為能否作為大地震前的預測，這是許多民眾關切的事情，因為這可使人類趨吉避凶。而被認為具有預知地震能力者以脊椎動物為主，無脊椎動物則較少見。其中被研究過的動物包括：

1. 哺乳類：海獅、河馬、鼠。

2. 鳥類：企鵝、麻雀、鵝等。

3. 爬蟲類：蛇、龜、鱷魚。

4. 魚類：泥鰍、大肚魚、金魚。

5. 昆蟲：蠶。

6. 環節動物：蚯蚓，為其中之代表，因可觀察到蚯蚓在地震前夕時會發生大量離洞的行為，但有直接證據支持的說法卻很少，因此西方科學家多表示懷疑。

7. 軟體動物：蛤、蜆。

　　以棲息於土中的蚯蚓為例，其大量離洞與地震之關聯性可由幾個不同之角度來觀察。

## （一）地磁與地電流的變化

　　由於地震前地磁與地電流會產生變化，因此學者利用一個斷層電磁模式計算出一般地震產生的電流強度，再將相同之強度施用於實驗中之蚯蚓，結果顯示蚯蚓將大量離開現場，並聚集在一起以減低電流之強度。

## （二）土壤的變化

　　蚯蚓雖然對震動十分敏感，但仍不致於導致牠們離開棲所，因此間接性的影響才是主因。地殼之震動，常導致土壤液化，使得土壤通氣不良，造成缺氧，同時使地下水位變動，甚至充滿整個土層，亦使土壤孔隙缺氧，甚至使土壤表層之刺激性化學汙染物滲入裡土層及底土層，這些因素皆會引發蚯蚓產生大量離洞之現象。

## 5-4　土壤生態指標

灌溉用水引用不當常會導致不預期之土壤汙染問題，常見之問題包括：聚鹽作用(Salinization)、鈉化作用(Sodication)及鹼化作用(Alkalinization)。

### 一、聚鹽作用(Salinization)

是指土壤鹽分過高之情形，一般發生於乾旱地區或淋溶不足之土壤，若灌溉用水直接受到鹽分汙染亦會引起聚鹽作用，通常土壤中之導電度超過 4 mmho/cm 之土壤則稱為鹽化土。

### 二、鈉化作用(Sodication)

是指土壤表面所吸附之鈉量太高所致，鈉量太高將妨礙鉀離子之吸收與土壤之透氣性，通常灌溉水 pH 值太高或本身含鈉量太高皆會引起鈉化作用。

### 三、鹼化作用(Alkalinization)

則是指土壤 pH 升高至鹼性之過程，如灌溉水中富含碳酸鹽就會引起此現象，表 5-1 為常見之生態指標及其意義與量測之公式。

▶ 表 5-1 常見之生態指標、意義與量測之公式

| 生態指標 | 意　義 | 公　式 |
|---|---|---|
| 導電度(EC) | EC>2.25，表示灌溉水鈉化嚴重 | |
| 鈉吸收率（比）(SAR) | SAR>20，表示土壤鈉化嚴重 | $SAR = \dfrac{Na^+}{\sqrt{\dfrac{Ca^{2+}+Mg^{2+}}{2}}}$ |
| 殘餘碳酸鈉(RSC) | RSC>2.5，表示灌溉水鹼化嚴重 | $RSC = (CO_3^{2-}+HCO_3^-)$ $-(Ca^{2+}+Mg^{2+})$ |
| 陽離子交換能力(CEC) | 100 克土壤所能被置換陽離子的毫當量數 | CEC＝陽離子總量－陰離子總量 |
| 殘餘鹼度 | | 鹼度－2$(Ca^{2+})$－2$(Mg^{2+})$ |

 **5-5** 土壤復育

　　臺灣過去 30 年間工、商業高速發展，創造令人稱羨之經濟奇蹟，環境汙染因而伴隨而來。早期環保當局大都偏重眼睛看得到之水與空氣之汙染管制，但對於土壤這類汙染物之最終承受體，則漠不關心。

　　直到民國 89 年 2 月 2 日頒布施行「土壤及地下水汙染整治法」，使環境保護工作邁入另一重要之里程碑，才使土壤汙染及保育之問題浮上檯面，而須正式去面對。土壤一旦受到人為汙染之侵入，如果是有機汙染物還可利用土壤中之微生物，進行復育工作（雖然有些需要很長的時間），若是遭受無機汙染物，特別是重金屬，處理上就較困難，因為重金屬無法被生物分解，且可能會隨著地下水擴大汙染。在法規中對於土壤汙染所下之定義為：指土壤因物質、生物或能量之介入，致變更品質，有影響其正常用途或危害國民健康及生活環境之虞。由此可知汙染物之種類相當繁雜。

　　汙染物自土壤中移出有兩種方法，一是經由土壤粒子孔隙中的氣相揮發到空氣中，另一種方式是經由雨水的淋洗，逐漸滲入地下水層中。因此針對不同汙染物之物化特性，應該採行不同之復育技術。

　　針對土壤汙染的復育，已發展出各類物理、化學、電化學及生物的方法，以去除土壤中有害因子或降低其毒性。其中物理方法乃是將汙染物逸散，如改變溫度或氣提；化學方法則是改變有害化學物質之分子結構，因而可有效降低毒性甚至完全分解；生物方法則為降解或改變有害物質之鍵結，使其形成低毒性或無毒產物的處理方法。

　　雖然已經發展出來的方法很多（表 5-2），但是真正達到實用階段的卻很少，下面將敘述四種較常見的方法。由於臺灣地區過去土壤汙染復育個案有限，因此針對農地重金屬汙染之復育多採深耕翻轉自然衰減法，針對油料有機物則採生物處理，針對農藥則採熱解法。

表 5-2　常見土壤復育技術

| 物理化學法 | | 電化學或熱處理法 | | 生物法 | |
|---|---|---|---|---|---|
| 現地 | 離場 | 現地 | 離場 | 現地 | 離場 |
| 固化 | 固化 | 電動力分離法 | 玻璃固化法 | 植物穩定法 | 土地耕種法 |
| 添加土壤改良劑 | 土壤清洗 | 玻璃固化法 | 燃燒法 | 植物復育 | 自然衰減 |
| 土壤氣體萃取 | 化學溶劑萃取 | | 熱解法 | 土地耕種法 | 植物穩定法 |
| 深耕翻轉／混合自然衰減法 | 化學氧化 | | 熱脫附法 | | 添加土壤改良劑（微生物） |
| 土壤淋洗 | 粒徑分離法 | | | | |

# 一、客土法

## （一）排土客土法

　　將受汙染的表層土移除再覆蓋乾淨的土壤或將乾淨的土壤直接置於受汙染的表土上方。

## （二）翻土法

　　將上層受汙土與下層淨土（未受汙染土）相混合，使汙染物濃度降低至容許的範圍。

　　一般而言客土法是相當有效而簡便的方法，通常客土之厚度要與耕犁層厚度相同，大約是 15~30 公分，換句話說，受汙染之土壤 1 公頃，大概要客土大約 2,000 公噸（圖 5-7）。

🦋 圖 5-7　客土法施工例

## 二、淋洗法

當土壤受到鹽分、氮，甚至溶解性高的有機毒物汙染時，利用這種方法相當有效。利用澆灌大量的水，使汙染物被滲濾至土壤下層。但這種方法並未徹底解決汙染物，常引起地下水層之二次汙染。但是若將土壤挖起浸洗後再放回原地，則可將二次汙染問題降到最低。

## 三、植物復育

植物目前已被證實具有吸收並累積重金屬之能力，因此利用植物來進行受金屬汙染土地的復育工作，是相當具有潛力的，這種機制稱為植物復育(Phytoremediation)，植物利用金屬硫蛋白(Metallothionein, MT)與金屬螯合素(Phytochelatins, PCs)兩種酵素，同時處理多種重金屬，但是許多可耐高濃度重金屬之植物其生長相當緩慢，因此目前許多學者正積極使用生長速率快的植物或利用基因轉殖之方式，導入「金屬硫蛋白酵素」或「金屬螯合胜肽合成酵素」提高其耐金屬及累積金屬的效能。目前應用芥菜進行植物復育之案例較多。

## 四、生物復育

根據報導，西元 1997 年，美國超級基金對於土壤汙染場址之整治，約有 178 個屬於土壤蒸氣抽取法，42 個乃以現場固化穩定法，15 個採現場土壤洗滌法，而其中 33 個則以現場生物復育法。生物復育方法一般分為現地與非現地（離場）兩種生物復育技術。

1. **現地生物復育**：是在其發現的所在地進行。

2. **非現地（離場）生物復育**：在處理前需要先挖出汙染土壤，帶離所在地做處理。

由於現地技術不需要將土壤挖出，所以比起離場之方式為節省經費且可避免二次汙染。不過現地復育比非現地復育較為費時且技術較困難，一般應用處理較透氣及透水的土壤則較佳。因此生物復育法即為利用現場微生物或離場反應器中之微生物將有機物汙染物分解。

目前工程化之生物復育技術，一般可分為三種，生物刺激、生物強化與生物氣提（通氧）法。生物刺激法乃是外加營養及氧氣促使現地微生物快速生長或加強其分解能力；生物強化法則同時加入非原生性微生物，但一般是離場系統時採用之手段；生物氣提法則是針對一些非揮發性之有機汙染物所採行之手段。

## 5-6　我國土壤汙染現況

　　根據過去臺灣土壤被汙染之情形，吾人較注意與關心的為重金屬汙染之問題，依據最近研究顯示，臺灣地區約有 1,000 多公頃農田遭受銅、鋅、鉻、鎘、鉛、汞、砷、鎳等 8 種重金屬汙染之威脅，其中已有 16 個縣市之表土含量已達第五級重金屬汙染標準（表 5-3）。其中汙染較嚴重之區域包括：彰化、桃園、新竹、高雄與臺南一帶。其中超過土壤汙染管制標準（法規）者的農地面積總計 252.45 公頃，其中彰化占最多數，共約 184 公頃。其餘依次為新竹 27.54 公頃，桃園 11.46 公頃，屏東 6.9 公頃，臺中 6.34 公頃，高雄 6.02 公頃及臺南 5.33 公頃，上述地區之食用作物正由各縣市環保局會同農政單位進行處理，並公告為「土壤汙染控制場址」。

　　根據「土壤及地下水汙染整治法」之管制標準，截至 110 年 4 月，臺灣地區因各種汙染物過量被列管之場址共計 1,391 處，面積達 1,790 公頃。依土地利用型態區分，屬於事業場址仍受列管計有 451 處，面積達 1,643 公頃。屬於農地場址仍受列管計有 940 處，面積為 147 公頃。以農地汙染改善情形，汙染面積由 1,024 公頃下降至 147 公頃，相較過去改善率達 85.6%，可見政府在土壤汙染場址管理與控制方面成效顯著。

　　表 5-4 為過去臺灣已發生之土壤汙染之案例，由表可見重金屬汙染之途徑包括：

1. **工業廢水汙染灌溉用水，再經引灌至農田**：如基力化工廠、高銀化工廠、臺灣色料廠及東西二圳沿岸之鎘汙染問題。

2. **工業用地操作滲漏或廢棄物不當掩埋**：如 RCA 廠之含氯有機物與裕臺化工之農藥汙染。

　　這些受土壤汙染之場址需進行持續及嚴密的監測與整治，根據環保署「108 年度土壤及地下水汙染整治年報」之資料，截至 108 年累積整治場址場次數達 124 場次，91~108 年之歷年統計如表 5-5。

🦋 表 5-3　臺灣地區土壤重金屬汙染情況

| 縣市別 | 達重金屬第五級區域（面積） | 重金屬種類 | 超過管制標準面積 |
|---|---|---|---|
| 臺北市 | 18 | 砷、汞、銅、鋅 | 0 |
| 高雄市 | 45 | 鉛、銅、銅、鋅 | 6.02 |
| 基隆市 | 6 | 鉻、鉛、鋅 | 0 |
| 新北市 | 79 | 鉻、鉛、銅、鋅 | 1.62 |
| 桃園市 | 121 | 鎘、鉻、鎳、鉛、銅、鋅 | 11.46 |
| 新竹市 | 59 | 砷、鉻、汞、鎳、銅、鉛、鋅 | 27.54 |
| 苗栗縣 | 7 | 鋅 | 0.55 |
| 臺中市 | 44 | 鉻、鎳、鉛、銅、鋅 | 6.64 |
| 彰化縣 | 546 | 鉻、鎳、鉛、銅、鋅 | 184 |
| 南投縣 | 6 | 鉛、鋅 | 0.39 |
| 雲林縣 | 1 | 鎘、鋅 | 0 |
| 嘉義市 | 13 | 鉻、鋅 | 0 |
| 臺南市 | 61 | 鉻、鎳、鉛、銅、鋅 | 7.19 |
| 屏東縣 | 16 | 鉻、鉛、銅、鋅 | 6.90 |
| 花蓮縣 | 1 | 鋅 | 0 |
| 臺東縣 | 1 | 銅 | 0 |
| 合計 | 1024 | 砷、鉻、汞、鎳、銅、鉛、鋅 | 252.45 |

表 5-4　臺灣歷年已發生土壤汙染之案例

| 汙染場址及來源 | 汙染物 | 汙染型式 | 汙染對象 |
| --- | --- | --- | --- |
| 基隆市興業金屬公司 | 鉛 | 廢水排放及廢棄物置放 | 農業用地 |
| 新北市泰山區 | 鎘 | 廢水排放 | 農業用地 |
| 桃園市觀音區大潭里高銀化工廠 | 鉛、鎘 | 廢水排放 | 農業用地 |
| 桃園市蘆竹區基力化工公司 | 鉛、鎘 | 廢水排放 | 農業用地 |
| 彰化市和美鎮東西二圳沿岸工廠 | 鎘 | 廢水排放 | 農業用地 |
| 彰化縣花壇鄉農田灌溉渠道上游之整染、電鍍廠 | 重金屬 | 廢水排放 | 農業用地 |
| 雲林縣虎尾鎮臺灣色料廠 | 重金屬 | 廢水排放 | 農業用地 |
| 屏東縣麟洛鄉 | 鉛 | 廢水排放 | 農業用地 |
| 臺北市文山區義芳化工 | 汞 | 汙泥不當棄置 | 文教用地 |
| 桃園市八德區 RCA 廠 | 三氯乙烯、四氯乙烯 | 操作不當滲漏 | 工業用地 |
| 臺灣氯乙烯公司頭份廠 | 二氯乙烯、氯乙烯 | 操作不當滲漏 | 工業用地 |
| 桃園楊梅東北亞公司 | 酚類 | | 工業用地 |
| 中國石油化學開發公司安順廠 | 五氯酚、汞 | 操作不當滲漏 | 工業用地 |
| 中油苓雅寮儲運所 | 柴油 | 操作不當滲漏 | 工業用地 |
| 彰化縣彰化市裕臺化工 | 農藥 | 廢棄物掩埋 | 工業用地 |
| 高雄臺塑仁武廠 | 1,2-二氯乙烷、氯乙烯、苯及氯仿 | 操作不當滲漏 | 工業用地 |
| 豐興鋼鐵臺中后里農地汙染 | 鋅、鎘 | 廢水排放 | 農業用地 |
| 嘉義遠東機械公司新厝廠 | 鉻、銅、鎳、鉛 | 操作不當滲漏 | 工業用地 |
| 高雄市泓達化工 | 總石油碳氫化合物 | 操作不當滲漏 | 工業用地 |
| 新北市（原）臺灣金屬礦業股份有限公司 | 鎳、砷、銅、鉛、鋅、汞、總石油碳氫化合物、多氯聯苯 | 操作不當滲漏 | 工業用地 |

🦋 表 5-5　歷年公告整治場址場次數統計表

| 年度 | 工廠 | 加油站 | 其他 | 非法棄置 | 儲槽 | 軍事 | 總計 | 歷年累計 |
|------|------|--------|------|----------|------|------|------|----------|
| 91 | 0 | 0 | 0 | 0 | 0 | 0 | 0 | 0 |
| 92 | 0 | 0 | 0 | 0 | 0 | 0 | 0 | 0 |
| 93 | 2 | 1 | 0 | 0 | 1 | 0 | 4 | 4 |
| 94 | 1 | 0 | 0 | 0 | 0 | 0 | 1 | 5 |
| 95 | 1 | 2 | 0 | 2 | 0 | 0 | 5 | 10 |
| 96 | 0 | 2 | 1 | 0 | 1 | 0 | 4 | 14 |
| 97 | 0 | 7 | 0 | 0 | 0 | 0 | 7 | 21 |
| 98 | 2 | 3 | 1 | 0 | 0 | 0 | 6 | 27 |
| 99 | 3 | 2 | 1 | 0 | 0 | 0 | 6 | 33 |
| 100 | 10 | 1 | 6 | 1 | 0 | 0 | 18 | 51 |
| 101 | 9 | 0 | 0 | 2 | 0 | 0 | 11 | 62 |
| 102 | 3 | 1 | 0 | 1 | 0 | 0 | 5 | 67 |
| 103 | 7 | 0 | 0 | 0 | 0 | 0 | 7 | 74 |
| 104 | 13 | 3 | 1 | 0 | 0 | 0 | 17 | 91 |
| 105 | 9 | 1 | 1 | 0 | 0 | 1 | 12 | 103 |
| 106 | 3 | 1 | 1 | 0 | 0 | 0 | 5 | 108 |
| 107 | 9 | 2 | 0 | 0 | 1 | 0 | 12 | 120 |
| 108 | 2 | 0 | 2 | 0 | 0 | 0 | 4 | 124 |
| 總計 | 74 | 26 | 14 | 6 | 3 | 1 | 124 | - |

註：統計數據截至 108 年 12 月；資料條件為年度已確核之場址數，於 109 年 01 月 13 日擷取。

## 學習評量

### 一、選擇題

1. 在硫循環當中，二氧化碳與硫化氫反應後的產物包括了碳水化合物、水及 (A)硫酸鹽 (B)元素硫 (C)有機硫 (D)硫化氫 (E)以上皆非

2. 土壤守護神是指 (A)人類 (B)螞蟻 (C)蚯蚓 (D)顫蚓

3. 土壤之肥力來源是指 (A)腐植質 (B)磷 (C)鉀 (D)地下水

4. 最理想之土壤是指 (A)砂土 (B)壤土 (C)黏土 (D)黏壤土

5. 50%砂粒、30%坋粒及 20%黏粒所構成之土壤稱之為 (A)砂質黏土 (B)砂質壤土 (C)黏壤土 (D)壤土

6. 蚯蚓消化後之土壤，菌數可增加多少？ (A)10% (B)30% (C)50% (D)60%

7. 受汙染之土壤 1 公頃，需客土約多少公頃？ (A)20 (B)200 (C)2,000 (D)20,000

8. 下列何者非土壤生態指標？ (A)聚鹽作用 (B)鈉化作用 (C)鹼化作用 (D)鈣化作用

9. 下列何者為我國過去重金屬土壤汙染較嚴重之地區？ (A)彰化 (B)屏東 (C)臺南 (D)新竹

10. 下列有關於土壤的敘述，何者錯誤？ (A)土壤具有自淨能力 (B)土壤具有緩衝能力 (C)土壤可提供營養素 (D)最適合種植農作物的土壤是砂土

### 二、簡答題

1. 試說明氮在生態系中的流動。

2. 試說明碳在生態系中的流動。

3. 試說明硫在生態系中的流動。

4. 請說明土壤之三項功能。

5. 每公升腐植土中生物含量為何？

6. 蚯蚓擁有哪「四種」作用以增加土壤肥力呢？

7. 請舉出七類具有「地震動物異常行為(SAAB)」之動物。

8. 請簡單以兩個角度說明地震時蚯蚓大量離穴之原因。

9. 請寫出植物復育之兩種酵素。

解答：BCABD　　BCDAD

# 水資源保育與利用
## Conservation and Utilization of Water Resources

　　水是很珍貴的自然資源，地球面積有 70 ％是水，一般動物體內 70 ％
是水，人體血液中 90 ％也是水。如果一個人不吃東西光喝水，那至少可
以存活一個星期，但是若不喝水，只要三天就會無法活下去，由此可見水
對於人類的重要性。本章將從水在生態系統的循環與分布開始談起，進而
說明當前水汙染的種種問題，希望大家都能飲水思源，節約用水。

# 6-1 水資源分布及其利用

## 一、全球水量的分布

　　水是人類和一切生物賴以生存的物質，水是可以再生、更新與回收的自然資源，能通過土壤或水體之自淨能力，使水的循環過程不斷地復原。地球上的海洋、河流、地下水、湖泊與土壤水，在地球四周形成了一個水文循環作用，利用循環式的蒸發、蒸散、降雨、逕流與入滲作用，維持地球一定之含水量（表 6-1）。目前淡水總量 4,137,000 km$^3$，流入地下水層高達 4,000,000 km$^3$，但僅有 21,000 km$^3$，被土壤保存，因此在一定時間與空間範圍內，它的數量卻是有限的，並不像人們所想像的那樣可以恣意揮霍。

### 表 6-1　地球上各水體之儲水量

| 各種環境介質 | | 最大水量(m$^3$) | 更新速率 |
|---|---|---|---|
| | 海 洋 | $1.35 \times 10^9$ | 2500 年 |
| | 大 氣 | 13,000 | 8 天 |
| 陸　地 | 河 流 | 1,700 | 16 天 |
| | 湖 泊 | 100,000 | 17 年 |
| | 內 海 | 105,000 | |
| | 土壤含水量 | 70,000 | 1 年 |
| | 地 下 水 | $8.2 \times 10^6$ | 1,400 年 |
| | 冰川和冰帽 | $27.5 \times 10^6$ | 山地冰川 1,600 年<br>極地冰帽 9,700 年 |
| | 生 物 水 | 1,100 | 幾小時 |

## 二、臺灣的水資源

　　臺灣為一海島，四面環海，屬亞熱帶季風區之氣候，氣候溫暖潮濕，根據統計，臺灣年降雨量為 2,510 mm，約 905 億立方公尺，為臺灣水資源之主要來源。臺灣雨量雖然豐沛（表 6-2），但因蒸發／蒸散（220 億立方公尺）與逕流（600 億立方公尺）作用，入滲後土壤之含水量（40 億立方公尺）與地下水層含水量（40 億立方公尺），不到 100 億立方公尺，因此可利用之部分相當有限。

　　目前臺灣各種用水的主要來源有三類：水庫占 21%、河川占 45%，而地下水約占 34%。全臺灣總用水量約為 180 億噸（立方公尺）。而每人每日用水量為 356 公升（103 年統計資料）。臺灣平均年降雨量約 2,500mm，屬於降雨量豐沛的國家，每年總降雨量達約 900 億噸，不過因人口密度高且降雨分布不均，算是缺水國家。正因為水資源不足，因此水庫興建是刻不容緩的，否則未來將面臨缺水之危機。但是興建水庫之步調現正延宕中，因為水土保持、自然保育與環境保護之課題仍大受爭議。

### 表 6-2　世界主要國家降水量之比較

| 國　家 | 單位面積降水量(mm/yr) | 單位人口分配之降水量(m$^3$/yr/person) |
|---|---|---|
| 臺灣 | 2,510 | 4,595 |
| 日本 | 1,820 | 6,060 |
| 印度 | 1,220 | 6,600 |
| 中國 | 840 | 9,720 |
| 泰國 | 830 | 3,650 |
| 英國 | 800 | 3,490 |
| 加拿大 | 790 | 344,000 |
| 法國 | 760 | 7,810 |
| 瑞典 | 700 | 38,400 |
| 西班牙 | 660 | 9,470 |
| 全球平均 | 730 | 28,300 |

## 三、都市／鄉村在水循環所扮演的角色

### （一）都市

因地面鋪設柏油路面，故以蒸發及逕流為主。

### （二）森林／農地

因地面為鬆軟的土層，故易截留儲水，且約可截留 60%之降雨。而不同林業及坡度對雨水之截留情況，具有下列原則：1.針葉林＞闊葉林；2.平地＞陡坡。

## 四、水資源利用的順序

水資源之利用依序共分為 6 種形式：民生用水、工業用水、農業用水、養殖用水、遊憩用水及水力能源用水，其中民生用水、工業用水與農業用水之需求量約為總降雨量的 1/3。

根據經濟部水利署歷年水資源供需統計得知，臺灣本島年總用水量 165~185 億立方公尺，其中以農業用水 118~133 億立方公尺需求最大，生活（民生）用水與工業用水各占比例為 17±3%與 9±3%，生活（民生）用水近年來呈現緩降持平趨勢（表 6-3）。

## 五、水資源利用的問題

臺灣位於亞洲季風範圍內，受到夏季季風及颱風的影響，常常帶來豐沛之雨量，但約有 80%之雨量集中在 5~10 月之夏、秋兩季，因此部分時期仍屬缺水期。而主要河川之發源地以中央山脈為主，因此造成地形陡峭，河川短小，且坡降與落差極大，大部分為荒溪型河川，同時高達 65%以上的降水量直接排入海洋中，無法被利用。因此臺灣之水資源情況，在世界上被認定為缺水之國家。再加上近年來，颱風及豪雨所造成的山崩、地層滑動、土石流及淹水事件，對於國內民生與產業發展造成相當大的衝擊。因此，水資源的利用與管理是急待解決的問題，下列摘錄目前水資源利用面臨到的問題：

表 6-3　臺灣地區近 10 年用水量趨勢概況（95~107 年）

| 項目<br>年度 | 年總用水量<br>（億立方公尺） | 農業用水 | | 工業用水 | | 民生用水 | |
|---|---|---|---|---|---|---|---|
| | | 用水量 | 占總用水量 | 用水量 | 占總用水量 | 用水量 | 占總用水量 |
| 95 | 178.5 | 127.8 | 71.6% | 15.4 | 8.6% | 35.2 | 19.7% |
| 96 | 185.6 | 133.5 | 71.9% | 16.4 | 8.8% | 35.6 | 19.2% |
| 97 | 179.7 | 129.6 | 72.0% | 16.6 | 9.2% | 33.5 | 18.6% |
| 98 | 180.8 | 131.7 | 72.8% | 15.5 | 8.5% | 33.6 | 18.5% |
| 99 | 170.6 | 122.0 | 71.5% | 16.0 | 8.9% | 32.5 | 18.2% |
| 100 | 172.1 | 124.3 | 72.2% | 15.5 | 9.0% | 32.3 | 18.7% |
| 101 | 173.1 | 125.1 | 72.2% | 16.2 | 9.3% | 31.8 | 18.4% |
| 102 | 173.0 | 124.7 | 72.1% | 16.4 | 9.5% | 31.2 | 18.4% |
| 103 | 177.7 | 130.0 | 73.2% | 16.3 | 9.2% | 30.5 | 17.6% |
| 104 | 165.5 | 118.0 | 71.3% | 16.0 | 9.7% | 31.4 | 19.0% |
| 105 | 165.9 | 117.6 | 70.9% | 16.5 | 10.0% | 31.8 | 19.1% |
| 106 | 166.7 | 118.7 | 71.2% | 16.5 | 9.9% | 31.5 | 18.9% |
| 107 | 167.1 | 118.9 | 71.1% | 16.7 | 10.0% | 31.6 | 18.9% |

資料來源：經濟部水利署水源經營組
編製單位：經濟部水利署會計室

1. **水資源分配不均**：各項標的用水一向以農業用水居最大宗，約占 70%；生活用水居次，約占 20%；工業用水最少，約占 10%。

2. **水質不佳**：河川中水富含砂土，需進一步處理方可使用。

3. **雨季不均**：雨季集中於 5~10 月，11~4 月僅為 20%（圖 6-1）。

4. **政府政策與民間期待相左**：政府以採開發新水源、建水庫、跨水域調水、調整用水費率等手段分配水資源，民間則期待以環境保育為水資源分配之優先考量。

🦋 圖 6-1　雨季不均，12 月之流量甚小（南港四分溪）

## 六、經濟部水利署施政計畫

　　經濟部水利署於 95 年施政計畫：主要在多元化經營、保育及開發水資源，確保水源穩定供應；推動流域綜合治理，營造自然安全的水環境。包括：1.治水：推動流域綜合治理，降低淹水災害損失；2.利水：加強多元水源開發，確保水源穩定供應；3.保水：整體保育水土資源，維護水文循環體系；4.親水：落實水岸環境改善，營造生態親水環境；5.活水：推廣回收再生利用，促進水利產業發展。於 105 年施政計畫中則考量：1.水資源供需穩定；2.持續改善防洪設施；3.水資源企劃及保育；4.水資源開發及維護；5.河川海岸及排水環境營造等面向，兩者相對應之資料摘錄如表 6-4。

🦋 表 6-4　經濟部水利署施政計畫的衡量指標

| 衡量指標 | 評估方式 | 衡量標準 | 95 年目標值 | 105 年目標值 |
|---|---|---|---|---|
| 1.充分提供民生及工業用水 | 統計數據 | 年度總供水能力增加量（萬噸／日） | 23 | 27 |
| 2.逐年增加供水量累積率 | 統計數據 | 滿足民國 110 年需水量計算逐年增加供水累積率(%) | 83.22 | 93.51 |

表 6-4　經濟部水利署施政計畫的衡量指標（續）

| 衡量指標 | 評估方式 | 衡量標準 | 95 年目標值 | 105 年目標值 |
|---|---|---|---|---|
| 3. 水庫淤積浚渫數量 | 統計數據 | 臺灣地區各水庫每年清淤總量（萬立方公尺／年） | 120 | 150 |
| 4. 推動節約用水 | 統計數據 | 年度節水量（萬噸／年） | 740 | 1,436 |
| 5. 推動生態防洪工程 | 統計數據及實地查證 | 完成中央管河川、區排及海堤生態防洪工程長度（公里／年） | 20 | 增加保護面積 26 平方里／年 |
| 6. 水岸環境改善面積 | 統計數據及實地查證 | 水岸環境景觀改善面積（公頃／年） | 105 | 改善淹水面積 75 平方公里／年 |
| 7. 完成重要河川水文預警系統，提升防災應變能力 | 統計數據 | 完成臺灣地區重要河川水文預警系統（條／年） | 1 | 1 |

## 6-2 河川整治

### 一、導論與人工整治

當水體汙染超過水體之自淨能力後，為了達到：1.維持堤防本身之安全性，2.維持自然型式之生物多樣性及 3.達到河川自淨能力之水質標準，整治河川便為必要之手段。水體復育或河川整治，除可以採用汙水處理技術或以人為之方式改造河道外，也可以利用較自然之生態工法。

環保署將二仁溪、將軍溪、南崁溪、北港溪、中港溪、朴子溪、高屏溪、客雅溪、典寶溪等 9 條河川進行整治，並首度以「自然淨化工法」，讓受汙染的河川流經土壤與草地，利用自然界存在之植物與微生物，分解淨化水中的汙染物質，使得水質得到改善。

過去水土保持之工法，一般是利用擋土牆、防砂壩、淺壩、丁壩、固床工、沉砂池或護岸等方式，以達到控制雨水沖蝕及波面穩定之功能。然而這些方法有若干之缺點，同時對河川水體之自然生態造成很大之衝擊，目前臺南柴頭港溪整治所採用之「三面水泥工法」，便極受爭議。人工整治之缺點包括：1.地表逕流加快；2.土壤入滲量降低；3.地下水位因而下降；4.河川流速加快；5.河床水土流失嚴重；6.枯水現象明顯。

因此較接近自然的「工程植生混合法」，就比較讓人接受，所謂「植生工程」(Vegetation engineering)，乃是研究植生施工之對象，選取適宜生長的植生材料，配合基礎與保護工程的構置及植生導入作業，俾達到植生設計目的之科學與相關之技術。

### 二、野溪生態系與自然復育

目前自然復育工法包括了土壤處理、漫地流、曝氣處理等方式，也就是利用現有河川地與河川本身的曝氣、土壤的水生作物與微生物來改善水質，若採取野溪生態系進行自然復育，整治之對象則以 1.蘆葦叢、河岸林、沙洲、灣潭等自然景觀及 2.沼澤與濕地等生態保護區為主。

　　所謂的土壤處理是沿用所謂植物復育之概念，將土壤填到河川流經的水池中，並在土壤中栽種蘆葦等植物，利用植物根部，吸收水中的磷與氮營養鹽，同時土壤中的微生物會有效分解汙染物質，而高等生物如蚯蚓與螞蟻也會吃掉水中的有機物，達到淨化水質之目的，此種做法與「濕地」之概念是相同的，但這種做法有一個缺點即是需在河川旁邊找一片腹地，腹地大小則依照處理量而定。現行植生工程所採行之技術，依照對象區分為五種方式：

1. 一般裸露面坡面植生工法。

2. 生態綠化：種植小苗、鄉土植物或堆積土墩。

3. 防災植被：設置崩塌地植生、防風定砂或緩衝綠帶。

4. 植生復育與棲地改善：誘鳥、誘蝶、螢火蟲、底棲與浮游昆蟲。

5. 特殊地植生對策：石灰石礦區、泥岩地區、崩塌地。

　　目前對於水體復育，一般可使用赤楊或楊柳（圖 6-2），因為它們具有下列四項優點，為人工堆砌石塊（圖 6-3）或以水泥封包之方式所不能取代的：1.具護岸功能；2.防止河床水土流失；3.具河川自淨功能；4.提供「植物餘蔭」，增進生物多樣性，如蜻蜓、石蛾、石蠅、麻雀（圖 6-4）。

🦋 圖 6-2　護岸楊柳

圖 6-3 人工堆砌石塊

圖 6-4 楊柳及其餘蔭下之麻雀

## 三、人工整治作法

目前人工整治作法約有 28 種,如砌石護岸、箱籠護岸、鋼筋混凝土格框護岸、堆疊式蛇籠護岸(圖 6-5)、鋼筋混凝土格籠潛霸及蜂巢圍束網格緩坡護岸等。這些作為起先被認為對於護岸極有幫助,但最近已被認定對於生態方面有不小之影響,其對環境之衝擊與對策分述如下:

### (一)伐林/水泥封包對環境之衝擊

1. 河川水體與土壤水分完全分家。

2. 自淨作用消失。

3. 喪失景觀價值。

### (二)折衷施工法

1. 採用蛇籠,但易遭溪水沖刷而毀損。

2. 木條編織工法,對生態之傷害最小但極易腐爛。

### (三)最大缺點

由於河岸無護岸植物,將造成嗜光性之水生植物滋生(如布袋蓮、蘆葦及浮萍),占據整個河岸,河道進而越形變窄,若需疏通則每年需清理河道,所費不貲,而上游人工所砍伐之莖葉,將至下游腐爛,導致溶氧下降,最後河川自淨能力亦將喪失。

🦋 圖 6-5　新店溪河岸之堆疊式石籠護岸

　　一般而言，人工整治前後生物相之差異極大，種類方面將相差 50%，個體數量方面將相差 80%以上，換句話說水體之「生物歧異度」下降，生態瀕臨滅絕。

## 四、河川整治的原則

　　有關河川整治工程的設計原則，吾人提出幾點建議：

（一）河道定線計畫（包括截彎取直），應依原有河道之曲率發展，同時兩彎道間應避免用直道相連接，並應盡量保留臨河道之樹林、叢林與獨立樹。

（二）河道之斷面設計，應保留已存生物之棲育場所，並以生態多樣性為主要目標。

（三）河道斷面強化設施，應盡可能用自然之材質，例如折衷施工法、採植生之方式（種植蘆葦或張貼本地草皮）或以礫石或石塊堆砌濕地草原帶。

（四）生態輔助設施，應盡可能納入施工項目，如於河川中布置人工魚礁（圖 6-6），供魚群棲息，於急流橋樑下方設置鶺鳥之人工巢穴或設置魚梯（圖 6-7）幫助魚兒上溯迴游。

🦋 圖 6-6　混凝土人工魚礁

🦋 圖 6-7　陽明山國家公園鹿角坑溪之魚梯

## 6-3　河川汙染與河川自淨

### 一、河川汙染的原因

（一）農業丟棄文化之延伸（如死貓、死狗常直接丟棄於河川中）。

（二）經濟與工業之快速發展，但環保意識並未隨之提升，而法令規定亦未完備，目前工業廢水之處理率僅 60%。

（三）人工化學產物之合成，造成許多特性不明或不易分解之物質（如多環芳香族物質），當其於環境中流布時，將經由食物鏈累積於生物體中。

（四）水源地未受保護與管制，導致氮或磷等優養化物質釋入水體。

（五）汙染防制設備功能不彰或徒有設備但不運作，導致廢汙水汙染水體（如高屏溪兩岸之畜殖場，處理效率僅 50%）。

（六）某些縣市汙水下水道普及率偏低，導致大部分含高有機物之家庭汙水直接排入水體，而汙水下水道普及率以臺北市及新北市最高(100%)，高雄市次之，其他縣市則偏低。

　　根據近年學者之研究整理出，河川汙染源主要有點源的事業廢水、都市汙水、畜牧廢水及非點源的農業迴水、廢棄物丟棄，垃圾掩埋場滲出水、工程汙染、暴雨沖刷等（表 6-5）。

🦋 表 6-5　臺灣地區河川的主要汙染來源

| 汙染來源 | 河　　川 |
|---|---|
| 工業廢水汙染 | 老街溪、中港溪、大甲溪、北港溪、八掌溪、二仁溪、花蓮溪 |
| 生活汙水汙染 | 淡水河、頭前溪、烏溪、蘭陽溪、秀姑巒溪、卑南溪 |
| 畜牧廢水汙染 | 濁水溪、高屏溪、東港溪、林邊溪 |
| 混合型汙染 | 南崁溪、社子溪、後龍溪、大安溪、朴子溪、急水溪、曾文溪、鹽水溪 |

## 二、水汙染物的種類

根據水汙染防治法之規定，任何排入水體具汙染性之生物、物質或能量皆屬水汙染物質。一般可根據其特性細分為下列五類：

（一）固體物。

（二）有機物：碳水化合物、蛋白質、脂質等。

（三）無機鹽：鹽類、鹼度、氮磷、重金屬、有毒物質。

（四）生物：細菌、病毒、原生動物等。

（五）廢熱：核廢熱。

## 三、水體自淨作用

### （一）定　義

係指無人為操作狀態下，水體經過一段時間，利用物理作用（包括稀釋、沉澱或曝氣）、化學作用（包括混凝、日光照射、化學氧化）、生物作用（利用微生物、藻類、原生生物或水棲生物）或三者間併同作用，自然將有機物分解為無機物之過程。

### （二）過　程

根據河川自淨作用之類型，依順序一般可分為四期：開始分解段→積極分解段→復原段→清水段。

廢汙水排入河川後，汙染物質由於河水的稀釋及曝氣而減少其毒性，大分子有機物則可能因沉澱或互相碰撞而混凝去除或由藻類釋出氧氣，而微生物利用氧氣，將有機物礦化分解為二氧化碳、硝酸鹽及硫酸鹽等。若廢汙水中的有機物濃度不高，所消耗的溶氧量尚能由水表面的曝氣作用及藻類植物的光合作用所補充，可使河川維持各種正常用途，此時，河川成為一種天然的廢汙處理廠，這種能力稱為涵容能力(Capacity)。但當有機物濃度甚高，則易消耗大量溶氧，甚至發生厭氧分解，產生甲烷、硫化氫等臭味氣體，此時將觀察到河面漂浮著一片一片黑色之「浮渣」。

## （三）角色扮演

正如之前所言，河川自淨作用需要依賴物理、化學與生物作用，但其中最有貢獻者首推生物作用，因此將逐一分述各生物種在河川自淨過程所扮演之角色。

1. 細菌：為分解者，分解之物質如下：
   碳水化合物→二氧化碳、水、硝酸鹽、磷酸鹽。
   蛋白質→胺基酸。
   脂肪→甘油及脂肪酸→二氧化碳、水。

2. 原生動物：吞食細菌及膠體物。

3. 藻類：去除油脂及提供溶氧。

4. 水中動物：捕食過多藻類及部分不可溶之有機物。

5. 水生植物：攔阻汙染物，可應用於濕地並提供溶氧。如水草、蘆葦可使水流速度減緩，並能夠吸附重金屬。

6. 貝類：可過濾汙染物，如北美貽貝，每小時過濾 42 公升，相當於家庭之濾水器。

7. 底棲生物：汙泥運送者，如紅蟲，每天可運送約 4 倍體重之汙泥量，可防止海港船舶之擱淺。

## 四、溫排放對河川自淨能力的影響

根據水汙染防治法之規定，一般廢汙水排入地面水體所允許之溫度，依季節之不同而有不同之規定，夏天時 38℃，冬天時 35℃，但針對溫排放（如核能廢熱）則可提高至 42℃，姑且不論如此之規定是否合理，顯見較高溫度之排水將導致溶氧降低。

## 6-4 優養化現象

### 一、定 義

優養化現象(Eutrophication)是指一片水域所涵容的養分（特別是 N 及 P），這些營養鹽類隨著時間逐漸增加的一種現象和過程。換句話說，優養化是水域自然生態系必然的演替過程，但近年隨著這些營養鹽之過度累積，加速了優養化現象之進行。

### 二、地 點

湖泊、水庫、流動緩慢之河水、靜態海域。

### 三、演 變

（一）藻類之生長限制因子為 N 及 P，當湖泊在初形成的時候，水中所含的各種礦物鹽類都很少，尤其是氮化物和磷酸鹽的濃度很低，因此藻類生長相當緩慢。下雨過後，各類鹽類隨著水流匯聚至湖泊並逐漸累積，當 N 及 P 超過藻類之生長限制因子時（特別是 P），藻類將大量的繁殖。藻類大量生長之初期，因可釋出溶氧，對水體是有正面幫助的，充滿溶氧之水體，將吸引水生生物，使整個湖泊生生不息，然而藻類終會死亡，當這些藻類死亡而沉入湖底，又因湖泊之分層現象（表水層、中水層及下水層），將導致植物新陳代謝的產物不斷淤積，而迫使大部分生物僅能於表水層活動，而導致水體濁度增加，藻類之光合作用減弱，進而使藻類大量死亡，最後湖泊變沼澤，沼澤變淺潭，淺潭變池塘，最後完全消失。

（二）這種水體的老化過程，本來需要幾千年的時間，但是人為之汙染，尤其是大量無機鹽之釋入，卻可以加速優養化的進行。水庫的優養化會使得藻類快速的繁增，造成所謂的「藻華」或「綠蓆」。當發生在靜態海域時則常稱之「紅潮」或「赤潮」現象。

（三）在自然狀態下，水體中主要之藻類為附著性之矽藻為主，而這些藻類一般為水生昆蟲或濾食性魚類之食物，此時綠藻和藍綠藻都相當少。當水體高度優養化時，絲狀的綠藻和藍綠藻則為優勢藻類。這時以矽藻為食之生物將滅絕，同時引起此水體較低之生物歧異度。

## 四、赤　潮

　　赤潮(Red tide)，又稱為紅潮，主要指由渦鞭毛藻或稱為雙鞭毛藻所造成的藻華現象，此現象一般發生於海水而非淡水，這些造成赤潮現象之藻類體內一般具有藻紅素，因此使水體呈現紅色，但比較嚴重的問題是，這些藻類體內常存神經性毒素，因此引起安全性之疑慮。如民國 75 年臺灣南部地區有民眾誤食含有麻痺性貝毒的西施貝而中毒身亡。原因是西施貝濾食含有麻痺性毒素的渦鞭毛藻（微小亞歷山大藻）後，將毒素留存體內，才會使民眾中毒。

　　沿海養殖漁業是臺灣特有的養殖型態，當養殖池出現藻華時，將造成池水日夜 pH 變化很大，使水池之品質很不穩定。更嚴重地，大量之藻類在晚上進行呼吸作用時，將造成水中含氧量急速下降，池中的魚貝類因此窒息，腐敗的屍體，伴隨大量死亡的藻類浮於水表，這時即是所謂的「泛池」。

## 五、優養化的程度

　　表示優養化程度之因子包括：氮磷含量、葉綠素含量、透視度、藻種及生物歧異度等，其綜合指標則以「卡爾森優養等級指標」最常見，此指標乃以磷含量、葉綠素含量與透視度加成而得之綜合指標。

### （一）貧養(Oligotrophic)

　　指在集水區低度開發狀態下或水庫、湖泊形成之初，其水體中營養鹽(N,P)含量較低，藻種之歧異度較高，此時水質狀況較佳，卡爾森優養等級指標小於 40。

## （二）中養(Mesotrophic)

此階段為由貧養至優養之過渡期，其水體營養鹽漸高，但還不至於造成藻類大量滋生，藻種之歧異度逐漸降低，卡爾森優養等級指標在 40~50。

## （三）優養(Eutrophic)

水體中氮、磷營養鹽濃度偏高，並超過藻類之生長限制因子，藻類大量繁殖，使下水層缺氧，水生動物集中於表水層，使水體濁度增加及透明度降低，此時卡爾森優養等級指標大於 50。

## 六、優養化的限制因子

一般而言，影響藻類生長之主要因素有營養鹽、日照、氣候、停留時間等，其中最重要者為營養鹽。藻類成長需要之營養物質有氮(N)、磷(P)、碳(C)、氫(H)、氧(O)、特種有機物與微量金屬等，一般水體中之限制因子為磷（其來源常為農藥及清潔劑），而在海水中剛好相反，以缺乏氮為主（其來源常為農藥或畜牧廢汙水）。

藻類生長所需重要營養鹽比例大約為 C:N:P=100:16:1。其中碳可經光合作用而獲得，故限制藻類繁殖之營養鹽主要即為氮及磷。依據 Liebing 最小因子法則(Liebig's Law of the minimum)可知，若氮磷比小於 5 時，氮為限制因子，若大於 5 時，磷為限制因子。

## 七、優養化對水體及水質的影響

（一）pH 與溶氧晝夜變化大，於夜間常致溶氧太低，造成魚類等水生物無法生存（圖 6-8）。

（二）由於藻類死亡腐敗，因此產生臭味問題並影響水體景觀及遊憩價值。

（三）藻類族群發生變化，部分會產生內毒素之藍綠藻出現，將降低水體的利用價值。

（四）藻類生長之代謝產物，將增加水中溶解性有機物之濃度，提高給水消毒過程，形成三鹵甲烷類化合物(Trihalomethanes, THMs)之可能性，且增加水之臭味及色度。

（五）藻類增加，大型藻類將堵塞過濾池，促使反沖洗之頻率增加，亦提高操作成本。

（六）使水庫湖泊變淺。

🦋 圖 6-8　高度優養化魚池，造成魚類死亡

## 八、汙染現況

　　根據調查目前臺灣除了水資源不夠豐沛外，水體之汙染亦是一大問題。目前臺灣水資源經營之困境歸類為下列三項：

### （一）水庫的優養化

　　臺灣地區（含離島地區）現有水庫中近 7 成水庫水量做為一般民眾飲水，而環保署自 82 年起，每年即針對 20 座重要水庫進行水質監測。根據 2015 年度水庫水質監測資料分析，以卡爾森指數評估，可知本島水庫屬優養化程度者為石門、明德、白河、鏡面、澄清湖、鳳山與牡丹等 7 座水庫，離島則有 28 座水庫屬於優養狀態。

（二）河川的汙染

　　臺灣地區河川共有 151 條，除夏秋兩季時雨量較豐沛外，其餘季節河川之流量皆不大，因人口過度集中於都市，同時環保稽查人力有限，因此許多未經妥善處理廢汙水釋入水體（圖 6-9，6-10），造成河川之自淨能力無法處理，使各河川遭受不同程度的汙染。根據河川汙染指標(RPI)之調查結果，在國內 50 條主要（21 條）與次要（29 條）河川中，在計算汙染程度的河川總長度 2,933.9 公里中，未（稍）受汙染河段長 1,940.4 公里，占 66.1%；輕

圖 6-9　河川之汙染（高屏溪）

圖 6-10　工廠之暗管排放

度汙染河段長 229.4 公里,占 9.9%;中度汙染河段長 690.4 公里,占
23.5%;嚴重汙染河段長 73.7 公里,占 2.5%(圖 6-11)。已有 1/3 之河段受
到不同程度的汙染。北部地區常受市鎮汙水之汙染,南部地區則以蓄殖場廢
水,特別是養豬廢水之汙染。

🦋 圖 6-11　河川之嚴重汙染

## （三）超抽地下水

　　臺灣之山地陡峭,河川短小,再加上都市化嚴重,約有 75%之雨水地表
逕流無法被利用,21%蒸發回到天空,剩下 4%入滲成為地下水,儲存於地下
水層。由於臺灣地區之用水須求量大於目前正常管道所能提供的,因此部分
農家便私自抽取地下水,最嚴重的是嘉南地區養殖業大量抽取地下水,同時
抽取量遠超過補注量,因此引發地層下陷(表 6-6)、地下水位下降、土壤
鹽化與海水入侵等問題。

表 6-6　臺灣地區地層下陷現況

| 地區 | 歷年最大累積下陷量(m) | 發生地點 | 目前顯著下陷面積(km$^2$) |
|---|---|---|---|
| 臺北 | 2.08 | 臺北市 | 0 |
| 宜蘭 | 0.49 | 壯圍鄉 | 0.01 |
| 彰化 | 2.5 | 大城鄉 | 1.4 |
| 雲林 | 2.55 | 臺西鄉 | 104.9 |
| 嘉義 | 1.53 | 東石鄉 | 0 |
| 臺南 | 1.05 | 北門區 | 0 |
| 高雄 | 0.27 | 彌陀區 | 0 |
| 屏東 | 3.51 | 佳冬鄉 | 0.1 |

## 6-5　地下水問題

### 一、地下水成因與水量變化

（一）形成因素

　　影響地下水涵水量之原因包括：氣候、地盤、土壤組成與植被等因素。

（二）減少因素

1. 臺灣有 10%之土地都市化，而臺北市之住宅區水泥化面積高達 84%，商業區更高達 94%，雨水無法滲流補充地下水，地下水也無法蒸散調節氣候。

2. 濕地遭受破壞，使天然補注地下水之機制受到破壞。

3. 農地排水建構完成。

4. 超抽地下水。

　　這些因素導致泉水枯竭、溪流量變小、農田水利缺乏，甚至發生地層下陷問題。

### 二、地下水水質汙染的原因

（一）垃圾任意棄置。

（二）工業廢水任意排放。

（三）廢水管線失修，破裂洩漏。

（四）儲油槽外漏。

（五）化學肥料汙染。

## 6-6 濕地

### 一、定義

　　濕地(Wetland)為陸地與水域的過渡地帶，經常或週期性地被水所淹沒，或是終年潮濕、泥濘不乾，不但是「水」、「土」交界的重要推移區，具有特殊的物理環境，同時也是地球上生產力最豐沛的生態系統。廣義的濕地泛指河口區、潮汐灘地、潟湖、水塘、魚塭、埤潭、湖泊、水田、低窪地等。狹義的濕地則明定為有水生植物存在的沼澤，因此濕地之三要素即為土、水與水生植物。

### 二、分類

#### （一）按鹽分區分

　　淡水濕地、鹽水濕地（鹽分濃度>1000mg/L）及中間型的半鹽生濕地。

#### （二）按形成原因區分

#### 1. 天然濕地（圖6-12）

　　濕地天然處理的自淨過程，包括物理作用（沉澱、過濾及吸附作用）、化學作用（氧化還原、吸附、離子交換與錯合反應）及生物作用（微生物之同化與礦化作用及植物的同化吸收作用），將廢汙水水質淨化，減少對環境的汙染。目前天然濕地在美國某些地區當作廢汙水排放與處理的用地，至今已有一百多年的歷史。

#### 2. 人工濕地

　　在日本，人工濕地之目的為防止河川湖泊之汙染。常採行之措施如以「自然土堤」取代水泥護堤（可供河川入滲至地下水），並讓水生植物生長於土堤上（吸收汙染物質），以達淨化河川水質及環境保育之雙重效果。而對於汙染湖泊或水庫之處理，則以「湖內湖」併同「人工浮島」之生態工法進行。所謂「湖內湖」即是將受汙染河川在導入主湖泊前，先導入湖內湖，

而此內湖中放置有濕生植物如蘆葦（吸收河水中之汙染物）生長之人工浮島，當受汙水清淨後再流入外湖中。

🦋 圖 6-12　天然濕地

## 三、人工濕地的功用

### （一）水質處理

　　無論是天然濕地或人工濕地，由於其中之生物可提供分解或吸附作用，因此可達到淨化水質之目的。而運用人工濕地的技術，由於有較佳之控制條件，因此不僅能淨化水質，還能有效去除受汙染的廢、汙水。同時採用人工濕地之技術尚有低成本與低能量之特點(Mitsch, 1993)。

### （二）彌補自然功能

　　由於工業高度之發展，許多天然之濕地皆被破壞殆盡，因此以類似的濕地代替已被填埋開發的濕地，為目前可行之方法，通常做法為選用同一地區或其他地區的濕地來替換，但以選取同一流域或生態系的濕地為佳，因為這些被選取的濕地較能符合原有填埋濕地的功能。

### （三）調洪緩流

　　調洪緩流乃是利用河川流域內的類濕地型態（如河口、洪水平原、高灘地和沿河魚塭）來調節洪流之控制手段。雖然此一構想不錯，不過目前臺灣之河川還是以築堤防作為防洪的優先考量，因此實施上仍有困難。

### （四）養　殖

養殖型濕地，目的在孕育生態資源（水鳥、經濟作物）及水產養殖（魚、貝類）而設置，主要的意義在進行生態復育或保持自然生態之平衡，對於水資源管理較無關聯性。

## 四、海岸濕地的功能

### （一）滋養魚貝類

海岸濕地常為養殖漁業養殖魚、蝦與貝類之場所，同時亦提供其產卵、孵化與大量繁殖的地點。如嘉義布袋附近之蚵架與網尾（圖 6-13）。

🦋 圖 6-13　嘉義布袋之蚵架與網尾

### （二）庇護鳥類

沿海濕地相當多樣化的環境，包括樹木、水草、濕地，可提供不同鳥類生息、遷徙、補給、渡冬或繁殖之所需。而附近孕育豐富的魚、蝦、蟹類與底棲動物亦可提供水鳥充足的食物，如鷺鳥群聚之朴子溪口紅樹林濕地（圖6-14）。

🦋 圖 6-14　鷺鳥群聚之朴子溪口紅樹林濕地

## （三）提供天然產物

　　海岸濕地提供可提供豐富之魚類、貝類、薪材與藥材等，有助於當地居民之生計，此特性與養殖漁業概念相近。

## （四）防風與護岸

　　濕地植生特別之作物，可利用其根系與高大之樹木，行使抑浪及固土之功能，可有效地保護海岸、河岸與塭岸並擋強風及鹽霧，維護海岸生態及改善海岸地區之生活。例如：臺南將軍溪畔的土沉香綠帶根系有護岸功能（圖 6-15）。

🦋 圖 6-15　將軍溪畔之土沉香綠帶根系

## （五）蓄水與淨水

　　沿海濕地具良好的蓄水容量，可減緩洪暴之發生，而河川與附近軟土連成一體，可有效補注地下水，防止地層下陷之發生，濕地之物理、化學與生物作用可去除汙染物與淨化水質。

## （六）教育與遊憩

　　海岸濕地生物多樣性豐富，包括紅樹林、招潮蟹與各種水棲生物，是生物學與生態學重要的研究區，也是環境教育之戶外教室。目前多處濕地已為民眾賞鳥及親水之戶外景點（圖 6-16）。

圖 6-16　竹南海口人工濕地之告示牌

## 五、藻　礁

　　顧名思義，藻礁是藻類造礁。藻礁是由海洋或淡水當中具有鈣化能力，一般稱為石灰藻的藻體所形成，在形成藻礁的過程中，必須不斷進行膠合，並且與其他無脊椎生物等物種產生礦化作用，慢慢形成大型的生物礁體。形成藻礁的時間可能長達數千年，比珊瑚礁形成的速度還慢。全世界目前的藻礁分布面積遠低於珊瑚礁的分布面積，以臺灣桃園竹圍海岸到永安漁港的藻礁來說，長約 27 公里，是臺灣面積最大的藻礁。藻礁生態可以提供鳥類覓

食及繁殖時的場所,也是候鳥往來的食物補充中繼點。若干藻礁的生物多樣性甚至比鄰近的濕地還要豐富。而海岸邊的工程建設、工業廢水汙染及淤砂堆積,都是影響藻礁存活的關鍵。如何在經濟發展與生態保育之間達成平衡,是藻礁生態存續必須面對的問題。

## 6-7 生態公園的規劃

### 一、宜蘭冬山河親水公園

自民國 76 年開始施工，82 年時開園直至 83 年 6 月整個親水公園才告落成。「親近水、擁有綠」是該公園規劃的主題。因此，此親水公園充分利用了冬山河水域的特性，將其開發成一個有水與綠色的開放空間，以水之特色規劃了不同的利用方式，而達到觀光、休閒、遊憩與教育的不同目的。依利用方式分為三區：划船區、涉水區及親子戲水區（圖 6-17）。而其餘以生態觀念所架構之景點，尚包括涉水池與親子戲水區。為大力推廣此生態區，冬山河風景區管理站陸續推出「冬山河畔輕騎之旅」、「千燈祈福」與「1998~2000 浪漫情人節」等活動，以推動假日休閒觀光概念。

🦋 圖 6-17　宜蘭冬山河親水公園園區導覽圖

## 二、關渡自然保留區

臺灣自民國 75 年起，依據「文化資產保存法」陸續公告自然保留區的設置，截至目前共劃定了約 22 處自然保留區，其總面積約 65,457 公頃，約占臺灣面積 1.8%。而關渡自然保留區是臺北市重要的濕地生態系，由於其具有豐富的生物資源（動物與植物），一直是亞洲地區候鳥遷徙之重要棲息地。而於本區出現的鳥類，約達 220 種以上，是臺灣一處非常重要的賞鳥點。為保護其珍貴的濕地生態，提供市民一處自然生態保育教室，臺北市政府自民國 75 年起就陸續開發關渡自然保留區，民國 90 年 7 月關渡自然保留區已順利完工，總計占地 55 公頃，為基隆河與淡水河的交匯區，為典型的河口沼澤濕地生態系。

目前關渡自然保留區主要設施區，除了自然中心提供豐富的自然生態解說展示之外，其植栽配置模擬還包含了海岸林區、河岸生態區、淡水生態池、野溪生態區及北部低海拔林區等。在整個區內有許多珍稀之保育類動植物，動物包括貢德氏赤蛙、虎皮蛙、蓬萊草蜥、雨傘節、彈塗魚（圖6-18）及柴棺龜，而濕地附近常出現之蟹類則包括：招潮蟹（圖 6-19）、臺灣泥蟹、臺灣厚蟹與雙齒近相手蟹等。常見之植物有水筆仔（圖 6-20）、蘆葦、小葉桑、血桐等。

圖 6-18　彈塗魚

圖 6-19 招潮蟹

圖 6-20 水筆仔

## 學習評量

### 一、選擇題

1. 藻類生長所需的營養鹽比例大約為 C:N:P= (A)1:16:10 (B)16:10:1 (C)100:1:16 (D)100:16:16 (E)100:16:1

2. 下列哪一項不是河川生態復育的生態輔助設施？ (A)人工魚礁 (B)攔砂壩 (C)生態保護區 (D)魚梯 (E)以上皆是

3. 對於水體復育，使用赤楊或楊柳的優點在於 (A)具護岸功能 (B)防止河床水土流失 (C)具有河川自淨功能 (D)題供植物餘蔭 (E)以上皆是

4. 河川自淨過程中，水色變「黑」之階段是指 (A)開始分解段 (B)積極分解段 (C)復原段 (D)清水段

5. 「汙泥之運送者」是指 (A)蚯蚓 (B)螃蟹 (C)蘭草 (D)紅蟲

6. 紅潮中因海水含有何種藻類，將導致水體中有劇毒之物質？ (A)綠藻 (B)藍綠藻 (C)渦鞭藻 (D)褐藻

7. 臺灣年平均降雨量約為 (A)2,500 (B)1,500 (C)250 (D)500 mm

8. 臺灣水資源利用何種用水最優先？ (A)民生用水 (B)工業用水 (C)農業用水 (D)養殖用水

9. 臺灣地區目前河川汙染情形為多少比例之河段受到不同程度的汙染？ (A)1/4 (B)1/3 (C)4/5 (D)1/6

10. 臺灣地區地層下陷量最嚴重之區域是指 (A)臺北 (B)宜蘭 (C)新竹 (D)屏東

11. 臺北市最重要的濕地生態系是指 (A)冬山河親水公園 (B)關渡自然保留區 (C)將軍溪河岸 (D)七家灣河岸

## 二、簡答題

1. 何謂水文循環五大作用？

2. 試寫出「目前水資源利用」之四個問題。

3. 試寫出利用楊柳進行「水體復育」之四項優點。

4. 組成濕地之三要素為何？

5. 人工整治常見之六項缺點為何？

6. 人工整治之四原則為何？

7. 優養化對水體及水質之影響為何？

8. 人工濕地之功用為何？

解答：EBEBD　　CAABD　　B

# Chapter 07

# 大氣汙染與生態保護
## Air Pollution and Ecological Protection

　　空氣汙染就是指空氣的品質不佳,如果空氣中的汙染物質的總類、數量、濃度與持續時間會使人們感到不適,甚至產生病痛,那就表示空氣汙染指數偏高。現今氣象局都會公布每日的空氣汙染指數,提醒民眾在空氣汙染指數偏高時即不適合外出,若不得已非外出不可,最好能配戴口罩。本章將介紹空氣汙染物的種類、來源、傷害及如何以「環境綠化」之方式來淨化空氣。

## 7-1 空氣的組成

### 一、初期(原始大氣)

自地球形成以來,空氣中的組成分子就隨著時空在改變,原始大氣,僅存在氮、氫、氨與甲烷。

### 二、現存大氣

綠色植物出現,進行光合作用,產生氧氣,故現存空氣包含 78%氮氣、21%氧氣、0.934%氬氣與 0.036%之水蒸氣、二氧化碳、臭氧、氨及氖等其他氣體。影響空氣組成變化的因素,除了地理環境和大自然本身的活動,如火山爆發與森林大火外,最大的因素就是人為的活動。尤其在工業革命後所造成的人口集中化及都市化,各種人為活動,包括各種工業製程、火力發電、露天燃燒及汽機車之使用,所產生的空氣汙染物對空氣品質影響更是巨大,尤以燃燒所產生之汙染物最為嚴重(圖 7-1)。

### 三、受汙染的大氣

燃燒過程中碳會形成二氧化碳、一氧化碳或碳粒。若燃料中包含多塑膠製品,則會產生含氯的有毒物質,如氯化氫與戴奧辛,汽機車廢氣則會衍生多元芳香族碳氫化合物(Polycyclic aromatic hydrocarbons, PAHs)、過氧硝酸乙醯酯(Peroxyacetyl Nitrate, PAN)、醛或酮等物質。

### 四、大氣的結構

根據大氣在垂直方向上溫度變化與氣體組成分等性質的差異,一般可將大氣層由近至遠區分為五層:

火力發電 金屬冶煉 露天燃燒

硫氧化物 粒狀污染物

機動車輛

氧化鉛　　二氧化碳
氮氧化物　碳氫化合物

DELIVERY

🦋 圖 7-1　空氣汙染物之來源

## （一）對流層(Troposphere)

　　對流層是大氣的最低層，其厚度隨緯度和季節而變化。由地表起算，在赤道地區約為 16~18 公里，在中緯度地區為 10~12 公里，在南北極則縮小為 8~9 公里，通常夏天時較厚，冬季時則較薄。對流層之氣溫乃隨高度升高而遞減（大約每上升 100 公尺，溫度會降低 $0.6°C$），因此造成上冷下熱之環境，故在垂直方向會形成強烈的對流，使得大部分汙染物在此作用、稀釋與轉化。同時此層亦是天氣變化如雲、雨、雪、雹及閃電形成之處所，與人類的關係為最密切的。

## （二）平流層(Stratosphere)

　　對流層頂（15 公里左右）到約 50 公里處的大氣層為平流層。在平流層下層，溫度隨高度變化較小，因此有人稱之同溫層，而在平流層上層，約

30~50 公里處，因存有一層臭氧層，其中之臭氧具有吸收太陽光中紫外線的能力，因此，溫度隨高度升高而有顯著之升高。在平流層中空氣沒有對流運動，因此若有汙染物侵入此層，將造成嚴重之汙染問題，如氟氯碳化物(CFCs)即為最有名之例子。

## （三）中間（氣）層(Mesosphere)

從平流層頂到 80~85 公里處，這一層稱為中間層，在這一層中氣溫隨高度增加而下降，中間層頂溫甚至可降至$-110 \sim -80°C$。

## （四）熱成（氣）層(Thermosphere)

從中間層頂至 800 公里處屬熱成層之範圍。該層的下部是由氮分子組成，上部則是由氧原子組成。此層因接近太陽，同時氧原子又可吸收紫外光，因此此層之溫度隨高度增加而增加。此外由於強烈之太陽照射和宇宙射線的作用，該層之氣體分子大多以電離型態為主（如 $O_2^-$、$NO^+$、$O^+$），故稱為電離層。

## （五）逸散層

此層為大氣圈的最外層，高度超過 800 公里。此層因距離地心甚遠，受地心引力極小，因此空氣極為稀薄，其密度幾乎與太空密度相同。該層的溫度也是隨高度增加而略有升高之趨勢。

# 7-2　空氣汙染的釋出與汙染源

　　所謂空氣汙染乃指自然界中局部的質能變化和人類的生產和活動，改變空氣中原有成分之比例及成分，同時向大氣中釋放有害物質，致使大氣品質惡化，影響生態系平衡，威脅人體健康與正常工農業發展，以及對建築物和設備財產等物質造成損壞即為大氣汙染。而空氣汙染物，則是指空氣中足以直接或間接妨害健康或生活環境之物質。這些汙染物經常是由於各種物質經過燃燒之後所釋放出來，並可以經由大氣的傳輸而流動到其他地區，例如美國所排出之空氣汙染物的 50%，大約是由不到 1.5%的陸地所排放出去的，因此空氣汙染不僅僅是地區性的問題，也是全球性的共同議題。

## 一、空氣汙染物的種類

### （一）氣狀汙染物

1. 硫氧化物（$SO_2$ 及 $SO_3$ 合稱為 $SO_x$）。

2. 一氧化碳(CO)。

3. 氮氧化物（NO 及 $NO_2$ 合稱為 $NO_x$）。

4. 碳氫化合物(CxHy)。

5. 氯化氫(HCl)。

6. 二硫化碳($CS_2$)。

7. 鹵化烴類(CmHnXx)。

8. 全鹵化烷類(CFCs)。

9. 揮發性有機物 (VOCs)。

### （二）粒狀汙染物

1. **總懸浮微粒**：係指懸浮於空氣中之微粒。

2. **懸浮微粒**：係指粒徑在 10 微米(μm)以下之粒子。
　　其中粒徑小於或等於 2.5 微米的懸浮粒子稱為細懸浮微粒（$PM_{2.5}$），細

懸浮微粒無法藉由鼻腔過濾，會隨著呼吸進入體內，累積在氣管或是肺部，進一步影響呼吸系統的機能。

3. **落塵**：粒徑超過 10 微米(μm)，能因重力逐漸落下而引起公眾厭惡之物質。

4. **金屬燻煙及其化合物**：含金屬或其化合物之微粒。

5. **黑煙**：以碳粒為主要成分之暗灰色至黑色之煙。

6. **酸霧**：含硫酸、硝酸、磷酸、鹽酸等微滴之煙霧。

7. **油煙**：含碳氫化合物之煙霧。

## （三）衍生性汙染物

1. **光化學霧**：經光化學反應所產生之微粒狀物質而懸浮於空氣中能造成視程障礙者。

2. **光化學性高氧化物**：經光化學反應所產生之強氧化性物質，如臭氧($O_3$)、過氧硝酸乙醯酯(PAN)等。

## （四）毒性汙染物

1. 氟化物。

2. 氯氣($Cl_2$)。

3. 氨氣($NH_3$)。

4. 硫化氫($H_2S$)。

5. 甲醛(HCHO)。

6. 含重金屬之氣體。

7. 硫酸、硝酸、磷酸、鹽酸氣。

8. 氯乙烯單體(VCM)。

9. 氣狀多氯聯苯(PCBs)。

10. 氰化氫(HCN)。

11. 戴奧辛(Dioxins)。

12. 致癌性多環芳香烴。

13. 致癌揮發性有機物。

14. 石棉及含石棉之物質。

## （五）惡臭汙染物

1. 硫化甲基$[(CH_3)_2S]$。

2. 硫醇類$(RSH)$。

3. 甲基胺類$[(CH_3)_xNH_{3-x}, x=1, 2, 3]$。

## （六）其他經中央主管機關指定公告之物質。

## 二、空氣汙染源

　　根據汙染源之移動性，可分為移動汙染源及固定汙染源兩種。「移動汙染源」乃指因本身動力而改變位置之汙染源，例如交通工具。「固定汙染源」則指移動汙染源以外之汙染源。若按汙染物質的來源則可分為自然汙染源和人為汙染源。

### （一）自然汙染源

　　與人為汙染源相比，由自然現象所產生的大氣汙染物種類少、濃度低，但在局部地區某一時段亦可能形成嚴重影響。大氣汙染物的自然汙然源包括：

1. 火山噴發：產生 $SO_2$、$H_2S$、$CO$ 及火山灰等顆粒物。

2. 閃電：產生 $N_2O$、$NO$ 及 $NO_2$。

3. 動植物屍體厭氧分解：$CH_4$、$NH_3$ 及 $H_2S$。

4. 森林火災：產生 $CO$、$CO_2$、$SO_2$、$NO_2$ 及碳氫化合物等。

5. 自然塵：風砂、土壤塵等。

6. 溫泉地熱：$H_2S$。

7. 森林植物釋放：主要為稀類碳氫化合物。

8. 海浪鹽沫：主要為硫酸鹽與亞硫酸鹽之顆粒物。

## （二）人為汙染源

根據汙染源汙染之類型人為汙染源包括：

1. **燃料燃燒**：燃燒過程除產生大量煙塵外，亦還會形成一氧化碳、二氧化碳、二氧化硫、氮氧化物、有機化合物及煙塵等有害物質。而火力發電廠、鋼鐵廠、石油化工廠和工礦場為常見因燃料燃燒產之空氣汙染之人為汙染源。

2. **工業生產製程排放**：此類人為汙染源常為工業區大氣汙染的主要來源。常見之汙染物包括二氧化硫、硫化氫、二氧化碳、氮氧化物、含重金屬元素的煙、氟化物、各種酸性氣體、氰化物、苯類或烴類等。

3. **交通工具所排放**：交通工具如汽車與飛機所排放的廢氣是造成都市大氣汙染的主要來源。所產生之廢氣包括一氧化碳、氮氧化物、碳氫化合物、含氧有機化合物（酮、醛或酸）、硫氧化物和鉛的化合物等。

4. **農業生產活動所逸散**：如農藥（有機氯、有機磷或胺基甲酸酯農藥）、氮氧化物、氮氣和氧化亞氮等。

## 三、空氣品質防制區

中央主管機關視土地用途對於空氣品質之需求或空氣品質狀況對直轄市、縣（市）區域劃定各級防制區，目前防制區共分三級：

（一）一級防制區，指國家公園及自然保護（育）區。

（二）二級防制區，指一級防制區外，符合空氣品質標準區域。

（三）三級防制區，指一級防制區外，未符合空氣品質標準區域。

## 四、空氣品質監測站

依據空氣汙染防制法第十三條之規定，現行空氣品質監測站之種類包括：

1. 一般空氣品質監測站（共 60 站）：設置於人口密集、可能發生高汙染或能反映較大區域空氣品質分布狀況之地區。

2. 交通空氣品質監測站（共 6 站）：設置於交通流量頻繁之地區。包括：鳳山、三重、中壢、永和、復興、大同等站。

3. 工業空氣品質監測站（共 5 站）：設置於工業區之盛行風下風區。包括：頭份、線西、麥寮、臺西、前鎮等站。

4. 國家公園空氣品質監測站（共 2 站）：設置於國家公園內之適當地點。包括：恆春、陽明等站。

5. 背景空氣品質監測站（共 4 站）：設置於較少人為汙染地區或總量管制區之上風區。包括：萬里、觀音、三義、橋頭等站。

6. 其他特殊監測目的所設之空氣品質監測站。例如：埔里、關山及移動式監測車、研究型監測站等。

## 7-3 空氣品質標準與汙染指標

### 一、空氣品質標準

現行空氣品質標準（表 7-1）之訂定乃依據「空氣汙染防制法」，主要以維護空氣品質，保障人類健康為最高目標。

🦋 表 7-1　空氣品質標準（109 年 9 月 18 日）

| 項目 | | 標準值 | 單位 |
|---|---|---|---|
| 粒徑小於等於 10 微米(μm)之懸浮微粒($PM_{10}$) | 24 小時值 | 100 | μg／m³（微克／立方公尺） |
| | 年平均值 | 50 | |
| 粒徑小於等於 2.5 微米(μm)之細懸浮微粒($PM_{2.5}$) | 24 小時值 | 35 | μg／m³（微克／立方公尺） |
| | 年平均值 | 15 | |
| 二氧化硫($SO_2$) | 小時平均值 | 0.075 | ppm（體積濃度百萬分之一） |
| | 年平均值 | 0.02 | |
| 二氧化氮($NO_2$) | 小時平均值 | 0.1 | ppm（體積濃度百萬分之一） |
| | 年平均值 | 0.03 | |
| 一氧化碳(CO) | 小時平均值 | 35 | ppm（體積濃度百萬分之一） |
| | 8 小時平均值 | 9 | |
| 臭氧($O_3$) | 小時平均值 | 0.12 | ppm（體積濃度百萬分之一） |
| | 8 小時平均值 | 0.06 | |
| 鉛(Pb) | 三個月移動平均值 | 0.15 | μg／m³（微克／立方公尺） |

## 二、空氣品質指標

空氣品質指標(Air quality index, AQI)（表 7-2），是最新發展用於取代過去常用的空氣汙染指標(Pollutant standards index, PSI)。所採用之指標包含原有指標，但新增 $PM_{2.5}$ 與臭氧 8 小時兩個項目，做為我國最新空氣品質標準判斷依據。一共包含七個項目，為依據當日空氣中懸浮微粒($PM_{10}$)24 小時均值、二氧化硫($SO_2$)小時均值、一氧化碳(CO)8 小時均值、臭氧($O_3$)小時均值、二氧化氮($NO_2$)小時均值、$PM_{2.5}$ 24 小時均值與臭氧($O_3$)8 小時均值等測值，以其對人體健康的影響程度各換算出該汙染物之汙染「副指標值」（表 7-3），再以當日各副指標值之「最大值」為該測站當日之空氣品質指標(AQI)，共分六個等級：良好(0~50)、普通(51~100)、對敏感族群不健康(101~150)、對所有族群不健康(151~200)、非常不健康(201~300)與危害(301~500)，指標值在 100 以下，表示該區空氣品質符合標準，應不會對人體有不利之影響。

### 表 7-2　空氣品質指標與對健康可能影響及活動建議

| AQI 值 | 空氣品質與對健康影響 | 狀態色塊 | 一般民眾活動建議 |
|---|---|---|---|
| 0~50 | 良好 | 綠 | 正常戶外活動。 |
| 51~100 | 普通 | 黃 | 正常戶外活動。 |
| 101~150 | 對敏感族群不健康 | 橘 | 1. 一般民眾如果有不適，應該考慮減少戶外活動。<br>2. 學生仍可進行戶外活動，但建議減少長時間劇烈運動。 |
| 151~200 | 對所有族群不健康（健康產生影響） | 紅 | 1. 同上。<br>2. 學生應避免長時間劇烈運動。 |
| 201~300 | 非常不健康（健康警報） | 紫 | 1. 一般民眾應減少戶外活動。<br>2. 學生應立即停止戶外活動。 |

### 表 7-2　空氣品質指標與對健康可能影響及活動建議（續）

| AQI 值 | 空氣品質與<br>對健康影響 | 狀態<br>色塊 | 一般民眾活動建議 |
|---|---|---|---|
| 301~500 | 危害<br>（健康威脅） | 褐紅 | 1. 同上。<br>2. 一般民眾應避免戶外活動，室內應緊閉門窗，必要外出應配戴口罩等防護用具。 |

### 表 7-3　AQI 值與應對之空氣汙染物濃度值

| AQI 值 | $O_3$ (ppm)<br>8 小時平均值 | $O_3$ (ppm)<br>小時平均值 | $PM_{2.5}$<br>($\mu g/m^3$)<br>24 小時<br>平均值 | $PM_{10}$<br>($\mu g/m^3$)<br>24 小時<br>平均值 | CO (ppm)<br>8 小時<br>平均值 | $SO_2$ (ppb)<br>小時<br>平均值 | $NO_2$ (ppb)<br>小時<br>平均值 |
|---|---|---|---|---|---|---|---|
| 0~50 | 0.000~0.054 | - | 0.0~15.4 | 0~54 | 0~4.4 | 0~35 | 0~53 |
| 51~100 | 0.055~0.070 | - | 15.5~35.4 | 55~125 | 4.5~9.4 | 36~75 | 54~100 |
| 101~150 | 0.071~0.085 | 0.125~0.164 | 35.5~54.4 | 126~254 | 9.5~12.4 | 76~185 | 101~360 |
| 151~200 | 0.086~0.105 | 0.165~0.204 | 54.5~150.4 | 255~354 | 12.5~15.4 | 186~304 | 361~649 |
| 201~300 | 0.106~0.200 | 0.205~0.404 | 150.5~250.4 | 355~424 | 15.5~304 | 305~604 | 650~1249 |
| 301~400 | - | 0.405~0.504 | 250.5~350.4 | 425~504 | 30.5~40.4 | 605~804 | 1250~1649 |
| 401~500 | - | 0.505~0.604 | 350.4~500.4 | 505~604 | 40.5~50.4 | 805~1004 | 1650~2049 |

## 7-4 空氣汙染的危害與環境綠化

## 一、對各種材質的影響

　　某些空氣汙染物除了可使金屬腐蝕生鏽外，對於電線、鐵軌、橋樑、屋頂及藝術品皆會有不同程度之影響，可能產生褪色或發生變質現象，甚至減少使用壽命。如過多之二氧化碳會侵蝕石灰石，造成許多藝術品之凹陷；而硫氧化物則會對許多金屬有腐蝕作用，同時與大理石建材反應，形成聚膨脹性之硫酸鈣，造成建築物本身之裂縫，加劇了文化古蹟之損壞；臭氧($O_3$)則會使橡膠脆化斷裂，氮氧化物則會使顏料褪色。其中以酸雨所造成之危害最為嚴重。

### （一）酸雨的定義

　　正常大氣所含之二氧化碳，溶於雨水後會使雨水略帶酸性，其酸鹼值（pH 值）約為 5.0，當雨水的酸鹼值小於 5.0 時即稱為「酸雨」。其實其正確的名稱應為「酸沉降」，它可分為「濕沉降」與「乾沉降」兩大類。前者是指所有的氣狀汙染物或粒狀汙染物隨著雨、雪、霧或雹等降落到地表，後者則指在沒有下雨的時候，大氣中的微粒沉降至地表中所夾帶的酸性物質。

### （二）酸雨的特性

　　根據調查顯示，美國四季的風向，大多為由西向東或由南向北，但意外發現 $SO_x$ 及 $NO_x$ 排放量並不多的東北各州，卻有很高的 $SO_4^2$ 及 $NO_3^-$ 濕沉降量，因此顯示酸雨具有移動性，一般認為移動 500~1,000 公里方才落下，是非常常見之情況。

### （三）酸雨的來源

　　由於人類大量使用煤、石油或柴油等化石燃料，其燃燒後產生的硫氧化物($SO_x$)或氮氧化物($NO_x$)，在大氧中經過複雜的化學反應，形成硫酸、亞硝酸或硝酸氣懸膠，或經雲、雨、雪、霧捕捉吸收後，降至地面成為酸雨。目前工業區所排放之酸性揮發性有機物，亦被視為引起酸雨之原發性汙染物。

### （四）酸雨的現況（圖 7-2）

根據環保署臺北酸雨監測站於 1990~2004 年之有效雨水化學分析資料為準，顯示約 9 成降水天數的雨水 pH 值在 5.6 以下，而酸雨發生機率則為75%左右，其中以臺灣西北部和宜蘭較嚴重，例如：陽明山的夢幻湖已達到酸化，尤以春季最為嚴重，因此在臺北之民眾在下雨時一定要記得帶傘，以免受到酸性雨水之侵蝕。

幸而近年酸雨之嚴重趨緩，2016 年全國酸雨發生頻率平均約為 28%，並主要發生在中壢與新竹測站(73%~78%)一帶。

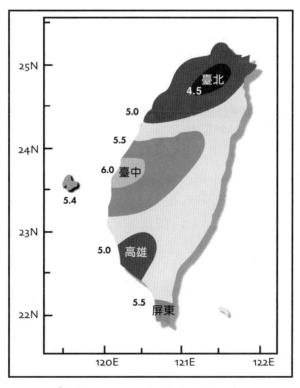

圖 7-2　臺灣酸雨分布情形

### （五）酸雨的危害性

1. 在於土壤、岩石中的重金屬元素溶解，流入河川或湖泊，當湖泊之涵容能力無法負荷時，魚類將大量死亡（圖 7-3）。若民眾以此作為灌溉用水，將使重金屬毒物累積於農作物，將來經由生物濃縮作用於食物鏈中，將對人類的健康產生負面之作用。

🦋 圖 7-3　酸湖將造成魚類大量死亡

2. 酸雨會影響農林作物葉部的新陳代謝，減緩其生長速率，同時土壤中的金屬元素(Ca，Mg)因被酸雨溶出，造成礦物質大量流失，植物無法獲得充足的養分，因而枯萎（圖 7-4），甚至死亡，此後果將進一步影響以特定植物為生之動物（圖 7-5），同時一定量之二氧化硫，將阻礙氣孔進行光合作用，對於加拿大而言，林業在是一個年產值 1,000 萬元的工業，約有 10%的加拿大人仰賴樹木的收穫和加工處理維生，因此若森林處於危險時，這些居民之生計亦會受到影響。

🦋 圖 7-4　土壤酸化致使植物枯萎

🦋 圖 7-5　酸雨減緩作物生長，將影響以其為主食之動物生存

3. 湖泊酸化後，可能使生態系改變，甚至湖中生物死亡，生態機能因而無法進行，最後變成死湖，例如酸雨會對魚會產生直接和間接兩種影響。直接地影響是酸分子會於魚鰓中形成黏膜，阻礙魚吸收氧氣之功能。間接之影響則是釋放湖底之鋁離子，直接殺死魚。

4. 使藝術品逐漸被損壞、薰、脆，以致於面目全非（圖 7-6）。如：德國科隆大教堂與法國巴黎聖母院建材毀損（圖 7-6）；歐洲教堂之彩繪玻璃，逐漸黯淡、斑駁；博物館書籍表面嚴重脆化及黃化，pH 值降低。

🦋 圖 7-6　酸雨腐蝕藝術品之結構體

## 二、對各種生命體的危害

### （一）對植物的影響

　　某些空氣汙染物會影響果實的生長，造成植物葉子組織破壞而產生枯黃、掉落與捲葉等病態。對植物最具毒性的氣體包括：二氧化硫、臭氧、氟化氫、乙烯、氯化氫、氯氣及氨等，已有許多調查顯示對臺灣的水稻與香蕉皆有不同程度之影響，因此可以利用這些氣體之特性，選擇一些作物當作空氣汙染之指標植物。

1. **引起植物病變**：急性時引起「炭疽」症狀或慢性時引起葉片之「白化」現象。

　　炭疽現象：在嫩葉上形成暗褐色不規則形病斑，嚴重時導致葉片變形，在中老葉片上典型為淡褐至暗褐色，近圓形、橢圓形或不規則病斑，中間略灰褐色。

2. **當作空氣汙染之指標植物(Indicator plant)**：所謂指標植物乃指對空氣汙染相當敏感或可以為人們應用以鑑別環境汙染之植物。例如對氟化物較敏感者包括唐菖蒲、落花生和香蕉。對二氧化硫較敏感者則有白花牽牛、唐菖蒲和番石榴，對於氯氣較敏感者則有唐菖蒲和落花生。而目前將植物作為空氣汙染指標之研究方法有下列兩種：

   (1) 被動調查：利用現場植物當作指標生物，調查其存量。如：德國，對地衣進行調查，發現 $SO_2 > 0.11$ mg/m$^3$，將使地衣無法存活。

   (2) 主動監測：將耐汙染（包心菜、洛林草）或敏感性佳（地衣、苔蘚）之植物移至現場，觀看結果如何，以此當作生物指標。

### （二）不同汙染物對植物的影響

1. **酸性氣體**：如 $SO_2$、HF、HCl。

   (1) 破壞葉綠素之結構。

   (2) 抑制葉綠素與二氧化碳之結合酵素。

   (3) 破壞氣孔之功能。

2. **碳氫化合物**：如乙烯，造成作物提早老化。

3. **光化學煙霧**：如臭氧與過氧硝酸乙醯酯，使煙草、咬人貓出現白化現象。

4. **落塵**：影響光合作用及水分進出。

5. **重金屬**：如鉛，影響植物生理、新陳代謝及鐵之吸收出現排擠效應，產生炭疽或白化現象。

## （三）對動物的影響

　　當氣體或顆粒狀的汙染物，接觸動物體時，當濃度過高或毒性太強時，均會使呼吸器官受損，同時使身體不適。即使濃度沒有高到足以產生立即危害，但長期影響下來亦能有可能產生慢性疾病。而由於空氣汙染物影響了農作物之生長，亦會使動物之食物來源出現困境。

## （四）對人類的危害

1. 一氧化碳與氧氣競爭紅血球，導致腦部缺氧問題。

2. **酸性氣體**：如 $CO_2$、$NO_2$、$HCl$，具有刺激性將影響呼吸系統或使眼角發炎。

3. **碳氫化合物**：如多環芳香族碳氫化合物(PAHs)，其種類繁多，將導致頭暈、昏眩、心臟病、癌症或黏膜過敏等症狀。

4. **光化學煙霧**：如臭氧、過氧硝酸乙醯酯(PAN)，刺激呼吸器官及眼睛，臭氧濃度高時甚至將導致癌症。

5. **重金屬**

   (1) 鉛：過量的鉛會影響孩童的智力發育，甚至危害人的神經、心臟及呼吸系統，並引起神經方面病變。

   (2) 鎘：引起組織蛋白、葡萄糖與無機鹽大量釋出，較嚴重的是取代骨骼中之鈣，引起痛痛病。

   (3) 汞：水俁病。

   (4) 戴奧辛：對人類的影響最常見的症狀為氯痤瘡、肝臟損壞、免疫系統破壞、酵素的功能受到影響、消化不良、肌肉關節疼痛與孕婦易流產或產下畸胎，甚至造成男性荷爾蒙減少等問題。

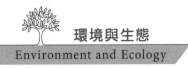

（五）對生活的影響

　　如煙塵存在造成的能見度降低，臭味則會造成身體不適及心理影響。

## 三、環境綠化之優點

（一）截留懸浮微粒。

（二）吸附空氣汙染物。

（三）減少噪音。

（四）淨化空氣（光合作用）。

## 學習評量

### 一、選擇題

1. 臭氧層是位於大氣當中的哪一層？　(A)對流層　(B)同溫層　(C)平流層 (D)中氣層

2. 重金屬汞會引起哪一種疾病？　(A)痛痛病　(B)烏腳病　(C)水俁病　(D)癌症

3. 下列哪一種氣體不是原始大氣當中的成分？　(A)氮氣　(B)氫氣　(C)氨氣 (D)氧氣

4. 下列哪一種汙染物是造成農作物或植物提早老化的主要因子？　(A)重金屬　(B)碳氫化合物　(C)落塵　(D)酸性氣體　(E)光化學煙霧

5. 下列敘述何者錯誤？　(A)總懸浮微粒指的是懸浮在空氣中的微粒　(B)懸浮微粒是指粒徑在 5 微米以下之粒子　(C)落塵是指粒徑超過 10 微米且因重力落下之物質　(D)金屬燻煙可以引起類似感冒的症狀　(E)黑煙是以碳粒為主

6. 下列哪一種不是屬於自然汙染源？　(A)火山爆發　(B)溫泉地熱　(C)森林火災　(D)農藥　(E)海浪鹽沫

7. 空氣汙染指標(PSI)，數值多少以下屬於符合空氣品質標準？　(A)50 (B)100　(C)150　(D)200

8. 何種氣體會使橡膠脆化斷裂？　(A)臭氧　(B)氯氣　(C)氨　(D)一氧化氮

9. 酸雨可能會造成博物館書籍表面出現何種變化？　(A)碳化　(B)灰化　(C)焦化　(D)黃化

10. 下列非對二氧化硫較敏感之指標植物？　(A)白花牽牛　(B)唐菖蒲　(C)番石榴　(D)榕樹

11. 酸雨是指酸鹼值在多少以下的雨？　(A)5.0　(B)6.0　(C)7.0　(D)8.0

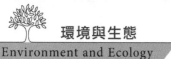
## 二、簡答題

1. 酸雨的定義為何？

2. 請說明酸雨的來源與危害性。

3. 請說明環境綠化之優點。

4. 請寫出空氣汙染指標(PSI)依據哪些汙染物之測值所計算出？

解答：CCDBB　　DBADD　　A

# 生態工法
## Ecological Engineering

*Foreword* ————————————————————————— 前言

　　許多工程在施工前並未考慮到施工後將對於生態環境與生物多樣性所產生的衝擊，有許多工程一旦施工完成，同時亦造成了當地原有動植物的滅絕，主因就是動植物原有的棲地與食物鏈遭受破壞。行政院在民國 91 年公布「挑戰 2008：國家重點發展計畫」中，即明定在建構優質之生活環境時，河川之整治技術需以生態工法為主軸，所以本章將介紹將生態保育觀念溶入於工程當中的「生態工法」。

## 8-1 生態工法的定義、功能及常用石材

### 一、生態工法的定義

　　所謂生態工法，即為將生態保育理念溶入於人為工程技術之方法。是一種尊重自然法則，使人為工程建設與環境生態相互配合而能共存共榮的設計理念與施工法。在利用水泥或石塊等材質建構基礎設施時，堤岸邊種植之柳樹，海濱種植防風林，高速公路旁邊坡植草，皆為其中的一部分。

　　生態工法最早源於德國，在歐洲各國、美國及日本皆有許多成功之案例，而臺北市第一個以生態工法整治的溪河（民國 86 年），即為位於信義區之「虎山溪」，綠化及復育成功後出現了久違的螢火蟲，為都市近郊野溪復育之典範。而工程之成功與否，決定於材料之選擇，目前完全採植生工程之例子還不多，以半植生工程法較為常見。

### 二、生態工法的功能

　　生態工法與一般土木工程之差異，為其需兼顧生命與非生命，並遵守「生態法則」，其特性如下：

1. 具有自我調適功能，並達成生物多樣性。

2. 具有生物復育機能，可使植栽處綠意盎然。

3. 工程效益與時俱增，但相較土木工程需花很多時間。

4. 生物相逐漸豐富。

#### （一）生態工法的優點

1. 無時間限制，可永續利用。

2. 具景觀價值，如生態工法之親水公園。

3. 具有固土與護岸功能。

4. 創造不同型態的棲地，以促進生物多樣性之發展。

## （二）生態工法的缺點

1. 植栽作物受限，可能不易取得。

2. 作業環境無法提供作物生長。

3. 成效歷年後方可得見，非立竿見影。

## （三）河川護岸蘆葦帶的特點

1. 可降低河水流速，減少土壤沖刷。

2. 可沉積汙泥，促成濕地，提供水生生物棲息。

3. 深著之根部，可水土保持，同時維持河川水與地下水之水相平衡。

## （四）道路種植邊坡植物的特點

1. 深著之根部，包捆土壤於岩層或石籠，有助水土保持。

2. 可利用蒸散作用減少邊坡土壤水分，避免路滑之危險。

3. 庇蔭表土，減少風蝕與水蝕之危險。

4. 防土滑、落石、攔阻砂塵飛揚，以防止交通意外發生。

5. 提供景觀價值。

6. 提供動植物棲息地。

7. 可防側風雨及避免日光曝曬，增加交通安全。

8. 防炫光與指引道路彎曲，增加交通安全（此處的炫光指的是在不平整的表面上產生不規則反光，因為不規則反光所造成的亮度不一，所以會產生若干閃爍的效果，讓人視力無法集中感覺眼花）。

9. 減少道路相鄰用地之噪音與遮掩道路不良之景觀。

# 三、生態工法常用的石材

## （一）花崗岩

一般由外國進口，硬度大、吸水性差。

## （二）砂岩

硬度中等，吸水性大，易風化，質地較軟易於施工。

## （三）安山岩

硬度大、不易風化，一般用於造景較多。

## 8-2　生態工法的實施、執行及規定

### 一、生態工法的實施步驟

（一）生態調查

　　生態調查之項目包括：決定復育區域及整治目標、定義生態指標及目標物種、設計需復育目標物種之環境條件。

（二）設計及施工

　　進行水文分析、結構安全評估、親水景觀設計與施工費用分析。

（三）追蹤調查

　　針對生態指標及目標物種進行長期之追蹤與監測。

### 二、生態工法的執行原則

（一）應盡量維持原有生態特性：以最少干擾及人為工程最小化為原則。

（二）應維持原有生態之生物多樣性：以營造棲地多樣性為手段。

（三）應採多個個案或施工法加以評估，因地制宜找出適合之方案，並以自然復育（河川自淨）與自我環境設計為最高原則（物質循環）。

（四）盡量以天然及柔性之素材，以產生多樣性之孔隙結構，以提供昆蟲、鳥類、魚類及水棲生物駐足與棲息之地。

（五）植生作物或石材盡可能使用當地之材料並優先考慮廢棄物再利用。

（六）能源使用最低化原則：盡量不要使用大型機具。

（七）導入生命週期評估理念：生命週期評估(Life cycle assessment, LCA)理念即是在執行生態工法時，從使用的原料、技術導入及完工後廢棄資材所造成的環境衝擊皆列入考量之理念。

## 三、生態工法所牽涉的法令條文

### （一）水土保持法

**第一條　法源依據**

為實施水土保持之處理與維護，以保育水土資源，涵養水源，減免災害，促進土地合理利用，增進國民福祉，特制定本法。水土保持，依本法之規定；本法未規定者，適用其他法律之規定。

**第三條　水保工法之種類**

水土保持之處理與維護：係指應用「工程」、「農藝」或「植生方法」，以保育水土資源、維護自然生態景觀及防治沖蝕、崩塌、地滑、土石流等災害之措施。

**第十九條　保護帶之設置**

經劃定為特定水土保持區之各類地區，其長期水土保持計畫之擬定重點如下：

1. **水庫集水區**：以涵養水源、防治沖蝕、崩塌、地滑、土石流、淨化水質，維護自然生態環境為重點。

2. **主要河川集水區**：以保護水土資源，防治沖蝕、崩塌，防止洪水災害，維護自然生態環境為重點。

3. **海岸、湖泊沿岸、水道兩岸**：以防止崩塌、侵蝕、維護自然生態環境、保護鄰近土地為重點。

4. **沙丘地、沙灘**：以防風、定砂為重點。

經劃定為特定水土保持區之各類地區，區內禁止任何開發行為，但攸關水資源之重大建設，不涉及一定規模以上之地貌改變及經環境影響評估審查通過之自然遊憩區，經中央主管機關核定者，不在此限。

## （二）環境影響評估法

第五條　實施對象

下列開發行為對環境有「不良影響」之虞者，應實施環境影響評估：

1. 工廠之設立及工業區之開發。

2. 道路、鐵路、大眾捷運系統、港灣及機場之開發。

3. 土石採取及探礦、採礦。

4. 蓄水、供水、防洪排水工程之開發。

5. 農、林、漁、牧地之開發利用。

6. 遊樂、風景區、高爾夫球場及運動場地之開發。

7. 文教、醫療建設之開發。

8. 新市區建設及高樓建築或舊市區更新。

9. 環境保護工程之興建。

10. 核能及其他能源之開發及放射性核廢料儲存或處理場所之興建。

11. 其他經中央主管機關公告者。

## （三）環境影響評估法施行細則

第六條　不良影響之認定

本法第五條所稱不良影響，指開發行為有下列情形之一者：

1. 引起水汙染、空氣汙染、土壤汙染、噪音、振動、惡臭、廢棄物、毒性物質汙染、地盤下陷或輻射汙染公害現象者。

2. 危害自然資源之合理利用者。

3. 破壞自然景觀或生態環境者。

4. 破壞社會、文化或經濟環境者。

5. 其他經中央主管機關公告者。

## （四）原住民保留地開發管理辦法

第三十八條　限制原住民保留地之開發

為維護生態資源，確保國土保安，原住民保留地內竹木有下列情形之一者，應由該管主管機關限制採伐：

1. 地勢陡峻或土層淺薄復舊造林困難者。

2. 伐木後土壤易被沖蝕或影響公益者。

3. 經查定為加強保育地者。

4. 位於水庫集水區、溪流水源地帶、河岸沖蝕地帶、海岸衝風地帶或沙丘區域者。

5. 可作為母樹或採種樹者。

6. 為保護生態、景觀或名勝、古蹟或依其他法令應限制採伐者。

## 8-3 生態工法的水文條件與種類

### 一、生態工法所需的水文條件

#### （一）水流型態

根據研究顯示，河川之水流型態包括：緩流、岸邊緩流、湍流、急流與迴流等形式。而魚群溯溪之特性因應水流型態，則包括逐漸減速至休息、休息後逐漸加速、加速後減速至休息三種方式，因此完成復育之河道應提供多樣化之流況，以滿足魚群之需要。

#### （二）流量需求

水量之變化為自然狀態，當水量太低時，將引起水質變差之疑慮，因此水資源之調控與管理是相當重要的。研究顯示，河川最低年平均流量應為豐水期之 60~100%，如此一來將可形成多種流況，提供多種魚類之棲息。

#### （三）流速需求

河川之流速將影響生物之棲息、覓食與繁衍。通常流速太高將不利水生生物之繁殖，流速太低將產生太小之擾動，進而降低水中之溶氧。根據研究，平均流速應達 0.25 m/sec 較為適當，但超過 0.55 m/sec 則將引起負面之影響。

### 二、增加生物多樣性的工法

#### （一）拋石工法

將大型石塊不規則散布於平緩之河床中（圖 8-1），以形成各種流況。

#### （二）石樑工法

將大型石塊設置於坡度較陡之河床中，形成階梯式水流速，上游流速可減緩，而低流量時可形成多個小型之淺塘，有助於魚類之繁衍。

圖 8-1　拋石工法

## （三）導流設施

將各種導流設施（矩形或三角形導流堰）設置於河岸兩側，以限制河寬之方式提高流速、改變流向或形成天然之濕土，以減輕急流之侵蝕作用與提供水生生物棲息之用。

## 三、生物復育施工法

### （一）石籠牆

以鉛絲編織為六角狀之格籠，再組合為長方形之鉛籠，並將 10~30 公分之石頭至入約籠高 2/3，同時加以植生，完成擋土、護岸及美觀之目的。

### （二）切枝壓條法

將過陡之堤岸整地為較平緩之坡面，同時植入楊柳枝條，以達到護土、防蝕與景觀之功用。

### （三）打樁編柵法

一般應用於河川湍急處，於兩「樹立」於河岸旁之木樁間編織枝條，用以防蝕，通常編織之材料以柳樹枝與蘆葦為主。

### （四）塊石砌岸法

此法為目前最廣泛使用之方法，一般利用原石或內部混凝土外表原石襯砌之塊石，而石縫內加以植生，以提供水生生物之棲息與護岸之用（圖8-2）。

🦋 圖 8-2　新店溪河岸之塊石砌岸

## 8-4 生態工法的費用、監測及效應

### 一、植生工程的費用

目前植生工程在國內尚未受到重視，因此河川整治經費中，植生工程所占之比例都不高，以虎山溪與士林之平菁街山溝整治費用為例，植生工程所占之費用約為 0.5~0.7%。

（一）植生工程所用之作物，一般以當地作物為主，常使用之作物包括：鳳仙花、櫻花、九重葛、桂花、杏花、桃花、梅花及腎蕨等，單價一株由 24~31 元不等。若以楊柳枝條，單價稍高約為 50 元。

（二）若採用蛇籠則每公尺造價約為 1,000 元。

（三）若種植較大型之樟樹，含施工費用一株則高達 1,523 元。

### 二、生物復育施工完成後的監測項目

（一）生物多樣性：種歧異度。

（二）指標物種之生態習性。

（三）指標物種之族群動態：如櫻花鉤吻鮭。

（四）各物種之數量變化。

### 三、親水公園與復育完成河道的功能

（一）可提供許多親水活動，如戲水與釣魚。

（二）可提供賞景、賞鳥與賞蝶之最佳去處，如關渡自然保留區。

（三）提供自然生態教學園地，例如七股濕地紅樹林生態區。

（四）提供一般休憩活動，如露營、烤肉、騎腳踏車與野餐等。

（五）提供一般球類或體適能活動，如新店溪沿岸之河濱公園（圖 8-3）。

圖 8-3　新店溪畔之休閒綠地

## 學習評量

### 一、選擇題

1. 下列哪一項是道路種植邊坡植物的優點？ (A)有助水土保持 (B)防止土滑與落石 (C)提供景觀價值 (D)防止炫光 (E)以上皆是

2. 整治河川時，下列哪一項是錯誤的？ (A)截彎取直不宜過分牽強 (B)河道定線應依原有河道之曲率發展 (C)兩彎道應用直道相連接

3. 政府在挑戰 2008：國家重點發展計畫中，明定在建構優質之生活環境時，河川之整治技術應以何種方法為主軸？ (A)生態工法 (B)土石工法 (C)截彎取直 (D)明挖施工法

4. 生態工法最早源於何國？ (A)德國 (B)美國 (C)法國 (D)臺灣

5. 下列何者非河川護岸蘆葦帶的特點？ (A)可降低河水流速 (B)可沉積汙泥，促成濕地 (C)可水土保持 (D)可維護景觀

6. 下列何者非為生物復育施工法？ (A)石籠牆 (B)打樁編柵法 (C)塊石砌岸法 (D)削牆砌地法

7. 生態工法常用的石材中何種用於造景用途較多？ (A)花崗岩 (B)砂岩 (C)安山岩 (D)雲母石

8. 下列何者非親水公園與復育完成河道的功能？ (A)提供許多親水活動 (B)提供自然生態教學園地 (C)提供一般球類或體適能活動 (D)提供泛舟等水上活動

### 二、簡答題

1. 生態工法的特性為何？

2. 生態工法的優點為何？

3. 生態工法的缺點為何？

4. 道路種植邊坡植物的特點為何？

5. 生態工法的實施步驟為何？

6. 生態工法的執行原則包括哪些？

7. 生物復育施工法之種類包括哪些？

8. 生物復育施工完成後應監測之項目為何？

**解答：** ECAAD　　DDD

# 都市生態與綠化
## Urban Ecology and Greening

# Foreword

　　高聳入雲霄的摩天大樓是許多現代化城市的地標，許多先進國家的金融貿易機構也都位於高樓大廈之中，這就是所謂的「都市叢林」。正因為如此，許多在都市中忙碌的上班族總是希望能夠利用假期往郊外走走，看看青山與綠樹。澳洲的「莫爾本」城市內的綠地比例在世界各主要城市中名列前矛，城市中的公園或是森林有如人體中的肺臟，具有清潔與過濾之用。因為綠樹能夠行光合作用，放出氧氣，而且樹木所散發出的「芬多精」(phytoncide)對人體也有益處。人們多觀看綠樹，對於眼睛很好，而且心情也能夠放鬆。本章將介紹「都市綠化」的方法與重要性及如何保育都市中樹木。

## 9-1 水泥都市的熱效應

### 一、都市高度水泥化將引發「熱島效應」

**（一）定義**

熱島效應，乃指城市人口集中、工業發達、交通壅塞，大氣汙染嚴重，且城市中的建築大多為石頭和混凝土所構成，它的熱傳導率和熱容量都很高，加上建築物本身對風的阻擋或減弱作用，將造成城市的年平均溫度比附近之郊區或農村高，進而形成城市熱島效應。這種效應會造成都市降水量增加、空氣汙濁與能見度惡劣，甚至工業區下風處會產生酸雨。

**（二）都市的熱島效應**

一般而言，城市熱島效應在冬季最為明顯，夜間（白天吸熱夜間逐漸釋出）也比白天明顯。熱島效應以臺北市最明顯，一年四季比市郊高出約 4.5 度，而高雄、臺中及臺南等地則比市郊高出約 3 度。

**（三）減輕熱島效應的方法**

減輕熱島效應方法之一為廣增綠地，排除空氣汙染因子。地表之淨吸收熱量，包括建築物與土壤地層之吸收熱加上蒸散作用所產生之逸散熱，再加上對流所產生之逸散熱。

### 二、影響都市氣候最大之關鍵因素為「植被」

通常具植被地點，因其蒸散作用旺盛，故可降低淨吸收熱量。而不具植被地點，如水泥都市，則幾乎無蒸散作用發生，因此對流作用明顯，將導致熱島效應。

## 9-2 水分與空氣對樹木的影響

### 一、水分對樹木的影響

#### （一）水分吸收

　　水分吸收的基本要件包括：1.根部組織之滲透壓需大於土壤，水分可自發由土壤環境滲入根部；2.土壤需含充裕之水量，礫石是較佳之含水層。

　　反觀都市樹木之周圍，常以不透水之材料圍封，因此造成地表之逕流效應，都市樹木之水分吸收將受限於上述條件 2。

#### （二）水分蒸散

　　水分蒸散的基本要件包括：1.土壤孔隙含水率高於枝葉外之空氣團，使水分由土壤自然蒸散至大氣；2.樹木則以氣孔為控制組織，減少水分之蒸散量。

　　氣孔不但可控制水分蒸散，亦控制光合作用之進行，為防止水分大量減少，氣孔將自動關閉或減小，因此，連帶造成光合作用停滯，樹木內養分製造機能停止，因此都市樹木經常處於飢餓與口渴狀態。

#### （三）水分輸導

1. 輸導作用：乃指水分根部吸水並運送至葉部各組織之過程。

2. 一般而言，某些樹木，如櫟樹輸導作用旺盛，可提供蒸散作用，導致樹木整體溫度下降，可長期耐旱，為都市綠化，為極佳的樹種。

### 二、空氣對樹木的影響

#### （一）氧氣的功能

　　植物所有之活動，如吸收、輸導、氧化皆須氧氣之參與，若無氧氣，所有代謝機制終將停止。

## （二）都市土壤的危機―含氧量低

1. 樹木周圍或人行道一般採硬質鋪面（水泥、柏油）或給配鋪面（礫石、卵石），可能使雨水無法入滲，同時亦妨礙土壤與外界交換空氣之機會。

2. 行道樹間常利用於設置車位，將導致行道樹周界有土壤壓實之危機，而妨礙土壤與外界交換空氣之機會。

## （三）都市土壤危機的解決方案

1. 每棵樹保持 10 m$^2$ 之表土面，以提供足夠之氣體交換面。

2. 行人徒步區，樹木設置高種植槽（圖 9-1），以防止行人踐踏，或提供行人棲息處。

3. 行人徒步區以透水之鑄鐵、水泥磨板、空心磚、植草磚、縷空石板或鐵板或空心混凝土板等材料（圖 9-2），圍繞表土層之根部組織，以增加透水及透氣之機會。

圖 9-1　建國南路路段之高種植槽　　圖 9-2　行人徒步區之透水材料

## 三、空氣汙染對樹木的危害

### （一）加速老化作用

　　空氣汙染物經常破壞葉面（葉綠素），導致光合作用受抑，但呼吸作用並未停止，導致營養物過度氧化，加速老化作用。

## （二）對樹種的影響

　　針葉林抵抗力一般較闊葉樹種弱，由於針葉林並不會季節性落葉，因此終年暴露於汙染之環境中，通常受汙染之針葉林樹齡會縮短 60~75%。

## （三）危害的路徑

1. 直接由氣孔侵入。

2. 直接傷害葉面，破壞葉片組織。

3. 以汙染土壤之方式，間接破壞根部組織。

## 9-3 都市綠化的概念

### 一、都市綠化的優缺點

（一）優　點

1. 淨化空氣，發揮「都市之肺」的功能。

2. 緩和風速、吸收或阻隔灰塵，令人覺得身心舒暢。

3. 利用葉片吸收、反射、折射及偏向之作用，減弱噪音。

4. 創造視覺、聽覺、嗅覺與觸覺之美感。

5. 利用蒸散作用，調節氣溫。

6. 做為環境指標。

7. 形成樹蔭，提供休憩功能。

8. 形成雨水與土壤間之緩衝區，減少土蝕現象之發生。

9. 指引交通方向及防止炫光。

（二）缺　點

1. 占地較大。

2. 樹木落葉殘枝，需定期清理。

3. 需長期維護管理。

### 二、綠化樹種選擇的原則

（一）需種植與空間規模相稱之樹種，以免壓制樹木之成長，致使樹木枯萎。

（二）選擇具代表性或可反應地域特性之樹種。

（三）選擇適合當地氣候及氣象條件之樹種。

（四）選擇樹幹通直與姿態優美之樹種。

（五）選擇維護管理容易之樹種，以減少修剪及病蟲害防治之費用。

（六）選擇容易購得或取得之樹種。

## 三、都市綠地的分類

　　都市綠資源規劃依據不同的綠地分類、目的、需求、地點、服務範圍、主管權責單位與使用對象而有所不同。大致可分為以下五類：

### （一）公共綠地

　　公共綠地之多寡常作為評估推行都市綠化成果及反應都市人民生活水準的重要指標。所謂公共綠地一般包括各級公園（圖 9-3）、動物園、廣場、名勝古蹟、遊憩林蔭帶與風景區等。

🕊 圖 9-3　都市公園綠地（大安森林公園）

### （二）河川（水體）綠地

　　河川綠地為現行都市綠化之要項，許多重視休憩與生活品質之業者，皆與政府合作，除於河岸附近推出河岸景觀住宅區，同時認養與開發附近之河濱公園、河川綠帶或水岸綠地，以達政府與民間雙贏之目標，如新店溪畔之「上河圖」建案（圖 9-4，9-5）。

🦋 圖 9-4　新店溪河岸之綠化堤岸

🦋 圖 9-5　新店溪畔之河濱公園

## （三）道路綠地

　　道路綠化是遊客對於該都市進步與品味之第一印象，換句話說就是都市的主要門面。道路綠地一般是指安全島綠地、行人步道綠帶、自行車道系統、高架橋下或林蔭道路等（圖 9-6~9-9），常見而富有盛名者包括：臺北市仁愛路、辛亥路之安全島綠地和南投集集附近之「綠色隧道」。

🦋 圖 9-6　未經綠化之臺北新生南路部分路段

🦋 圖 9-7　臺北基隆路高架橋下之綠化植栽

🦋 圖 9-8 辛亥路之安全島綠化（榕樹）

🦋 圖 9-9 信義路之安全島綠化（麵包樹）

## （四）近郊綠地

乃指為於都市與附近郊區間的綠地，一般為農田、荒地與林地，並且常位於各縣市之省道公路旁，如臺南新營附近的農業區及農業用地。

（五）專用綠地

　　專用綠地乃指居民生活或工作周遭的綠地，這是過去都市綠化常忽略的地方，包括住宅綠地（陽臺綠化與社區綠化）、工廠綠地、醫院或學校等。

## 四、都市綠化所面臨的問題

（一）政策面的問題

1. 在颱風來臨前並未將樹木之安全性進行分級，僅單純考慮安全因素而任意剪裁行道樹，常導致樹木產生傷口進而罹患疾病。

2. 行道樹之種植規劃失當，常與電纜設備交錯（圖 9-10），引發安全性之顧慮。

🦋 圖 9-10　行道樹與電纜設備交錯

3. 道路認養政策原本是美意，但對認養單位並未確實教育，使得認養單位自主性之進行剪裁，開啟不適當修剪之漏洞。

4. 行道路面之鋪設或改鋪，未考慮透氣或透水問題，導致根系受到嚴重之傷害。

5. 植病蟲害問題未定期檢示，衍伸樹林大批受到危害。

## （二）民眾的破壞

1. 依規定樹木之修剪權應在地方主管機關，居民並無修剪之權利，因此非法之修剪為最嚴重之問題。

2. 以鐵釘固定或鐵絲纏繞廣告招牌或選舉標語。

3. 風景區或溪畔任意折枝，以取得烤肉所需之薪材。

## 五、樹木的保護措施

（一）設置避雷針：突出之老樹易引起雷擊，因此需設置避雷針，但施工時需注意與周圍景觀之協調性，以及避雷針尖端應高出樹頂 2~3 公尺以上，接地地點及安裝穩固安全等，例如阿里山中許多神木。

（二）增加土壤的透氣性：樹木必須在土壤容重（密度）低於 1.4 $g/cm^3$ 時才能正常生長，當覆蓋其上之土壤受到壓實，其密度可達 1.5~2.0 $g/cm^3$，造成土壤孔隙度變小與含氣量氧降低，樹木因而窒息死亡。因此改進之方法，可以透水透氣之鑄鐵、水泥磨板、空心磚、植草磚、縷空石板或鐵板或空心混凝土板等材料，圍繞表土層之根部組織或將已結塊之土壤移去，填充富含有機質的砂質壤土。

（三）更替或移除表面不透水層及水泥封面。

（四）樹池整理及設置護牆：護牆設置一般以磚塊、石塊或瓷磚圍砌，高度不超過 60 公分，如此可達休憩與保護樹木之雙層功用（圖 9-11）。

（五）設置支柱以輔助樹體延伸（圖 9-12）。

（六）定期請「樹醫生」或專業人士進行病蟲害防治。

圖 9-11　樹池護牆（新北市新店區中興路）

圖 9-12　設置支柱以輔助樹體延伸

## 學習評量

### 一、選擇題

1. 城市熱島效應何種季節最明顯？　(A)冬季　(B)夏季　(C)春季　(D)秋季

2. 影響都市氣候最大之關鍵因素為　(A)植被　(B)大樓玻璃　(C)樓層高度　(D)空地

3. 何種樹木輸導作用旺盛，可提供蒸散作用，導致樹木整體溫度下降，可長期耐旱，為都市綠化中極佳的樹種？　(A)櫟樹　(B)榕樹　(C)柳樹　(D)鳳凰木

4. 下列何者非都市綠化的優點？　(A)淨化空氣，發揮「都市之肺」的功能　(B)利用蒸散作用，調節氣溫　(C)指引交通方向及防止炫光　(D)無需長期維護管理

5. 住宅綠地、工廠綠地、醫院或學校等綠地被歸類為何種綠地？　(A)近郊綠地　(B)道路綠地　(C)公共綠地　(D)專用綠地

6. 下列何者非綠化樹種選擇的原則？　(A)需種植與空間規模相稱之樹種　(B)選擇樹幹通直與姿態優美之樹種　(C)選擇容易購得或取得之樹種　(D)選擇四季開花之樹種

7. 突出之老樹易引起雷擊，因此需設置避雷針，設置時避雷針尖端應高出樹頂多少公尺為宜？　(A)1　(B)2　(C)5　(D)10

8. 樹木生長需土壤密度低於多少$(g/cm^3)$時才能正常生長？　(A)1.4　(B)2.8　(C)3.2　(D)4.5

9. 樹木設置護牆高度以不超過多少公分為宜？　(A)30　(B)60　(C)80　(D)100

## 二、簡答題

1. 何謂熱島效應？

2. 都市綠地分成哪幾種？

3. 目前都市土壤的危機是什麼？

4. 都市綠化的優缺點為何？

5. 都市綠化所面臨的問題是什麼？

6. 樹木的保護措施有哪些？

解答：AAADD　　DBAB

# 掩埋場復育
Bioremediation of Landfill

Foreword ——————————————————————— 前言

　　之前我們針對許多保育與復育措施，包括野生動物之保育、土壤復育、河川復育及都市綠化等，介紹了完整而詳實之方法，然而人類每日所釋放之廢棄物方為近幾年與切身最相關，同時最受困擾與爭議之問題，由於掩埋場之設置極受到附近居民之抗爭，因此許多環保落實之掩埋場便申請 ISO 14000 之驗證，例如位於新北市之「八里下罟子區域性衛生掩埋場」即為其中之一例。因此本章針對現行廢棄物處理與處置之方式，作一完整之說明。

## 10-1 掩埋場及其復育概念

### 一、掩埋場的基本原理與構造

　　所謂廢棄物通俗之說法即為由家戶或事業機構所產生之垃圾、糞尿、動物屍體等，足以汙染環境衛生之固體或液體廢棄物。若由事業所產生具有毒性、危險性，其濃度或數量足以影響人體健康或汙染環境之廢棄物，則進一步稱之有害事業廢棄物。我們熟知之垃圾衛生掩埋法，係利用工程化技術將廢棄物侷限於特定區域內，壓實後並在上面覆蓋一層土壤（砂土或黏土）的處理法。這是一種生物處理技術（厭氧），即利用大自然中原存之微生物，將垃圾中之有機成分加以分解，減少其體積，並使內含物質趨於穩定，圖10-1為掩埋場之鳥瞰圖。

🦋 圖 10-1　掩埋場鳥瞰圖

## 二、掩埋場的功能與種類

（一）掩埋場的功能

1. 儲存。

2. 阻斷。

3. 處理。

4. 土地新生。

（二）掩埋場的種類

### 1. 安定掩埋場

　　指將一般廢棄物棄置於掩埋場，設置有防止地盤滑動、沉陷及水土保持設施或措施之處理方法。

### 2. 衛生掩埋場

　　指將一般或事業廢棄物掩埋於不透水材料或低滲透土壤所構築，並設置有防止汙染物外洩及地下水監測裝置之掩埋場之處理方式。

### 3. 封閉掩埋場

　　指將有害事業廢棄物掩埋於以抗壓及雙層不透水材質所構築，並設有阻止汙染物外洩及地下水監測裝置之掩埋場之處理方法。

## 三、國內掩埋場復育工程

　　行政院環境保護署歷年補助地方垃圾場復育工程如下：

1. 86 年度：核定計 28 處，約 98 公頃，如高雄茄定垃圾衛生掩埋場。

2. 87 年度：核定計 10 處，約 22 公頃，如高雄梓官垃圾衛生掩埋場。

3. 88 年度：核定計 22 處，約 82 公頃。如高雄鳳山（國泰路段）應急垃圾衛生掩埋場、高雄湖內垃圾衛生掩埋場、高雄大寮（大寮，鳳山）區域性垃圾衛生掩埋場。

4. 88 下半年及 89 年度：核定計 17 處，約 45 公頃，如臺南市垃圾衛生掩埋場。

5. 92~96 年度：核定約 262 公頃，如苗栗市掩埋場、山豬窟掩埋場等。

6. 以臺中市為例，共有 20 座垃圾掩埋場，105 年時 13 座已復育完成，4 座封閉尚未復育完成，使用中則還有 3 座。

## 四、掩埋場復育工作內容

（一）大地工程。

（二）地表水及滲出水之收集與監測系統。

（三）廢氣之收集與處理。

（四）植生綠化工程復育。

　　不過，掩埋也衍生出以下幾項問題：

1. 滲出水，例如廚餘、清潔劑、殺蟲劑等物質會因為雨水而將垃圾中的有害物質溶出。

2. 在掩埋過程中因為厭氧分解而產生甲烷。

3. 掩埋所產生的難分解垃圾，例如保麗龍及塑膠。

## 10-2 大地工程的內容

### （一）進行地質調查

1. **地層結構及邊坡強度的調查**：如活斷層、地震、地下水、洞穴、大規模崩積土、地盤下陷、風化、侵蝕與礦坑等情形。

2. **垃圾性質的調查**：有機成分、毒性物質含量。

3. **土壤特性的調查**：土壤分類、顆粒粒徑分析、比重及含水量。

### （二）設計掩埋場的覆蓋層（圖 10-2）

1. **表土層**：主要考量有以下兩點：

   (1) 能抵抗水和風的侵蝕：最有效方法是植生與使用地工合成材加進表土層。

   (2) 可防止樹根貫入：植生、栽種樹木是防止土壤流失的好方法，但是也要防止樹根的貫穿導致下方襯墊層的破裂。

2. **保護層**：主要功能在於可以貯存水分至水被蒸發為止，並可防止動植物與人為的侵害，也可避免底層因乾、濕變化而產生裂縫。一般材料為混合土或較大圓石。

3. **排水層**：排除入滲水，減少覆蓋層水壓，維持邊坡穩定。

4. **阻水層**：覆蓋層為最關鍵之一層，主要功能為防止雨水入滲。

5. **氣體收集層**：將垃圾產氣（甲烷與硫化氫）收集後移除，最普遍的設計方式自上而下為濾層、砂石或礫石間設置排氣管。

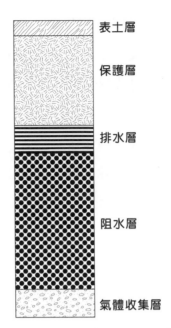

表土層
保護層
排水層
阻水層
氣體收集層

**圖 10-2　掩埋場覆蓋層示意圖**

## （三）選擇適當的防水合成膜布

1. 應可容許機具載重：因為經常有施工車進出，進行覆土或壓實等工程。

2. 應不易與土壤地層或其他防滑材料滑動。根據研究防水材、土壤及地工織物間適當之摩擦角建議如表 10-1 所示。

3. 掩埋後沉陷程度應盡量均勻。

**表 10-1　各種界面建議之摩擦角範圍**

| 界面型式 | 摩擦角範圍 |
|---|---|
| 土壤－合成膜布 | 15°～25° |
| 土壤－地工織物 | 23°～33° |
| 地工織物－合成膜布 | 5°～20° |

## （四）進行垃圾主體邊坡穩定度的評估

由於邊坡崩坍而破壞地表及地下之排水系統，不但汙染環境，甚至可能造成交通中斷、基礎破壞。故掩埋場之穩定性極為重要，且必須加以確保。

## （五）估算掩埋場的沉陷量

掩埋場的沉陷量與沉陷速率與將來土地再利用的時機有關，但因垃圾成分非常複雜，故其影響因素很多，除了垃圾本身重量所造成的沉陷之外，垃圾成分、化學反應、生物影響等也都是重要因素。

## （六）承載力的分析

依據前述步驟進行承載力的分析。

## （七）進行防震設計

若有需要者，接著進行防震設計的工作。

## （八）設計掩埋場的襯墊系統

1. 襯墊系統層數與厚度的法令規定：安定掩埋場者並無特殊規定，而衛生掩埋場則再分為一般廢棄物、一般事業廢棄物。其透水係數各有兩種，兩者擇一。

   (1) 一般廢棄物

   透水係數 $<10^{-7}$ cm/sec，厚度 60cm 之黏土或合成材。

   透水係數 $<10^{-10}$ cm/sec，厚度 0.15cm 之合成材（如聚乙烯）。

   (2) 一般事業廢棄物

   透水係數 $<10^{-7}$ cm/sec，厚度 60cm 之黏土或合成材。

   透水係數 $<10^{-10}$ cm/sec，厚度 0.2cm 之合成材。

2. 封閉掩埋場主要在處理有害性廢棄物，目前規定需有雙重防漏層：

   透水係數 $<10^{-7}$ cm/sec，厚度 60cm 之黏土或合成材。

   透水係數 $<10^{-10}$ cm/sec，厚度 0.2cm 之合成材。

3. 單層襯墊系統：一般用黏土或合成材。

4. 雙層或多層襯墊系統

   (1) 若以合成材為主設計，必須搭配黏土、皂土層。

   (2) 第一層襯墊一般需較厚，以承受系統之排水設施。

## 10-3 掩埋場水廠內的水處理與監測系統

### 一、滲出水的排除

　　掩埋場內之滲出水以雨水為最大宗，其次才為掩埋過程所產生之分解水，因此掩埋場管渠之架設主要是針對雨水之收集，一般呈樹枝狀分布架設在掩埋場底部之不透水布上（圖 10-3），藉重力由高處流向低處，將滲出水合併收集後送往汙水儲存槽後，再打入滲出水處理廠。

圖 10-3　八里下罟子區域性衛生掩埋場之聚乙烯不透水布

（一）以合理化公式估算逕流量

$$Q = \frac{1}{360} C \times I \times A$$

（二）採取地表水防滲漏措施，例如以黏土覆蓋或植生防漏。

（三）掩埋場四周以建置渠道之方式排除入滲雨水。

## 二、滲出水的處理

　　滲出水的處理技術，目前可於現場設置汙水處理或集流於其他汙水廠，根據研究滲出水滲出前期（前 5 年），一般以有機物為主，故可以生物處理處理，中後期則以腐植質或其他無機物為主，故應以物化處理為之，圖 10-4 為滲出水之收集系統。

🦋 圖 10-4　八里下罟子區域性衛生掩埋場之滲出水收集系統

## 三、地下水監測

　　最低要求為上下游各至少設一口監測井，一口作為背景值（上游），一口作為評估是否有滲出水汙染地下水體之監測井（下游）。

## 10-4 廢氣收集系統

掩埋場所產生之廢氣，依據垃圾掩埋之時間而有所不同，掩埋初期（100 天）為好氧分解，幾無任何廢氣排放之問題，掩埋至 200 天時，已有具燃燒性之氫氣產出，掩埋至 500 天時，系統幾乎完全厭氧，因此將產生有異臭味之氣體、毒性之硫化氫與可燃性之甲烷氣（圖 10-5）。

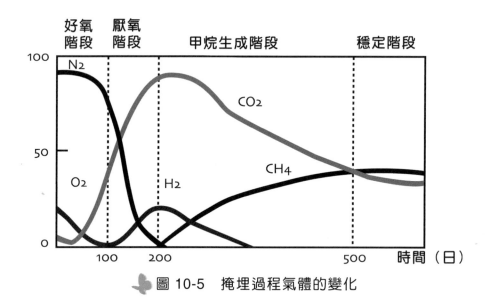

圖 10-5　掩埋過程氣體的變化

### 一、廢氣回收系統的基本要求

（一）收集井之井深需達 12~20 公尺。

（二）收集管管壁需能承受壓實作業、垃圾與覆土之重量。

（三）收集管接頭需有排除凝聚水之裝置。

（四）需能確保沼氣之設計抽送量。

## 二、現行廢氣處理方式

### （一）直接排放於大氣中

將引起毒性氣體($H_2S$)與溫室氣體($CH_4$)逸散之環保疑慮。

### （二）定期直接燃燒

如基隆天外天垃圾掩埋場、福德坑衛生掩埋場（圖 10-6）。

### （三）沼氣回收發電

如八里下罟子區域性衛生掩埋場及山豬窟衛生掩埋場。

🦋 圖 10-6　福德坑衛生掩埋場之廢氣燃燒設備

## 10-5 掩埋場復育案例

### 一、國際案例

（一）荷蘭：盧特密爾掩埋場復育為國際性「花展會場」。

（二）美國：洛杉磯掩埋場復育為「植物園」。

（三）日本：大阪市掩埋場復育為「花與綠園藝博覽會場」。

（四）德國：慕尼黑掩埋場復育為「國際園藝展」。

### 二、國內案例

（一）臺北市福德坑垃圾衛生掩埋場復育工程（圖 10-7）

福德坑掩埋場於民國 83 年 6 月 15 日封閉，目前設有汙水及滲出水監測與防治工程，廢氣及沼氣監測與防治工程及地下水監測工程正進行中，該復育工程目前正積極進行中，復育綠美化工作規劃周全，完工後可提供為「綠美化」之示範場地。

🦋 圖 10-7　福德坑衛生掩埋場入口處之綠美化健康步道

## （二）臺南市新營區再生運動公園（圖 10-8）

本公園位於新營區、鹽水區與後壁區等鄉鎮市交界處，占地面積達 2.2 公頃，原為區公所垃圾衛生掩埋場第一期用地，因屆滿使用期限，再利用作為運動公園，設施包括壘球場、籃球場、石板步道、連鎖磚步道、遮棚、多功能球場、景觀燈工程、植栽綠化工程、涼亭及座椅等。

🦋 **圖 10-8　臺南市新營區再生運動公園之植栽綠化工程與球場綠地**

## （三）花蓮市七星潭垃圾衛生掩埋場復育工程（圖 10-9）

該掩埋場原屬農林廳所擁有，場區面臨太平洋，視野良好，風景及海景非常優美，是個理想遊憩景觀點。於民國 86 年 9 月封閉，目前仍設有有廢氣及沼氣監測工程及汙水及滲出水監測與防治工程，經整治、填土、植栽及復育綠美化後，除可與花蓮縣七星潭風景區連貫，發展為觀光區帶外，更可藉由海濱公園的完成，配合整體性的解說，讓民眾了解當前環境保護汙染防治工作的重要性及成果，以發揮多重社教功能。市標涼亭、場區步道、觀海護欄及步道工程為本公園重要之休憩設施。

圖 10-9　花蓮市海濱公園之觀海護欄與市標涼亭

（四）其他垃圾場復育公園

1. 苗栗縣竹南鎮休閒公園。

2. 臺中市大里區休閒公園。

3. 臺中市大肚區運動公園。

4. 臺東縣臺東市海濱公園。

## 學習評量

### 一、選擇題

1. 下列哪一種不是現行掩埋場的種類？　(A)安定掩埋場　(B)衛生掩埋場　(C)開放掩埋場　(D)以上皆是

2. 處理掩埋場廢氣時，收集井深至少需達　(A)10 公尺　(B)12 公尺　(C)8 公尺　(D)5 公尺

3. 下列哪一項不是掩埋過程中會出現的氣體？　(A)$CH_4$　(B)$CO_2$　(C)$H_2$　(D)$O_3$　(E)以上皆有可能出現

4. 控制滲出水時，水位高度必須大於　(A)0.5　(B)1　(C)1.5　(D)2　公尺

5. 進行垃圾場復育的第一步工作是　(A)防止一次公害　(B)防止二次公害　(C)植生綠化工程　(D)地質調查

6. 下列何者不是掩埋場的功能？　(A)儲存　(B)阻斷　(C)處理　(D)美觀

### 二、簡答題

1. 請寫出掩埋場的種類。

2. 請寫出掩埋場的功能。

3. 請寫出四例國際間掩埋場復育成功案例。

4. 請寫出三例國內掩埋場復育成功案例。

解答：CBDCA　　D

# Appendix I 法規篇

## 野生動物保育法

民國 102 年 1 月 23 日修正

### 第一章　總則

**第 1 條**

為保育野生動物，維護物種多樣性，與自然生態之平衡，特制定本法；本法未規定者，適用其他有關法律之規定。

**第 2 條**

本法所稱主管機關：在中央為行政院農業委員會；在直轄市為直轄市政府；在縣（市）為縣（市）政府。

**第 3 條**

本法用辭定義如下：

一、野生動物：係指一般狀況下，應生存於棲息環境下之哺乳類、鳥類、爬蟲類、兩棲類、魚類、昆蟲及其他種類之動物。

二、族群量：係指在特定時間及空間，同種野生動物存在之數量。

三、瀕臨絕種野生動物：係指族群量降至危險標準，其生存已面臨危機之野生動物。

四、珍貴稀有野生動物：係指各地特有或族群量稀少之野生動物。

五、其他應予保育之野生動物：係指族群量雖未達稀有程度，但其生存已面臨危機之野生動物。

六、野生動物產製品：係指野生動物之屍體、骨、角、牙、皮、毛、卵或器官之全部、部分或其加工品。

七、棲息環境：係指維持動植物生存之自然環境。

八、保育：係指基於物種多樣性與自然生態平衡之原則，對於野生動物所為保護、復育、管理之行為。

九、利用：係指經科學實證，無礙自然生態平衡，運用野生動物，以獲取其文化、教育、學術、經濟等效益之行為。

十、騷擾：係指以藥品、器物或其他方法，干擾野生動物之行為。

十一、　虐待：係指以暴力、不當使用藥品或其他方法，致傷害野生動物或使其無法維持正常生理狀態之行為。

十二、　獵捕：係指以藥品、獵具或其他器具或方法，捕取或捕殺野生動物之行為。

十三、　加工：係指利用野生動物之屍體、骨、角、牙、皮、毛、卵或器官之全部或部分製成產品之行為。

十四、　展示：係指以野生動物或其產製品置於公開場合供人參觀者。

## 第 4 條

野生動物區分為下列二類：

一、　保育類：指瀕臨絕種、珍貴稀有及其他應予保育之野生動物。

二、　一般類：指保育類以外之野生動物。

前項第一款保育類野生動物，由野生動物保育諮詢委員會評估分類，中央主管機關指定公告，並製作名錄。

## 第 5 條

中央主管機關為保育野生動物，設野生動物保育諮詢委員會。

前項委員會之委員為無給職，其設置辦法由中央主管機關訂定之。其中專家學者、民間保育團體及原住民等不具官方身分之代表，不得少於委員總人數三分之二。

## 第 6 條

中央主管機關為加強野生動物保育，應設立野生動物研究機構，並得委請學術研究機構或民間團體從事野生動物之調查、研究、保育、利用、教育、宣揚等事項。

## 第 7 條

為彙集社會資源保育野生動物，中央主管機關得設立保育捐助專戶，接受私人或法人捐贈，及發行野生動物保育票。

專戶設置及保育票名稱、標章之使用及發行管理辦法，由中央主管機關定之。

## 第二章　野生動物之保育

## 第 8 條

在野生動物重要棲息環境經營各種建設或土地利用，應擇其影響野生動物棲息最少之方式及地域為之，不得破壞其原有生態功能。必要時，主管機關應通知所有人、使用人或占有人實施環境影響評估。

在野生動物重要棲息環境實施農、林、漁、牧之開發利用、探採礦、採取土石或設置有關附屬設施、修建鐵路、公路或其他道路、開發建築、設置公園、墳墓、遊憩用地、運動用地或森林遊樂區、處理廢棄物或其他開發利用等行為,應先向地方主管機關申請,經層報中央主管機關許可後,始得向目的事業主管機關申請為之。

既有之建設、土地利用或開發行為,如對野生動物構成重大影響,中央主管機關得要求當事人或目的事業主管機關限期提出改善辦法。

第一項野生動物重要棲息環境之類別及範圍,由中央主管機關公告之;變更時,亦同。

## 第 9 條

未依前條第一項規定實施環境影響評估而擅自經營利用者,主管機關應即通知或會同目的事業主管機關責令其停工。其已致野生動物生育環境遭受破壞者,並應限期令當事人補提補救方案,監督其實施。逾期未補提補救方案或遇情況緊急時,主管機關得以當事人之費用為必要之處理。

## 第 10 條

地方主管機關得就野生動物重要棲息環境有特別保護必要者,劃定為野生動物保護區,擬訂保育計畫並執行之;必要時,並得委託其他機關或團體執行。

前項保護區之劃定、變更或廢止,必要時,應先於當地舉辦公聽會,充分聽取當地居民意見後,層報中央主管機關,經野生動物保育諮詢委員會認可後,公告實施。

中央主管機關認為緊急或必要時,得經野生動物保育諮詢委員會之認可,逕行劃定或變更野生動物保護區。

主管機關得於第一項保育計畫中就下列事項,予以公告管制:

一、 騷擾、虐待、獵捕或宰殺一般類野生動物等行為。

二、 採集、砍伐植物等行為。

三、 汙染、破壞環境等行為。

四、 其他禁止或許可行為。

## 第 11 條

經劃定為野生動物保護區之土地,必要時,得依法徵收或撥用,交由主管機關管理。

未經徵收或撥用之野生動物保護區土地，其所有人、使用人或占有人，應以主管機關公告之方法提供野生動物棲息環境；在公告之前，其使用、收益方法有害野生動物保育者，主管機關得命其變更或停止。但遇有國家重大建設，在不影響野生動物生存原則下，經野生動物保育諮詢委員會認可及中央主管機關之許可者，不在此限。

前項土地之所有人或使用人所受之損失，主管機關應給予補償。

### 第 12 條

為執行野生動物資源調查或保育計畫，主管機關或受託機關、團體得派員攜帶證明文件，進入公、私有土地進行調查及實施保育措施。公、私有土地所有人、使用人或管理人，除涉及軍事機密者，應會同軍事機關為之外，不得規避、拒絕或妨礙。

進行前項調查遇設有圍障之土地或實施各項保育措施時，主管機關應事先通知公、私有土地所有人、使用人或管理人；通知無法送達時，得以公告方式為之。

調查機關或保育人員，對於受檢之工商軍事祕密，應予保密。為進行第一項調查或實施各項保育措施，致公、私有土地所有人或使用人遭受損失者，應予補償。補償金額依協議為之；協議不成，報請上級主管機關核定之。

進行前項調查或實施各項保育措施之辦法，由中央主管機關定之。

### 第 13 條

經許可從事第八條第二項開發利用行為而破壞野生動物棲息環境時，主管機關應限期令行為人提補救方案，監督其實施。

前項開發利用行為未經許可者，除依前項規定辦理外，主管機關得緊急處理，其費用由行為人負擔。

### 第 14 條

逸失或生存於野外之非臺灣地區原產動物，如有影響國內動植物棲息環境之虞者，得由主管機關逕為必要之處置。

前項非臺灣地區原產動物，由中央主管機關認定之。

### 第 15 條

無主或流蕩之保育類野生動物及無主之保育類野生動物產製品，主管機關應逕為處理，並得委託有關機關或團體收容、暫養、救護、保管或銷毀。

### 第 16 條

保育類野生動物，除本法或其他法令另有規定外，不得騷擾、虐待、獵捕、宰殺、買賣、陳列、展示、持有、輸入、輸出或飼養、繁殖。

保育類野生動物產製品，除本法或其他法令另有規定外，不得買賣、陳列、展示、持有、輸入、輸出或加工。

### 第 17 條

非基於學術研究或教育目的，獵捕一般類之哺乳類、鳥類、爬蟲類、兩棲類野生動物，應在地方主管機關所劃定之區域內為之，並應先向地方主管機關、受託機關或團體申請核發許可證。

前項野生動物之物種、區域之劃定、變更、廢止及管制事項，由地方主管機關擬訂，層報中央主管機關核定後公告之。

第一項許可證得收取工本費，其申請程序及其他有關事項，由中央主管機關定之。

### 第 18 條

保育類野生動物應予保育，不得騷擾、虐待、獵捕、宰殺或為其他利用。

但有下列情形之一，不在此限：

一、 族群量逾越環境容許量者。

二、 基於學術研究或教育目的，經中央主管機關許可者。

前項第一款保育類野生動物之利用，應先經地方主管機關許可；其可利用之種類、地點、範圍及利用數量、期間與方式，由中央主管機關公告之。

前二項申請之程序、費用及其他有關事項，由中央主管機關定之。

### 第 19 條

獵捕野生動物，不得以下列方法為之：

一、 使用炸藥或其他爆裂物。

二、 使用毒物。

三、 使用電氣、麻醉物或麻痺之方法。

四、 架設網具。

五、 使用獵槍以外之其他種類槍械。

六、 使用陷阱、獸鋏或特殊獵捕工具。

七、 其他經主管機關公告禁止之方法。

未經許可擅自設置網具、陷阱、獸鋏或其他獵具，主管機關得逕予拆除並銷毀之。土地所有人、使用人或管理人不得規避、拒絕或妨礙。

第 20 條

進入第十七條劃定區獵捕一般類野生動物或主管機關劃定之垂釣區者，應向受託管理機關、團體登記，隨身攜帶許可證，以備查驗。離開時，應向受託管理機關、團體報明獲取野生動物之種類、數量，並繳納費用。

前項費用收取標準，由中央主管機關定之。

第 21 條

野生動物有下列情形之一，得予以獵捕或宰殺，不受第十七條第一項、第十八條第一項及第十九條第一項各款規定之限制。但保育類野生動物除情況緊急外，應先報請主管機關處理：

一、　有危及公共安全或人類性命之虞者。

二、　危害農林作物、家禽、家畜或水產養殖者。

三、　傳播疾病或病蟲害者。

四、　有妨礙航空安全之虞者。

五、　（刪除）。

六、　其他經主管機關核准者。

保育類野生動物有危害農林作物、家禽、家畜或水產養殖，在緊急情況下，未及報請主管機關處理者，得以主管機關核定之人道方式予以獵捕或宰殺以防治危害。

第 21-1 條

臺灣原住民族基於其傳統文化、祭儀，而有獵捕、宰殺或利用野生動物之必要者，不受第十七條第一項、第十八條第一項及第十九條第一項各款規定之限制。

前項獵捕、宰殺或利用野生動物之行為應經主管機關核准，其申請程序、獵捕方式、獵捕動物之種類、數量、獵捕期間、區域及其他應遵循事項之辦法，由中央主管機關會同中央原住民族主管機關定之。

第 22 條

為保育野生動物得設置保育警察。

主管機關或受託機關、團體得置野生動物保育或檢查人員，並於野生動物保護區內執行稽查、取締及保育工作有關事項。必要時，得商請轄區內之警察協助保育工作。

執法人員、民眾或團體主動參與或協助主管機關取締、舉發違法事件者，主管機關得予以獎勵；其獎勵辦法，由主管機關定之。

## 第 23 條

民間團體或個人參與國際性野生動物保護會議或其他有關活動者，主管機關得予協助或獎勵。

## 第三章　野生動物之輸出入

## 第 24 條

野生動物之活體及保育類野生動物之產製品，非經中央主管機關之同意，不得輸入或輸出。

保育類野生動物之活體，其輸入或輸出，以學術研究機構、大專校院、公立或政府立案之私立動物園供教育、學術研究之用為限。

海洋哺乳類野生動物活體及產製品，非經中央主管機關同意，不得輸入或輸出。

海洋哺乳類野生動物活體及產製品之輸入或輸出，以產地國原住民族傳統領域內住民因生存所需獵捕者為限。

輸入海洋哺乳類野生動物活體及產製品，須提出前項證明文件。

未經中央主管機關之同意輸入、輸出、買賣、陳列、展示一般類海洋哺乳類野生動物活體及產製品者，準用本法一般類野生動物之管理與處罰規定，並得沒入之。

## 第 25 條

學術研究機構、大專校院、公立或政府立案之私立動物園、博物館或展示野生動物者，輸入或輸出保育類野生動物或其產製品，應經中央主管機關同意。

## 第 26 條

為文化、衛生、生態保護或政策需要，中央主管機關得洽請貿易主管機關依貿易法之規定，公告禁止野生動物或其產製品輸入或輸出。

## 第 27 條

申請首次輸入非臺灣地區原產之野生動物物種者，應檢附有關資料，並提出對國內動植物影響評估報告，經中央主管機關核准後，始得輸入。

所在地直轄市、縣（市）主管機關，對前項輸入之野生動物，應定期進行調查追蹤；於發現該野生動物足以影響國內動植物棲息環境之虞時，應責令所有人或占有人限期提預防或補救方案，監督其實施，並報請中央主管機關處理。

## 第 28 條

基於學術研究或教育目的，以保育類野生動物或其產製品與國外學術研究機構進行研究、交換、贈與或展示者，應自輸入、輸出之日起一年內，向中央主管機關提出相關報告。

## 第 29 條

野生動物及其產製品輸入、輸出時，應由海關查驗物證相符，且由輸出入動植物檢驗、檢疫機關或其所委託之機構，依照檢驗及檢疫相關法令之規定辦理檢驗及檢疫。

## 第 30 條

野生動物之防疫及追蹤檢疫，由動植物防疫主管機關依相關法令辦理。

## 第四章　野生動物之管理

## 第 31 條

於中央主管機關指定公告前，飼養或繁殖保育類及有害生態環境、人畜安全之虞之原非我國原生種野生動物或持有中央主管機關指定公告之保育類野生動物產製品，其所有人或占有人應填具資料卡，於規定期限內，報請當地直轄市、縣（市）主管機關登記備查；變更時，亦同。

於中央主管機關指定公告後，因核准輸入、轉讓或其他合法方式取得前項所列之野生動物或產製品者，所有人或占有人應於規定期限內，持證明文件向直轄市、縣（市）主管機關登記備查；變更時，亦同。

依前二項之規定辦理者，始得繼續飼養或持有，非基於教育或學術研究目的，並經主管機關同意，不得再行繁殖。

本法修正公布施行前已飼養或繁殖之第一項所列之野生動物，主管機關應於本法修正公布施行之日起三年內輔導業者停止飼養及轉業，並得視情況予以收購。

前項收購之野生動物，主管機關應為妥善之安置及管理，並得分送國內外教育、學術機構及動物園或委託主管機關評鑑合格之管理單位代為收容、暫養。

主管機關認為必要時，得自行或委託有關機關、團體對第一項、第二項所列之野生動物或產製品實施註記；並得定期或不定期查核，所有人或占有人不得規避、拒絕或妨礙。

前項需註記之野生動物及產製品之種類，由中央主管機關公告之。

第 32 條

野生動物經飼養者，非經主管機關之同意，不得釋放。前項野生動物之物種，由中央主管機關公告之。

第 33 條

主管機關對於保育類或具有危險性野生動物之飼養或繁殖，得派員查核，所有人或占有人不得規避、拒絕或妨礙。

第 34 條

飼養或繁殖保育類或具有危險性之野生動物，應具備適當場所及設備，並注意安全及衛生；其場所、設備標準及飼養管理辦法，由中央主管機關定之。

第 35 條

保育類野生動物及其產製品，非經主管機關之同意，不得買賣或在公共場所陳列、展示。

前項保育類野生動物及其產製品之種類，由中央主管機關公告之。

第 36 條

以營利為目的，經營野生動物之飼養、繁殖、買賣、加工、進口或出口者，應先向直轄市、縣（市）主管機關申請許可，並依法領得營業執照，方得為之。

前項野生動物之飼養、繁殖、買賣、加工之許可條件、申請程序、許可證登載及其他應遵行事項之辦法，由中央主管機關定之。

第 37 條

瀕臨絕種及珍貴稀有野生動物於飼養繁殖中應妥為管理，不得逸失。如有逸失時，所有人或占有人應自行或報請當地主管機關協助圍捕。

第 38 條

瀕臨絕種及珍貴稀有野生動物因病或不明原因死亡時，所有人或占有人應請獸醫師解剖後，出具解剖書，詳細說明死亡原因，並自死亡之日起三十日內送交直轄市、縣（市）主管機關備查。其非因傳染病死亡，而學術研究機構、公立或政府立案之私立動物園、博物館、野生動物所有人或占有人等製作標本時，經主管機關之同意，得以獸醫師簽發之死亡證明書代替死亡解剖書。

## 第 39 條

保育類野生動物之屍體，具有學術研究或展示價值者，學術研究機構、公立或政府立案之私立動物園、博物館等有關機構得優先向所有人或占有人價購，製成標本。

## 第五章　罰則

## 第 40 條

有下列情形之一，處六月以上五年以下有期徒刑，得併科新臺幣三十萬元以上一百五十萬元以下罰金：

一、違反第二十四條第一項規定，未經中央主管機關同意，輸入或輸出保育類野生動物之活體或其產製品者。

二、違反第三十五條第一項規定，未經主管機關同意，買賣或意圖販賣而陳列、展示保育類野生動物或其產製品者。

## 第 41 條

有下列情形之一，處六月以上五年以下有期徒刑，得併科新臺幣二十萬元以上一百萬元以下罰金：

一、未具第十八條第一項第一款之條件，獵捕、宰殺保育類野生動物者。

二、違反第十八條第一項第二款規定，未經中央主管機關許可，獵捕、宰殺保育類野生動物者。

三、違反第十九條第一項規定，使用禁止之方式，獵捕、宰殺保育類野生動物者。

於劃定之野生動物保護區內，犯前項之罪者，加重其刑至三分之一。

第一項之未遂犯罰之。

## 第 42 條

有下列情形之一，處一年以下有期徒刑、拘役或科或併科新臺幣六萬元以上三十萬元以下罰金；其因而致野生動物死亡者，處二年以下有期徒刑、拘役或科或併科新臺幣十萬元以上五十萬元以下罰金：

一、未具第十八條第一項第一款之條件，騷擾、虐待保育類野生動物者。

二、違反第十八條第一項第二款規定，未經中央主管機關許可，騷擾、虐待保育類野生動物者。

於劃定之野生動物保護區內，犯前項之罪者，加重其刑至三分之一。

### 第 43 條

違反第八條第二項規定，未經許可擅自為各種開發利用行為者，處新臺幣三十萬元以上一百五十萬元以下罰鍰。

違反第八條第三項、第九條及第十三條規定，不依期限提出改善辦法、不提補救方案或不依補救方案實施者，處新臺幣四十萬元以上二百萬元以下罰鍰。

前二項行為發生破壞野生動物之棲息環境致其無法棲息者，處六月以上五年以下有期徒刑，得併科新臺幣三十萬元以上一百五十萬元以下罰金。

### 第 44 條

法人之代表人、法人或自然人之代理人、受僱人或其他從業人員，因執行業務，犯第四十條、第四十一條、第四十二條或第四十三條第三項之罪者，除依各該條規定處罰其行為人外，對該法人或自然人亦科以各該條之罰金。

### 第 45 條

違反第七條第二項規定，擅自使用野生動物保育票名稱、標章或發行野生動物保育票者，處新臺幣五十萬元以上二百五十萬元以下罰鍰。並得禁止其發行、出售或散布。

前項經禁止發行、出售或散布之野生動物保育票，沒入之。

### 第 46 條

違反第三十二條第一項規定者，處新臺幣五萬元以上二十五萬元以下罰鍰；其致有破壞生態系之虞者，處新臺幣五十萬元以上二百五十萬元以下罰鍰。

### 第 47 條

野生動物之所有人或占有人違反第二十七條第二項規定，不提預防或補救方案或不依方案實施者，處新臺幣三十萬元以上一百五十萬元以下罰鍰。

違反第二十六條規定者，處新臺幣二十萬元以上一百萬元以下罰鍰。

### 第 48 條

商品虛偽標示為保育類野生動物或其產製品者，處新臺幣十五萬元以上七十五萬元以下罰鍰。

### 第 49 條

有下列情形之一，處新臺幣六萬元以上三十萬元以下罰鍰：

一、 違反第十七條第一項或第二項管制事項者。

二、 違反第十九條第一項規定，使用禁止之方式，獵捕一般類野生動物者。

三、 違反第十九條第二項或第三十三條規定，規避、拒絕或妨礙者。

四、 違反第二十七條第一項規定者。

五、 違反第三十四條規定，其場所及設備不符合標準者。

六、 違反第十八條第二項或第三十六條規定，未申請許可者。

違反第十七條第一項、第二項或第十九條第一項規定，該管直轄市、縣（市）主管機關得撤銷其許可證。

## 第 50 條

有下列情形之一，處新臺幣五萬元以上二十五萬元以下罰鍰：

一、 違反依第十條第四項第一款公告管制事項，獵捕、宰殺一般類野生動物者。

二、 違反依第十條第四項第二款、第三款或第四款公告管制事項者。

三、 違反第十一條第二項規定，未依主管機關公告之方法或經主管機關命令變更或停止而不從者。

違反依第十條第四項第一款公告管制事項，騷擾、虐待一般類野生動物者，處新臺幣二萬元以上十萬元以下罰鍰。

## 第 51 條

有下列情形之一，處新臺幣一萬元以上五萬元以下罰鍰：

一、 違反第十二條第一項規定，無正當理由規避、拒絕或妨礙野生動物資源調查或保育計畫實施者。

二、 違反第二十條第一項規定者。

三、 違反第二十四條第一項規定，未經中央主管機關之同意，輸入或輸出一般類野生動物者。

四、 （刪除）。

五、 違反第二十八條規定者。

六、 違反第三十一條第一項、第二項、第三項或第六項規定者。

七、 違反第三十五條第一項規定，非意圖販賣而未經主管機關之同意，在公共場所陳列或展示保育類野生動物、瀕臨絕種或珍貴稀有野生動物產製品者。

八、 違反第三十七條規定者。

九、 違反第三十八條規定者。

十、 所有人或占有人拒絕依第三十九條規定出售野生動物之屍體者。

### 第 51-1 條

原住民族違反第二十一條之一第二項規定，未經主管機關許可，獵捕、宰殺或利用一般類野生動物，供傳統文化、祭儀之用或非為買賣者，處新臺幣一千元以上一萬元以下罰鍰，但首次違反者，不罰。

### 第 52 條

犯第四十條、第四十一條、第四十二條或第四十三條第三項之罪，查獲之保育類野生動物得沒收之；查獲之保育類野生動物產製品及供犯罪所用之獵具、藥品、器具，沒收之。

違反本法之規定，除前項規定者外，查獲之保育類野生動物與其產製品及供違規所用之獵具、藥品、器具得沒入之。

前項經沒入之物，必要時，主管機關得公開放生、遣返、典藏或銷毀之。

其所需費用，得向違規之行為人收取。

海關或其他查緝單位，對於依法沒入或處理之保育類野生動物及其產製品，得委由主管機關依前項規定處理。

### 第 53 條

本法所定之罰鍰或沒入，由各級主管機關為之。

### 第 54 條

依本法所處之罰鍰，經通知限期繳納後，逾期仍不繳納者，移送法院強制執行。

## 第六章　附則

### 第 55 條

適用本法規定之人工飼養、繁殖之野生動物，須經中央主管機關指定公告。

### 第 56 條

本法施行細則，由中央主管機關定之。

### 第 57 條

本法自公布日施行。

本法中華民國九十五年五月五日修正之條文，自中華民國九十五年七月一日施行。

# 野生動物保育法施行細則

民國 107 年 7 月 13 日修正

## 第一章　總則

**第 1 條**

本細則依野生動物保育法（以下簡稱本法）第五十六條規定訂定之。

**第 2 條**

（刪除）

**第 3 條**

依本法第七條所設立之保育捐助專戶，其用途如下：

一、　野生動物資源之調查、研究及經營管理。

二、　野生動物棲息環境之用地取得、保護及改善。

三、　依本法第十二條第四項規定之損失補償。

四、　依本法第十四條第一項及第十五條規定所為必要之處置及處理。

五、　民間團體及個人參與推動野生動物保育工作之協助或獎勵。

六、　依本法第三十一條第四項規定對於野生動物之收購。

七、　野生動物保育之教育及宣導。

八、　野生動物保育人員之教育及訓練。

九、　野生動物保育之國際技術合作。

十、　其他有關野生動物保育事項。

**第 4 條**

直轄市、縣（市）主管機關應寬籌經費，加強辦理轄區內野生動物保育業務。

## 第二章　野生動物之保育

**第 5 條**

本法第八條所稱野生動物重要棲息環境，係指下列各款情形之一者：

一、　保育類野生動物之棲息環境。

二、　野生動物種類及數量豐富之棲息環境。

三、　人為干擾少，遭受破壞極難復原之野生動物棲息環境。

四、　其他有特殊生態代表性之野生動物棲息環境。

前項野生動物重要棲息環境之類別如下：

一、 海洋生態系。

二、 河口生態系。

三、 沼澤生態系。

四、 湖泊生態系。

五、 溪流生態系。

六、 森林生態系。

七、 農田生態系。

八、 島嶼生態系。

九、 第一款至第八款各類之複合型生態系。

十、 其他生態系。

## 第 6 條

依本法第八條第二項規定在野生動物重要棲息環境實施開發利用行為，應檢附下列資料向直轄市、縣（市）主管機關申請：

一、 開發人姓名、住、居所，如係法人或團體者，其名稱、營業所或事務所及代表人或管理人之姓名、住、居所及國民身分證統一編號。

二、 開發行為之名稱及開發場所。

三、 開發行為之目的及其內容。

四、 開發行為可能影響範圍之環境現況。

五、 預測開發行為可能引起之生態環境影響。

六、 生態環境保育對策或替代方案。

七、 其他中央或直轄市、縣（市）主管機關指定之資料。

前項申請，應由直轄市、縣（市）主管機關審查並報請中央主管機關許可後，始得向目的事業主管機關申請。

## 第 7 條

前條開發利用行為，依本法第八條第一項應實施環境影響評估者，其認定標準及實施作業，依環境影響評估法規定辦理。

## 第 8 條

本法第八條第三項所稱既有之建設、土地利用或開發行為，係指在中央主管機關公告野生動物重要棲息環境之類別及範圍前，已在該範圍內進行、完成或使用者。

## 第 9 條

本法第八條第三項所定既有之建設、土地利用或開發行為，對野生動物可能產生重大影響者，直轄市、縣（市）主管機關應即進行初步查證，如遇情況緊急，應為必要處置，並即報中央主管機關。

前項查證，直轄市、縣（市）主管機關得委任所屬機關、委託其他機關、機構或團體辦理，並檢附下列資料報中央主管機關：

一、 該既有之建設、土地利用或開發行為之所有人、使用人或占有人及目的事業主管機關。

二、 受影響地區之範圍、面積及位置圖。

三、 既有建設、土地利用或開發等行為之現況。

四、 當地野生動物之基本資料與受影響之狀況及原因。

五、 可行之改善辦法及期限。

六、 其他中央主管機關指定之資料。

## 第 10 條

中央主管機關依本法第八條第四項公告野生動物重要棲息環境後，所在地直轄市、縣（市）主管機關應將有關土地利用方式、管制事項及開發利用行為之申請程序通知土地所有人、使用人或占有人。

中央主管機關規劃野生動物重要棲息環境時，得由所在地直轄市、縣（市）主管機關提供轄區內亟需劃定為野生動物重要棲息環境之類別、位置範圍圖說、土地所有人、使用人或占有人資料及土地利用現況資料，供中央主管機關公告之參考；變更時，亦同。

## 第 11 條

本法第八條第三項所稱改善辦法及第九條、第十三條第一項所稱補救方案，其內容包括下列事項：

一、 野生動物種類、數量及其生育環境與棲息環境之現況。

二、 造成重大影響或破壞之原因。

三、 可行之改善或補救措施。

四、 預定完成期限。

五、 其他指定事項。

第 12 條

直轄市、縣（市）主管機關依本法第十條第一項規定劃定之野生動物保護區，得分為核心區、緩衝區及永續利用區，分別擬訂保育計畫。

直轄市、縣（市）主管機關為前項劃定前，應會商相關機關，並檢附保護區保育計畫書圖報請中央主管機關核定。

保育計畫內容如下：

一、 計畫緣起、範圍、目標及規劃圖。

二、 計畫地區現況及特性。

三、 分區規劃及保護利用管制事項。

四、 執行本計畫所需人力、經費。

五、 舉辦公聽會者，其會議紀錄。

六、 其他指定事項。

第 13 條

野生動物保護區之劃定、變更或廢止，經中央主管機關核定後，由所在地直轄市或縣（市）主管機關公告之；並於公告後將其圖說交有關鄉（鎮、市、區）公所，分別公開展示。展示期間不得少於三十日；展示後，應將圖說妥為保管，以供查閱。

前項公告內容應包含範圍圖、分區規劃及保護利用管制事項等。

第 14 條

野生動物保護區土地為公有者，得優先委託該土地管理機關執行保護區之保育計畫。

第 15 條

直轄市、縣（市）主管機關依本法第十條第一項規定委託團體執行保育計畫有關事項時，應訂定書面契約。

第 16 條

主管機關依本法第十一條第三項補償土地所有人或使用人所受之損失時，其補償金額，由主管機關邀請有關及團體協議為之；協議不成，報請上級主管機關核定之。

第 17 條

本法所稱保育類野生動物產製品，不包括文化資產保存法所稱之古物。

第 18 條

依本法第十七條第一項規定劃定之獵捕區或依第二十條第一項規定劃定之垂釣區，應由所在地直轄市、縣（市）主管機關會商有關機關後，檢附計畫書，報請中央主管機關核定後公告之。其計畫書應記載下列事項：

一、劃定區域範圍、面積及規劃圖。

二、野生動物現況及生態環境等基本資料。

三、規劃准許獵捕、垂釣野生動物之種類、數量、期間及方式。

四、獵捕、垂釣許可證工本費及獵捕、垂釣費用。

五、管制事項。

六、其他中央主管機關指定之資料。

前項獵捕、垂釣區域之變更或廢止，直轄市、縣（市）主管機關應會商有關機關後，檢附有關資料並敘明原因，報請中央主管機關核定後公告之。

前二項公告之內容如下：

一、劃定區域範圍、面積及規劃圖。

二、獵捕、垂釣野生動物之種類、數量、期間及方式。

三、應繳納之費用。

四、管制事項。

第 19 條

依本法第十七條或第二十條規定申請許可證，應填具申請書，並檢附身分證明文件及本人最近二吋半身脫帽照片二張，向獵捕、垂釣區域所在地之直轄市或縣（市）主管機關提出。經核准者，應於接受講習，並繳交獵捕、垂釣許可證工本費後，由主管機關發給許可證。

許可證應記載下列事項：

一、姓名、性別、出生年月日、國籍、戶籍地址及聯絡地址、身分證明文件或護照號碼。

二、使用器具。其係使用獵槍者，應登記槍照及槍身號碼。

三、適用地區、有效期限及期滿時許可證應重行申請。

四、得撤銷許可之事由。

五、許可獵捕、垂釣野生動物之種類及數量。

六、保育注意事項。

許可證汙損或遺失者，得申請換發或補發，並繳納工本費。申請換發者，應檢還原許可證。

### 第 20 條

基於學術研究或教育目的而獵捕一般類野生動物之執行人員，應攜帶服務機關、機構之證明文件。

### 第 21 條

依本法第十八條第一項第二款規定基於學術研究或教育目的申請利用保育類野生動物者，應檢具下列資料向各有關機關或直轄市、縣（市）主管機關申請，轉請中央主管機關許可；中央主管機關許可時，應副知該管直轄市、縣（市）主管機關：

一、 利用之保育類野生動物物種（中名及學名）、數量、方法、地區、時間及目的。

二、 執行人員名冊及身分證明文件正、反面影本。

三、 供學術研究或教育目的使用之承諾書。

四、 其他指定之資料。

前項申請經許可後，其執行人員應攜帶許可文件及可供識別身分之證件，以備查驗。

基於學術研究或教育目的對保育類野生動物之利用完成後一年內，應將該保育類野生動物之後續處理及利用成果，作成書面資料送各級主管機關備查。

### 第 22 條

（刪除）

### 第 23 條

依本法第二十二條第二項所置野生動物保育或檢查人員，其工作項目如下：

一、 巡邏、調查、監測及記錄野生動物種類、族群數量、棲息環境變化。

二、 維護野生動物棲息環境之完整。

三、 查驗獵捕、垂釣許可證或身分識別證及所攜帶之器具。

四、 稽查取締違反野生動物保護區保育計畫之公告管制事項之行為。

五、 稽查取締騷擾、虐待、宰殺、買賣或以非法方式獵捕野生動物等違法事件。

六、 執行野生動物之保育及宣導。

七、 稽查取締其他有關破壞野生動物及其環境之行為。

八、 其他經主管機關指定之工作。

### 第 23-1 條

本細則所定位置圖、範圍圖及規劃圖之比例尺如下：

一、 面積在一千公頃以下者，不得小於五千分之一。

二、 面積超過一千公頃者，不得小於二萬五千分之一。

## 第 24 條

為執行野生動物保育工作，各級主管機關得商請警察及有關機關組織聯合執行小組，執行稽查取締及保育宣導工作。

## 第三章　野生動物之輸出入

## 第 25 條

本法第二十四條第二項所稱政府立案之私立動物園，指合於終身學習法第四條第一款第六目所定之動物園。

## 第 26 條

依本法第二十四條第一項、第三項或第二十七條第一項規定之申請，應檢附下列資料，以書面或電子資料傳輸方式辦理，經所在地直轄市、縣（市）主管機關初審並轉請中央主管機關同意後，始得依有關規定辦理輸入手續：

一、 申請書內容包括物種、貨品名稱、數量、用途、來源。

二、 以營利為目的，自行或委託出進口廠商辦理輸入者，均應檢附具經營野生動物或其產製品進口業務之公司登記或商業登記之證明文件影本。

三、 申請輸入保育類野生動物活體或其產製品時，其輸出國或再輸出國為瀕臨絕種野生動植物國際貿易公約會員國者，應檢附輸出國或再輸出國管理機關核發之符合該公約規定之出口許可證影本；非會員國者，應檢附輸出國或再輸出國主管機關核發之產地證明書或同意輸出文件影本。

四、 申請輸入海洋哺乳類野生動物活體或其產製品，應檢附輸出國主管機關核發之產地國原住民族傳統領域內住民因生存所需獵捕者之證明文件。

五、 申請首次輸入非臺灣地區原產之野生動物物種者，應同時檢附可供辨識之彩色實體照片一式六份及第三十條所定對國內動植物之影響評估報告；如為非首次進口者，應同時檢附佐證資料及可供辨識之彩色實體照片一式六份。

六、 申請輸入保育類野生動物之飼養處所、醫療照護、教育或學術研究計畫書。

七、 其他經中央主管機關指定之資料。

前項第三款規定必要時，得依瀕臨絕種野生動植物國際貿易公約之規定，由中央主管機關核發供申請者申請輸出國之出口許可證之文件。

第 27 條

依本法第二十四條第一項或第三項規定之申請，應檢附下列資料，以書面或電子資料傳輸方式辦理，經所在地直轄市、縣（市）主管機關初審並轉請中央主管機關同意後，始得依有關規定辦理輸出手續：

一、 申請書內容包括物種、貨品名稱、數量、用途、目的地。

二、 以營利為目的，自行或委託出進口廠商辦理輸出者，均應檢附具經營野生動物或其產製品出口業務之公司登記或商業登記之證明文件影本。

三、 直轄市或縣（市）主管機關核發之保育類野生動物登記卡。

四、 申請輸出符合瀕臨絕種野生動植物國際貿易公約附錄一物種之保育類野生動物活體或其產製品時，其輸入國為該公約會員國者，應檢附輸入國管理機關核發之符合該公約規定之進口許可證影本；如為非會員國者，應檢附輸入國主管機關核發之同意輸入文件影本。

五、 如為再輸出保育類野生動物活體或產製品者，另須檢附海關簽發之進口證明文件。但基於學術研究、教育目的而遣返者，得以其他適當文件代替。

六、 申請輸出野生動物者，應同時檢附可供辨識之彩色實體照片一式六份。

七、 其他經中央主管機關指定之資料。

第 28 條

依前二條核准輸入、輸出之野生動物活體或產品，不得分批輸入、輸出。但經中央主管機關同意者，不在此限。

前項輸入，應於該同意文件有效期限屆滿前，自原起運口岸裝運。其裝運日期以提單所載日期為準；提單所載日期有疑義時，得由海關查證核定之。

第 29 條

攜帶或郵寄保育類野生動物產製品、一般類海洋哺乳類野生動物產製品，或野生動物之活體入、出境者，應依前三條規定辦理。

第 30 條

依本法第二十七條第一項規定所提對國內動植物影響評估報告，應包括下列項目：

一、 擬輸入之野生動物在其原產地食物種類、棲息環境、繁殖速率、天敵、氣候條件及國內有無現存相近種類等之生態習性資料。

二、 對本國動、植物生育環境可能產生之影響及預防措施。

## 第 31 條

依本法第二十九條檢驗、檢疫機關於野生動物驗放後，應將其物種、數量及流向，函知中央主管機關及飼養地之直轄市、縣（市）主管機關登錄查考。

## 第四章　野生動物之管理

## 第 32 條

依本法第三十一條第二項取得保育類野生動物或產製品，其所有人或占有人應自取得之日起一個月內向飼養地或所在地直轄市或縣（市）主管機關辦理登記。其所有人、占有人之住、居所變更，或保育類野生動物、產製品之存放地、飼養地或其數量有變更時，亦同。

## 第 33 條

依本法第三十五條第一項規定申請買賣者，應填具申請書向該管直轄市、縣（市）主管機關提出。直轄市、縣（市）主管機關應將同意買賣之數量，每三個月彙報中央主管機關備查。

依本法第三十五條第一項規定申請在公共場所陳列、展示者，應於預定陳列、展示開始一個月前填具申請書，向該管直轄市、縣（市）主管機關提出，經同意後始得為之。

有下列情形之一者，直轄市、縣（市）主管機關得廢止原同意買賣、在公共場所陳列或展示文件：

一、 因停業、歇業而致停止買賣、在公共場所陳列或展示。

二、 買賣、在公共場所陳列或展示之保育類野生動物，或其產製品與原同意文件登載內容不符。

## 第 33-1 條

依本法第二十四條第六項規定，買賣、陳列、展示一般類海洋哺乳類野生動物活體之申請，應填具申請書，並檢附下列資料，經所在地直轄市、縣（市）主管機關初審並轉請中央主管機關同意後，始得為之：

一、 法人、團體登記或立案、公司登記或商業登記證明文件影本；其以營利為目的者，應具經營野生動物買賣業務之營業項目。

二、 動物來源相關證明文件影本。

三、 陳列、展示計畫書。但買賣者，免附。

四、 土地、建物所有權屬資料影本或土地、建物使用同意書。

五、 可供辨識之彩色實體照片一份。

六、 其他經中央主管機關指定之資料。

前項第三款陳列、展示計畫書，應包括下列項目：

一、 動物物種、數量及來源。

二、 陳列、展示之名稱、地點及期限。

三、 陳列、展示場之設計圖或配置圖。

四、 陳列、展示期間之飼育人姓名、學經歷及獸醫師姓名等資料。

### 第 33-2 條

依本法第二十四條第六項規定，買賣、陳列、展示一般類海洋哺乳類野生動物產製品之申請，應填具申請書，並檢附下列資料，向中央主管機關提出，經同意後，始得為之：

一、 法人、團體登記或立案、公司登記或商業登記證明文件影本；其以營利為目的者，應具符合申請用途、型態之買賣業務之營業項目。

二、 來源證明文件：

（一）申請者為進口商者，應檢附中央主管機關同意輸入文件及進口證明影本。

（二）申請者為非進口商者，應檢附產製品來源業者經中央主管機關同意買賣文件、進口證明影本及統一發票或收據影本。

三、 已完成包裝並可直接販售至消費者之產製品，應檢附外觀圖或包裝樣品。

四、 其他經中央主管機關指定之資料。

前項申請書內容應包括物種（中名及學名）、貨品名稱、數量、用途、型態。

依第一項同意買賣、陳列、展示之產製品，其買賣交易之數量，由申請者每六個月彙報中央主管機關備查。

經依第一項同意並於產製品外包裝標示中央主管機關同意字號者，其第二次以上之買賣，免依第一項規定申請同意。

### 第 33-3 條

直轄市、縣（市）主管機關依本法第三十五條第一項同意買賣之象牙或象牙加工品，自中華民國一百零九年一月一日起，不得買賣。原同意買賣文件併同失效。

### 第 34 條

獸醫師應依本法第三十八條出具瀕臨絕種及珍貴稀有野生動物之解剖書或死亡證明書者，以哺乳類、鳥類、爬蟲類、兩棲類及魚類為限。

前項死亡證明書應載明下列事項：

一、 死亡野生動物之物種（中名及學名）。

二、 死亡時間。

三、 外觀症狀。

四、 死亡原因。

解剖書除應記載前項各款事項外，並應記載剖檢紀錄。

## 第 35 條

主管機關接受私人或團體捐贈之保育類野生動物及其產製品，得交由公立或政府立案之私立動物園、學術研究機構、博物館等社教機構或其他機關團體，供學術研究、教學、保存、展示或教育之用。

## 第 36 條

因犯本法第四十條、第四十一條、第四十二條或第四十三條第三項之罪而扣押或宣告沒收之保育類野生動物及其產製品，經完成鑑定出具物種類別及拍照存證後，案件繫屬之法院或檢察官得因主管機關之聲請，將該保育類野生動物及產製品移由主管機關予以釋放或為其他處理。

## 第 37 條

依本法第五十二條規定沒入或處理之保育類野生動物及其產製品，除其他法令另有規定者外，依下列方式處理：

一、 輸出入不明、來源不明或有傳染疫病之虞，其屬檢疫品目者，由海關或其他查緝單位通知指定之檢驗、檢疫單位立即處理；其應銷毀時，由檢驗、檢疫單位會同海關或查緝單位及主管機關為之。

二、 特殊案例或無傳染疫病之虞者，由主管機關或交由有關機關、團體飼養、典藏或報請中央主管機關遣送回原產地。

三、 經鑑定為臺灣地區原產之保育類野生動物活體而無法飼養者，主管機關於拍照存證後釋放或為其他處理。

依前項第二款規定飼養或典藏之保育類野生動物及其產製品，除應先提供鑑定單位外，得分送學術研究或教育機構、公立或政府立案之私立動物園、博物館等社教機構或其他有關機關、團體典藏、研究、展示及教育宣導之用。

## 第五章　附則

### 第 38 條

（刪除）

### 第 39 條

本細則自發布日施行。

# 國家公園法

民國 99 年 12 月 8 日修正

**第 1 條**

為保護國家特有之自然風景、野生物及史蹟，並供國民之育樂及研究，特制定本法。

**第 2 條**

國家公園之管理，依本法之規定；本法未規定者，適用其他法令之規定。

**第 3 條**

國家公園主管機關為內政部。

**第 4 條**

內政部為選定、變更或廢止國家公園區域或審議國家公園計畫，設置國家公園計畫委員會，委員為無給職。

**第 5 條**

國家公園設管理處，其組織通則另定之。

**第 6 條**

國家公園之選定基準如下：

一、　具有特殊景觀，或重要生態系統、生物多樣性棲地，足以代表國家自然遺產者。

二、　具有重要之文化資產及史蹟，其自然及人文環境富有文化教育意義，足以培育國民情操，需由國家長期保存者。

三、　具有天然育樂資源，風貌特異，足以陶冶國民情性，供遊憩觀賞者。

合於前項選定基準而其資源豐度或面積規模較小，得經主管機關選定為國家自然公園。

依前二項選定之國家公園及國家自然公園，主管機關應分別於其計畫保護利用管制原則各依其保育與遊憩屬性及型態，分類管理之。

**第 7 條**

國家公園之設立、廢止及其區域之劃定、變更，由內政部報請行政院核定公告之。

第 8 條

本法用詞，定義如下：

一、 國家公園：指為永續保育國家特殊景觀、生態系統，保存生物多樣性及文化多元性並供國民之育樂及研究，經主管機關依本法規定劃設之區域。

二、 國家自然公園：指符合國家公園選定基準而其資源豐度或面積規模較小，經主管機關依本法規定劃設之區域。

三、 國家公園計畫：指供國家公園整個區域之保護、利用及發展等經營管理上所需之綜合性計畫。

四、 國家自然公園計畫：指供國家自然公園整個區域之保護、利用及發展等經營管理上所需之綜合性計畫。

五、 國家公園事業：指依據國家公園計畫所決定，而為便利育樂、生態旅遊及保護公園資源而興設之事業。

六、 一般管制區：指國家公園區域內不屬於其他任何分區之土地及水域，包括既有小村落，並准許原土地、水域利用型態之地區。

七、 遊憩區：指適合各種野外育樂活動，並准許興建適當育樂設施及有限度資源利用行為之地區。

八、 史蹟保存區：指為保存重要歷史建築、紀念地、聚落、古蹟、遺址、文化景觀、古物而劃定及原住民族認定為祖墳地、祭祀地、發源地、舊社地、歷史遺跡、古蹟等祖傳地，並依其生活文化慣俗進行管制之地區。

九、 特別景觀區：指無法以人力再造之特殊自然地理景觀，而嚴格限制開發行為之地區。

十、 生態保護區：指為保存生物多樣性或供研究生態而應嚴格保護之天然生物社會及其生育環境之地區。

第 9 條

國家公園區域內實施國家公園計畫所需要之公有土地，得依法申請撥用。

前項區域內私有土地，在不妨礙國家公園計畫原則下，准予保留作原有之使用。但為實施國家公園計畫需要私人土地時，得依法徵收。

第 10 條

為勘定國家公園區域，訂定或變更國家公園計畫，內政部或其委託之機關得派員進入公私土地內實施勘查或測量。但應事先通知土地所有權人或使用人。

為前項之勘查或測量，如使土地所有權人或使用人之農作物、竹木或其他障礙物遭受損失時，應予以補償；其補償金額，由雙方協議，協議不成時，由其上級機關核定之。

## 第 11 條

國家公園事業，由內政部依據國家公園計畫決定之。

前項事業，由國家公園主管機關執行；必要時，得由地方政府或公營事業機構或公私團體經國家公園主管機關核准，在國家公園管理處監督下投資經營。

## 第 12 條

國家公園得按區域內現有土地利用型態及資源特性，劃分左列各區管理之：

一、 一般管制區。

二、 遊憩區。

三、 史蹟保存區。

四、 特別景觀區。

五、 生態保護區。

## 第 13 條

國家公園區域內禁止左列行為：

一、 焚燬草木或引火整地。

二、 狩獵動物或捕捉魚類。

三、 汙染水質或空氣。

四、 採折花木。

五、 於樹木、岩石及標示牌加刻文字或圖形。

六、 任意拋棄果皮、紙屑或其他汙物。

七、 將車輛開進規定以外之地區。

八、 其他經國家公園主管機關禁止之行為。

## 第 14 條

一般管制區或遊憩區內，經國家公園管理處之許可，得為左列行為：

一、 公私建築物或道路、橋樑之建設或拆除。

二、 水面、水道之填塞、改道或擴展。

三、 礦物或土石之勘採。

四、 土地之開墾或變更使用。

五、 垂釣魚類或放牧牲畜。

六、 纜車等機械化運輸設備之興建。

七、 溫泉水源之利用。

八、 廣告、招牌或其類似物之設置。

九、 原有工廠之設備需要擴充或增加或變更使用者。

十、 其他須經主管機關許可事項。

前項各款之許可，其屬範圍廣大或性質特別重要者，國家公園管理處應報請內政部核准，並經內政部會同各該事業主管機關審議辦理之。

## 第 15 條

史蹟保存區內左列行為，應先經內政部許可：

一、 古物、古蹟之修繕。

二、 原有建築物之修繕或重建。

三、 原有地形、地物之人為改變。

## 第 16 條

第十四條之許可事項，在史蹟保存區、特別景觀區或生態保護區內，除第一項第一款及第六款經許可者外，均應予禁止。

## 第 17 條

特別景觀區或生態保護區內，為應特殊需要，經國家公園管理處之許可，得為左列行為：

一、引進外來動、植物。

二、採集標本。

三、使用農藥。

## 第 18 條

生態保護區應優先於公有土地內設置，其區域內禁止採集標本、使用農藥及興建一切人工設施。但為供學術研究或為供公共安全及公園管理上特殊需要，經內政部許可者，不在此限。

## 第 19 條

進入生態保護區者，應經國家公園管理處之許可。

## 第 20 條

特別景觀區及生態保護區內之水資源及礦物之開發，應經國家公園計畫委員會審議後，由內政部呈請行政院核准。

### 第 21 條

學術機構得在國家公園區域內從事科學研究。但應先將研究計畫送請國家公園管理處同意。

### 第 22 條

國家公園管理處為發揮國家公園教育功效，應視實際需要，設置專業人員，解釋天然景物及歷史古蹟等，並提供所必要之服務與設施。

### 第 23 條

國家公園事業所需費用，在政府執行時，由公庫負擔；公營事業機構或公私團體經營時，由該經營人負擔之。

政府執行國家公園事業所需費用之分擔，經國家公園計畫委員會審議後，由內政部呈請行政院核定。

內政部得接受私人或團體為國家公園之發展所捐獻之財物及土地。

### 第 24 條

違反第十三條第一款之規定者，處六月以下有期徒刑、拘役或一千元以下罰金。

### 第 25 條

違反第十三條第二款、第三款、第十四條第一項第一款至第四款、第六款、第九款、第十六條、第十七條或第十八條規定之一者，處一千元以下罰鍰；其情節重大，致引起嚴重損害者，處一年以下有期徒刑、拘役或一千元以下罰金。

### 第 26 條

違反第十三條第四款至第八款、第十四條第一項第五款、第七款、第八款、第十款或第十九條規定之一者，處一千元以下罰鍰。

### 第 27 條

違反本法規定，經依第二十四條至第二十六條規定處罰者，其損害部分應回復原狀；不能回復原狀或回復顯有重大困難者，應賠償其損害。

前項負有恢復原狀之義務而不為者，得由國家公園管理處或命第三人代執行，並向義務人徵收費用。

### 第 27-1 條

國家自然公園之變更、管理及違規行為處罰，適用國家公園之規定。

第 28 條

本法施行區域,由行政院以命令定之。

第 29 條

本法施行細則,由內政部擬訂,報請行政院核定之。

第 30 條

本法自公布日施行。

# 國家公園法施行細則

中華民國 72 年 6 月 2 日
內政部(72)台內營字第 162023 號令修正

**第 1 條**

本細則依國家公園法（以下簡稱本法）第二十九條規定訂定之。

**第 2 條**

國家公園之選定，應先就勘選區域內自然資源與人文資料進行勘查，製成報告，作為國家公園計畫之基本資料。前項自然資源包括海陸之地形、地質、氣象、水文、動、植物生態、特殊景觀；人文資料應包括當地之社會、經濟及文化背景、交通、公共及公用設備、土地所有權屬及使用現況、史前遺跡及史後古蹟。其勘查工作，必要時得委託學術機構或專家學者為之。前二項規定於國家公園之變更或廢止時，準用之。

**第 3 條**

依本法第七條規定報請設立國家公園，應擬具國家公園計畫書及圖，其計畫書應載明左列事項：

一、 計畫範圍及其現況與特性。

二、 計畫目標及基本方針。

三、 計畫內容：包括分區、保護、利用、建設、經營、管理、經費概算、效益分析等項。

四、 實施日期。

五、 其他事項。

國家公園計畫圖比例尺不得小於五萬分之一。

**第 4 條**

國家公園計畫經報請行政院核定後，由內政部公告之，並分別通知有關機關及發交當地地方政府及鄉鎮市公所公開展示。

**第 5 條**

國家公園計畫實施後，在國家公園區域內，已核定之開發計畫或建設計畫、都市計畫及非都市土地使用編定，應協調配合國家公園計畫修訂。通達國家公園之道路及各種公共設施，有關機關應配合修築、敷設。

第 6 條

國家公園計畫公告實施後，主管機關每五年通盤檢討一次，並作必要之變更。但有左列情形之一者，得隨時檢討變更之。

一、 發生或避免重大災害者。

二、 內政部國家公園計畫委員會建議變更者。

三、 變更範圍之土地為公地，變更內容不涉及人民權益者。依本法第七條變更國家公園計畫，準用第三條第四條之規定。

第 7 條

依本法第十條第一項但書規定事先通知該土地所有權人或使用人時，應以書面為之。無法通知者，得為公示送達。實施勘查或測量有損及農作物，竹木或其他障礙物之虞時，應於十日前將其名稱、地點及拆除或變更日期通知所有人或使用人。並定期協議補償金額。

第 8 條

依本法第十條第二項應交付所有人或使用人之補償金額，遇有左列情形之一時，應依法提存。

一、 應受補償人拒絕受領或不能受領者。

二、 不能確知應受補償人或其所在地不明者。

第 9 條

依本法第十一條第二項規定，由地方政府或公營事業機構或公私團體投資經營之國家公園事業，其投資經營監督管理辦法及國家公園計畫實施方案，由內政部會同有關機關擬定後報請行政院核定之。

第 10 條

依本法第十四條及第十六條規定申請許可時，應檢附有關興建或使用計畫並詳述理由及預先評估環境影響。其須有關主管機關核准者，由各該主管機關會同國家公園管理處審核辦理。

第 11 條

依本法第十五條第一款規定修繕古物、古蹟，應聘請專家及由有經驗者執行之，並儘量使用原有材料及原來施工方法，維持原貌；依同條第二款及第三款規定原有建築物之修繕或重建，或原有地形、地物之人為變更，應儘量保持原有風格。其為大規模改變者，應提內政部國家公園計畫委員會審議通過後始得執行。國家

公園內發現地下埋藏古物，史前遺跡或史後古蹟時，應由內政部會同有關機關進行發掘、整理、展示等工作，其具有歷史文化價值合於指定為史蹟保存區之規定時，得依法修正計畫，改列為史蹟保存區。

第 12 條

私人或團體為發展國家公園而捐獻土地或財物者，由內政部獎勵之。

第 13 條

本細則自發布日施行。

# 文化資產保存法

民國 105 年 7 月 27 日修正

## 第一章　總則

### 第 1 條

為保存及活用文化資產，保障文化資產保存普遍平等之參與權，充實國民精神生活，發揚多元文化，特制定本法。

### 第 2 條

文化資產之保存、維護、宣揚及權利之轉移，依本法之規定。

### 第 3 條

本法所稱文化資產，指具有歷史、藝術、科學等文化價值，並經指定或登錄之下列有形及無形文化資產：

一、有形文化資產：

（一）古蹟：指人類為生活需要所營建之具有歷史、文化、藝術價值之建造物及附屬設施。

（二）歷史建築：指歷史事件所定著或具有歷史性、地方性、特殊性之文化、藝術價值，應予保存之建造物及附屬設施。

（三）紀念建築：指與歷史、文化、藝術等具有重要貢獻之人物相關而應予保存之建造物及附屬設施。

（四）聚落建築群：指建築式樣、風格特殊或與景觀協調，而具有歷史、藝術或科學價值之建造物群或街區。

（五）考古遺址：指蘊藏過去人類生活遺物、遺跡，而具有歷史、美學、民族學或人類學價值之場域。

（六）史蹟：指歷史事件所定著而具有歷史、文化、藝術價值應予保存所定著之空間及附屬設施。

（七）文化景觀：指人類與自然環境經長時間相互影響所形成具有歷史、美學、民族學或人類學價值之場域。

（八）古物：指各時代、各族群經人為加工具有文化意義之藝術作品、生活及儀禮器物、圖書文獻及影音資料等。

（九）自然地景、自然紀念物：指具保育自然價值之自然區域、特殊地形、地質現象、珍貴稀有植物及礦物。

二、　無形文化資產：

(一) 傳統表演藝術：指流傳於各族群與地方之傳統表演藝能。

(二) 傳統工藝：指流傳於各族群與地方以手工製作為主之傳統技藝。

(三) 口述傳統：指透過口語、吟唱傳承，世代相傳之文化表現形式。

(四) 民俗：指與國民生活有關之傳統並有特殊文化意義之風俗、儀式、祭典及節慶。

(五) 傳統知識與實踐：指各族群或社群，為因應自然環境而生存、適應與管理，長年累積、發展出之知識、技術及相關實踐。

## 第 4 條

本法所稱主管機關：在中央為文化部；在直轄市為直轄市政府；在縣（市）為縣（市）政府。但自然地景及自然紀念物之中央主管機關為行政院農業委員會（以下簡稱農委會）。

前條所定各類別文化資產得經審查後以系統性或複合型之型式指定或登錄。如涉及不同主管機關管轄者，其文化資產保存之策劃及共同事項之處理，由文化部或農委會會同有關機關決定之。

## 第 5 條

文化資產跨越二以上直轄市、縣（市）轄區，其地方主管機關由所在地直轄市、縣（市）主管機關商定之；必要時得由中央主管機關協調指定。

## 第 6 條

主管機關為審議各類文化資產之指定、登錄、廢止及其他本法規定之重大事項，應組成相關審議會，進行審議。

前項審議會之任務、組織、運作、旁聽、委員之遴聘、任期、迴避及其他相關事項之辦法，由中央主管機關定之。

## 第 7 條

文化資產之調查、保存、定期巡查及管理維護事項，主管機關得委任所屬機關（構），或委託其他機關（構）、文化資產研究相關之民間團體或個人辦理；中央主管機關並得委辦直轄市、縣（市）主管機關辦理。

## 第 8 條

本法所稱公有文化資產，指國家、地方自治團體及其他公法人、公營事業所有之文化資產。

公有文化資產,由所有人或管理機關(構)編列預算,辦理保存、修復及管理維護。主管機關於必要時,得予以補助。

前項補助辦法,由中央主管機關定之。

中央主管機關應寬列預算,專款辦理原住民族文化資產之調查、採集、整理、研究、推廣、保存、維護、傳習及其他本法規定之相關事項。

### 第 9 條

主管機關應尊重文化資產所有人之權益,並提供其專業諮詢。

前項文化資產所有人對於其財產被主管機關認定為文化資產之行政處分不服時,得依法提起訴願及行政訴訟。

### 第 10 條

公有及接受政府補助之文化資產,其調查研究、發掘、維護、修復、再利用、傳習、記錄等工作所繪製之圖說、攝影照片、蒐集之標本或印製之報告等相關資料,均應予以列冊,並送主管機關妥為收藏且定期管理維護。

前項資料,除涉及國家安全、文化資產之安全或其他法規另有規定外,主管機關應主動以網路或其他方式公開,如有必要應移撥相關機關保存展示,其辦法由中央主管機關定之。

### 第 11 條

主管機關為從事文化資產之保存、教育、推廣、研究、人才培育及加值運用工作,得設專責機構;其組織另以法律或自治法規定之。

### 第 12 條

為實施文化資產保存教育,主管機關應協調各級教育主管機關督導各級學校於相關課程中為之。

### 第 13 條

原住民族文化資產所涉以下事項,其處理辦法由中央主管機關會同中央原住民族主管機關定之:

一、 調查、研究、指定、登錄、廢止、變更、管理、維護、修復、再利用及其他本法規定之事項。

二、 具原住民族文化特性及差異性,但無法依第三條規定類別辦理者之保存事項。

## 第二章 古蹟、歷史建築、紀念建築及聚落建築群

**第 14 條**

主管機關應定期普查或接受個人、團體提報具古蹟、歷史建築、紀念建築及聚落建築群價值者之內容及範圍，並依法定程序審查後，列冊追蹤。

依前項由個人、團體提報者，主管機關應於六個月內辦理審議。

經第一項列冊追蹤者，主管機關得依第十七條至第十九條所定審查程序辦理。

**第 15 條**

公有建造物及附屬設施群自建造物興建完竣逾五十年者，或公有土地上所定著之建造物及附屬設施群自建造物興建完竣逾五十年者，所有或管理機關（構）於處分前，應先由主管機關進行文化資產價值評估。

**第 16 條**

主管機關應建立古蹟、歷史建築、紀念建築及聚落建築群之調查、研究、保存、維護、修復及再利用之完整個案資料。

**第 17 條**

古蹟依其主管機關區分為國定、直轄市定、縣（市）定三類，由各級主管機關審查指定後，辦理公告。直轄市定、縣（市）定者，並應報中央主管機關備查。

建造物所有人得向主管機關申請指定古蹟，主管機關應依法定程序審查之。

中央主管機關得就前二項，或接受各級主管機關、個人、團體提報、建造物所有人申請已指定之直轄市定、縣（市）定古蹟，審查指定為國定古蹟後，辦理公告。

古蹟滅失、減損或增加其價值時，主管機關得廢止其指定或變更其類別，並辦理公告。直轄市定、縣（市）定者，應報中央主管機關核定。

古蹟指定基準、廢止條件、申請與審查程序、輔助及其他應遵行事項之辦法，由中央主管機關定之。

**第 18 條**

歷史建築、紀念建築由直轄市、縣（市）主管機關審查登錄後，辦理公告，並報中央主管機關備查。

建造物所有人得向直轄市、縣（市）主管機關申請登錄歷史建築、紀念建築，主管機關應依法定程序審查之。

對已登錄之歷史建築、紀念建築，中央主管機關得予以輔助。

歷史建築、紀念建築滅失、減損或增加其價值時，主管機關得廢止其登錄或變更其類別，並辦理公告。

歷史建築、紀念建築登錄基準、廢止條件、申請與審查程序、輔助及其他應遵行事項之辦法，由中央主管機關定之。

## 第 19 條

聚落建築群由直轄市、縣（市）主管機關審查登錄後，辦理公告，並報中央主管機關備查。

所在地居民或團體得向直轄市、縣（市）主管機關申請登錄聚落建築群，主管機關受理該項申請，應依法定程序審查之。

中央主管機關得就前二項，或接受各級主管機關、個人、團體提報、所在地居民或團體申請已登錄之聚落建築群，審查登錄為重要聚落建築群後，辦理公告。

前三項登錄基準、審查、廢止條件與程序、輔助及其他應遵行事項之辦法，由中央主管機關定之。

## 第 20 條

進入第十七條至第十九條所稱之審議程序者，為暫定古蹟。

未進入前項審議程序前，遇有緊急情況時，主管機關得逕列為暫定古蹟，並通知所有人、使用人或管理人。

暫定古蹟於審議期間內視同古蹟，應予以管理維護；其審議期間以六個月為限；必要時得延長一次。主管機關應於期限內完成審議，期滿失其暫定古蹟之效力。

建造物經列為暫定古蹟，致權利人之財產受有損失者，主管機關應給與合理補償；其補償金額以協議定之。第二項暫定古蹟之條件及應踐行程序之辦法，由中央主管機關定之。

## 第 21 條

古蹟、歷史建築、紀念建築及聚落建築群由所有人、使用人或管理人管理維護。所在地直轄市、縣（市）主管機關應提供專業諮詢，於必要時得輔助之。

公有之古蹟、歷史建築、紀念建築及聚落建築群必要時得委由其所屬機關（構）或其他機關（構）、登記有案之團體或個人管理維護。

公有之古蹟、歷史建築、紀念建築、聚落建築群及其所定著之土地，除政府機關（構）使用者外，得由主管機關辦理無償撥用。

公有之古蹟、歷史建築、紀念建築及聚落建築群之管理機關，得優先與擁有該定著空間、建造物相關歷史、事件、人物相關文物之公、私法人相互無償、平等簽

約合作，以該公有空間、建造物辦理與其相關歷史、事件、人物之保存、教育、展覽、經營管理等相關紀念事業。

## 第 22 條

公有之古蹟、歷史建築、紀念建築及聚落建築群管理維護所衍生之收益，其全部或一部得由各管理機關（構）作為其管理維護費用，不受國有財產法第七條、國營事業管理法第十三條及其相關法規之限制。

## 第 23 條

古蹟之管理維護，指下列事項：

一、日常保養及定期維修。

二、使用或再利用經營管理。

三、防盜、防災、保險。

四、緊急應變計畫之擬定。

五、其他管理維護事項。

古蹟於指定後，所有人、使用人或管理人應擬定管理維護計畫，並報主管機關備查。

古蹟所有人、使用人或管理人擬定管理維護計畫有困難時，主管機關應主動協助擬定。第一項管理維護辦法，由中央主管機關定之。

## 第 24 條

古蹟應保存原有形貌及工法，如因故毀損，而主要構造與建材仍存在者，應基於文化資產價值優先保存之原則，依照原有形貌修復，並得依其性質，由所有人、使用人或管理人提出計畫，經主管機關核准後，採取適當之修復或再利用方式。所在地直轄市、縣（市）主管機關於必要時得輔助之。

前項修復計畫，必要時得採用現代科技與工法，以增加其抗震、防災、防潮、防蛀等機能及存續年限。第一項再利用計畫，得視需要在不變更古蹟原有形貌原則下，增加必要設施。

因重要歷史事件或人物所指定之古蹟，其使用或再利用應維持或彰顯原指定之理由與價值。

古蹟辦理整體性修復及再利用過程中，應分階段舉辦說明會、公聽會，相關資訊應公開，並應通知當地居民參與。

古蹟修復及再利用辦理事項、方式、程序、相關人員資格及其他應遵行事項之辦法，由中央主管機關定之。

## 第 25 條

聚落建築群應保存原有建築式樣、風格或景觀,如因故毀損,而主要紋理及建築構造仍存在者,應基於文化資產價值優先保存之原則,依照原式樣、風格修復,並得依其性質,由所在地之居民或團體提出計畫,經主管機關核准後,採取適當之修復或再利用方式。所在地直轄市、縣(市)主管機關於必要時得輔助之。

聚落建築群修復及再利用辦理事項、方式、程序、相關人員資格及其他應遵行事項之辦法,由中央主管機關定之。

## 第 26 條

為利古蹟、歷史建築、紀念建築及聚落建築群之修復及再利用,有關其建築管理、土地使用及消防安全等事項,不受區域計畫法、都市計畫法、國家公園法、建築法、消防法及其相關法規全部或一部之限制;其審核程序、查驗標準、限制項目、應備條件及其他應遵行事項之辦法,由中央主管機關會同內政部定之。

## 第 27 條

因重大災害有辦理古蹟緊急修復之必要者,其所有人、使用人或管理人應於災後三十日內提報搶修計畫,並於災後六個月內提出修復計畫,均於主管機關核准後為之。

私有古蹟之所有人、使用人或管理人,提出前項計畫有困難時,主管機關應主動協助擬定搶修或修復計畫。

前二項規定,於歷史建築、紀念建築及聚落建築群之所有人、使用人或管理人同意時,準用之。

古蹟、歷史建築、紀念建築及聚落建築群重大災害應變處理辦法,由中央主管機關定之。

## 第 28 條

古蹟、歷史建築或紀念建築經主管機關審查認因管理不當致有滅失或減損價值之虞者,主管機關得通知所有人、使用人或管理人限期改善,屆期未改善者,主管機關得逕為管理維護、修復,並徵收代履行所需費用,或強制徵收古蹟、歷史建築或紀念建築及其所定著土地。

## 第 29 條

政府機關、公立學校及公營事業辦理古蹟、歷史建築、紀念建築及聚落建築群之修復或再利用,其採購方式、種類、程序、範圍、相關人員資格及其他應遵行事

項之辦法，由中央主管機關定之，不受政府採購法限制。但不得違反我國締結之條約及協定。

## 第 30 條

私有之古蹟、歷史建築、紀念建築及聚落建築群之管理維護、修復及再利用所需經費，主管機關於必要時得補助之。

歷史建築、紀念建築之保存、修復、再利用及管理維護等，準用第二十三條及第二十四條規定。

## 第 31 條

公有及接受政府補助之私有古蹟、歷史建築、紀念建築及聚落建築群，應適度開放大眾參觀。

依前項規定開放參觀之古蹟、歷史建築、紀念建築及聚落建築群，得酌收費用；其費額，由所有人、使用人或管理人擬訂，報經主管機關核定。公有者，並應依規費法相關規定程序辦理。

## 第 32 條

古蹟、歷史建築或紀念建築及其所定著土地所有權移轉前，應事先通知主管機關；其屬私有者，除繼承者外，主管機關有依同樣條件優先購買之權。

## 第 33 條

發見具古蹟、歷史建築、紀念建築及聚落建築群價值之建造物，應即通知主管機關處理。

營建工程或其他開發行為進行中，發見具古蹟、歷史建築、紀念建築及聚落建築群價值之建造物時，應即停止工程或開發行為之進行，並報主管機關處理。

## 第 34 條

營建工程或其他開發行為，不得破壞古蹟、歷史建築、紀念建築及聚落建築群之完整，亦不得遮蓋其外貌或阻塞其觀覽之通道。

有前項所列情形之虞者，於工程或開發行為進行前，應經主管機關召開古蹟、歷史建築、紀念建築及聚落建築群審議會審議通過後，始得為之。

## 第 35 條

古蹟、歷史建築、紀念建築及聚落建築群所在地都市計畫之訂定或變更，應先徵求主管機關之意見。

政府機關策定重大營建工程計畫，不得妨礙古蹟、歷史建築、紀念建築及聚落建築群之保存及維護，並應先調查工程地區有無古蹟、歷史建築、紀念建築及聚落建築群或具古蹟、歷史建築、紀念建築及聚落建築群價值之建造物，必要時由主管機關予以協助；如有發見，主管機關應依第十七條至第十九條審查程序辦理。

## 第 36 條

古蹟不得遷移或拆除。但因國防安全、重大公共安全或國家重大建設，由中央目的事業主管機關提出保護計畫，經中央主管機關召開審議會審議並核定者，不在此限。

## 第 37 條

為維護古蹟並保全其環境景觀，主管機關應會同有關機關訂定古蹟保存計畫，據以公告實施。

古蹟保存計畫公告實施後，依計畫內容應修正或變更之區域計畫、都市計畫或國家公園計畫，相關主管機關應按各計畫所定期限辦理變更作業。

主管機關於擬定古蹟保存計畫過程中，應分階段舉辦說明會、公聽會及公開展覽，並應通知當地居民參與。第一項古蹟保存計畫之項目、內容、訂定程序、公告、變更、撤銷、廢止及其他應遵行事項之辦法，由中央主管機關會商有關機關定之。

## 第 38 條

古蹟定著土地之周邊公私營建工程或其他開發行為之申請，各目的事業主管機關於都市設計之審議時，應會同主管機關就公共開放空間系統配置與其綠化、建築量體配置、高度、造型、色彩及風格等影響古蹟風貌保存之事項進行審查。

## 第 39 條

主管機關得就第三十七條古蹟保存計畫內容，依區域計畫法、都市計畫法或國家公園法等有關規定，編定、劃定或變更為古蹟保存用地或保存區、其他使用用地或分區，並依本法相關規定予以保存維護。

前項古蹟保存用地或保存區、其他使用用地或分區，對於開發行為、土地使用，基地面積或基地內應保留空地之比率、容積率、基地內前後側院之深度、寬度、建築物之形貌、高度、色彩及有關交通、景觀等事項，得依實際情況為必要規定及採取必要之獎勵措施。

前二項規定於歷史建築、紀念建築準用之。

中央主管機關於擬定經行政院核定之國定古蹟保存計畫，如影響當地居民權益，主管機關除得依法辦理徵收外，其協議價購不受土地徵收條例第十一條第四項之限制。

**第 40 條**

為維護聚落建築群並保全其環境景觀，主管機關應訂定聚落建築群之保存及再發展計畫後，並得就其建築形式與都市景觀制定維護方針，依區域計畫法、都市計畫法或國家公園法等有關規定，編定、劃定或變更為特定專用區。

前項編定、劃定或變更之特定專用區之風貌管理，主管機關得採取必要之獎勵或補助措施。第一項保存及再發展計畫之擬定，應召開公聽會，並與當地居民協商溝通後為之。

**第 41 條**

古蹟除以政府機關為管理機關者外，其所定著之土地、古蹟保存用地、保存區、其他使用用地或分區內土地，因古蹟之指定、古蹟保存用地、保存區、其他使用用地或分區之編定、劃定或變更，致其原依法可建築之基準容積受到限制部分，得等值移轉至其他地方建築使用或享有其他獎勵措施；其辦法，由內政部會商文化部定之。

前項所稱其他地方，係指同一都市土地主要計畫地區或區域計畫地區之同一直轄市、縣（市）內之地區。但經內政部都市計畫委員會審議通過後，得移轉至同一直轄市、縣（市）之其他主要計畫地區。第一項之容積一經移轉，其古蹟之指定或古蹟保存用地、保存區、其他使用用地或分區之管制，不得任意廢止。

經土地所有人依第一項提出古蹟容積移轉申請時，主管機關應協調相關單位完成其容積移轉之計算，並以書面通知所有權人或管理人。

**第 42 條**

依第三十九條及第四十條規定劃設之古蹟、歷史建築或紀念建築保存用地或保存區、其他使用用地或分區及特定專用區內，關於下列事項之申請，應經目的事業主管機關核准：

一、建築物與其他工作物之新建、增建、改建、修繕、遷移、拆除或其他外形及色彩之變更。

二、宅地之形成、土地之開墾、道路之整修、拓寬及其他土地形狀之變更。

三、竹木採伐及土石之採取。

四、廣告物之設置。

目的事業主管機關為審查前項之申請，應會同主管機關為之。

## 第三章　考古遺址

### 第 43 條

主管機關應定期普查或接受個人、團體提報具考古遺址價值者之內容及範圍，並依法定程序審查後，列冊追蹤。

經前項列冊追蹤者，主管機關得依第四十六條所定審查程序辦理。

### 第 44 條

主管機關應建立考古遺址之調查、研究、發掘及修復之完整個案資料。

### 第 45 條

主管機關為維護考古遺址之需要，得培訓相關專業人才，並建立系統性之監管及通報機制。

### 第 46 條

考古遺址依其主管機關，區分為國定、直轄市定、縣（市）定三類。直轄市定、縣（市）定考古遺址，由直轄市、縣（市）主管機關審查指定後，辦理公告，並報中央主管機關備查。

中央主管機關得就前項，或接受各級主管機關、個人、團體提報已指定之直轄市定、縣（市）定考古遺址，審查指定為國定考古遺址後，辦理公告。

考古遺址滅失、減損或增加其價值時，準用第十七條第四項規定。

考古遺址指定基準、廢止條件、審查程序及其他應遵行事項之辦法，由中央主管機關定之。

### 第 47 條

具考古遺址價值者，經依第四十三條規定列冊追蹤後，於審查指定程序終結前，直轄市、縣（市）主管機關應負責監管，避免其遭受破壞。

前項列冊考古遺址之監管保護，準用第四十八條第一項及第二項規定。

### 第 48 條

考古遺址由主管機關訂定考古遺址監管保護計畫，進行監管保護。

前項監管保護，主管機關得委任所屬機關（構），或委託其他機關（構）、文化資產研究相關之民間團體或個人辦理；中央主管機關並得委辦直轄市、縣（市）主管機關辦理。

考古遺址之監管保護辦法，由中央主管機關定之。

## 第 49 條

為維護考古遺址並保全其環境景觀，主管機關得會同有關機關訂定考古遺址保存計畫，並依區域計畫法、都市計畫法或國家公園法等有關規定，編定、劃定或變更為保存用地或保存區、其他使用用地或分區，並依本法相關規定予以保存維護。

前項保存用地或保存區、其他使用用地或分區範圍、利用方式及景觀維護等事項，得依實際情況為必要之規定及採取獎勵措施。

劃入考古遺址保存用地或保存區、其他使用用地或分區之土地，主管機關得辦理撥用或徵收之。

## 第 50 條

考古遺址除以政府機關為管理機關者外，其所定著之土地、考古遺址保存用地、保存區、其他使用用地或分區內土地，因考古遺址之指定、考古遺址保存用地、保存區、其他使用用地或分區之編定、劃定或變更，致其原依法可建築之基準容積受到限制部分，得等值移轉至其他地方建築使用或享有其他獎勵措施；其辦法，由內政部會商文化部定之。

前項所稱其他地方，係指同一都市土地主要計畫地區或區域計畫地區之同一直轄市、縣（市）內之地區。但經內政部都市計畫委員會審議通過後，得移轉至同一直轄市、縣（市）之其他主要計畫地區。第一項之容積一經移轉，其考古遺址之指定或考古遺址保存用地、保存區、其他使用用地或分區之管制，不得任意廢止。

## 第 51 條

考古遺址之發掘，應由學者專家、學術或專業機構向主管機關提出申請，經審議會審議，並由主管機關核准，始得為之。

前項考古遺址之發掘者，應製作發掘報告，於主管機關所定期限內，報請主管機關備查，並公開發表。

發掘完成之考古遺址，主管機關應促進其活用，並適度開放大眾參觀。

考古遺址發掘之資格限制、條件、審查程序及其他應遵行事項之辦法，由中央主管機關定之。

## 第 52 條

外國人不得在我國國土範圍內調查及發掘考古遺址。但與國內學術或專業機構合作，經中央主管機關許可者，不在此限。

### 第 53 條

考古遺址發掘出土之遺物，應由其發掘者列冊，送交主管機關指定保管機關（構）保管。

### 第 54 條

主管機關為保護、調查或發掘考古遺址，認有進入公、私有土地之必要時，應先通知土地所有人、使用人或管理人；土地所有人、使用人或管理人非有正當理由，不得規避、妨礙或拒絕。

因前項行為，致土地所有人受有損失者，主管機關應給與合理補償；其補償金額，以協議定之，協議不成時，土地所有人得向行政法院提起給付訴訟。

### 第 55 條

考古遺址定著土地所有權移轉前，應事先通知主管機關。其屬私有者，除繼承者外，主管機關有依同樣條件優先購買之權。

### 第 56 條

政府機關、公立學校及公營事業辦理考古遺址調查、研究或發掘有關之採購，其採購方式、種類、程序、範圍、相關人員資格及其他應遵行事項之辦法，由中央主管機關定之，不受政府採購法限制。但不得違反我國締結之條約及協定。

### 第 57 條

發見疑似考古遺址，應即通知所在地直轄市、縣（市）主管機關採取必要維護措施。

營建工程或其他開發行為進行中，發見疑似考古遺址時，應即停止工程或開發行為之進行，並通知所在地直轄市、縣（市）主管機關。除前項措施外，主管機關應即進行調查，並送審議會審議，以採取相關措施，完成審議程序前，開發單位不得復工。

### 第 58 條

考古遺址所在地都市計畫之訂定或變更，應先徵求主管機關之意見。

政府機關策定重大營建工程計畫時，不得妨礙考古遺址之保存及維護，並應先調查工程地區有無考古遺址、列冊考古遺址或疑似考古遺址；如有發見，應即通知主管機關，主管機關應依第四十六條審查程序辦理。

### 第 59 條

疑似考古遺址及列冊考古遺址之保護、調查、研究、發掘、採購及出土遺物之保管等事項，準用第五十一條至第五十四條及第五十六條規定。

## 第四章　史蹟、文化景觀

### 第 60 條

直轄市、縣（市）主管機關應定期普查或接受個人、團體提報具史蹟、文化景觀價值之內容及範圍，並依法定程序審查後，列冊追蹤。

依前項由個人、團體提報者，主管機關應於六個月內辦理審議。

經第一項列冊追蹤者，主管機關得依第六十一條所定審查程序辦理。

### 第 61 條

史蹟、文化景觀由直轄市、縣（市）主管機關審查登錄後，辦理公告，並報中央主管機關備查。

中央主管機關得就前項，或接受各級主管機關、個人、團體提報已登錄之史蹟、文化景觀，審查登錄為重要史蹟、重要文化景觀後，辦理公告。

史蹟、文化景觀滅失或其價值減損，主管機關得廢止其登錄或變更其類別，並辦理公告。

史蹟、文化景觀登錄基準、保存重要性、廢止條件、審查程序及其他應遵行事項之辦法，由中央主管機關定之。

進入史蹟、文化景觀審議程序者，為暫定史蹟、暫定文化景觀，準用第二十條規定。

### 第 62 條

史蹟、文化景觀之保存及管理原則，由主管機關召開審議會依個案性質決定，並得依其特性及實際發展需要，作必要調整。

主管機關應依前項原則，訂定史蹟、文化景觀之保存維護計畫，進行監管保護，並輔導史蹟、文化景觀所有人、使用人或管理人配合辦理。

前項公有史蹟、文化景觀管理維護所衍生之收益，準用第二十二條規定辦理。

### 第 63 條

為維護史蹟、文化景觀並保全其環境，主管機關得會同有關機關訂定史蹟、文化景觀保存計畫，並依區域計畫法、都市計畫法或國家公園法等有關規定，編定、劃定或變更為保存用地或保存區、其他使用用地或分區，並
依本法相關規定予以保存維護。

前項保存用地或保存區、其他使用用地或分區用地範圍、利用方式及景觀維護等事項，得依實際情況為必要規定及採取獎勵措施。

**第 64 條**

為利史蹟、文化景觀範圍內建造物或設施之保存維護,有關其建築管理、土地使用及消防安全等事項,不受區域計畫法、都市計畫法、國家公園法、建築法、消防法及其相關法規全部或一部之限制;其審核程序、查驗標準、限制項目、應備條件及其他應遵行事項之辦法,由中央主管機關會同內政部定之。

## 第五章　古物

**第 65 條**

古物依其珍貴稀有價值,分為國寶、重要古物及一般古物。

主管機關應定期普查或接受個人、團體提報具古物價值之項目、內容及範圍,依法定程序審查後,列冊追蹤。

經前項列冊追蹤者,主管機關得依第六十七條、第六十八條所定審查程序辦理。

**第 66 條**

中央政府機關及其附屬機關(構)、國立學校、國營事業及國立文物保管機關(構)應就所保存管理之文物暫行分級報中央主管機關備查,並就其中具國寶、重要古物價值者列冊,報中央主管機關審查。

**第 67 條**

私有及地方政府機關(構)保管之文物,由直轄市、縣(市)主管機關審查指定一般古物後,辦理公告,並報中央主管機關備查。

**第 68 條**

中央主管機關應就前二條所列冊或指定之古物,擇其價值較高者,審查指定為國寶、重要古物,並辦理公告。

前項國寶、重要古物滅失、減損或增加其價值時,中央主管機關得廢止其指定或變更其類別,並辦理公告。

古物之分級、指定、指定基準、廢止條件、審查程序及其他應遵行事項之辦法,由中央主管機關定之。

**第 69 條**

公有古物,由保存管理之政府機關(構)管理維護,其辦法由中央主管機關訂定之。

前項保管機關(構)應就所保管之古物,建立清冊,並訂定管理維護相關規定,報主管機關備查。

第 70 條

　有關機關依法沒收、沒入或收受外國交付、捐贈之文物，應列冊送交主管機關指
　定之公立文物保管機關（構）保管之。

第 71 條

　公立文物保管機關（構）為研究、宣揚之需要，得就保管之公有古物，具名複製
　或監製。他人非經原保管機關（構）准許及監製，不得再複製。
　前項公有古物複製及監製管理辦法，由中央主管機關定之。

第 72 條

　私有國寶、重要古物之所有人，得向公立文物保存或相關專業機關（構）申請專
　業維護；所需經費，主管機關得補助之。
　中央主管機關得要求公有或接受前項專業維護之私有國寶、重要古物，定期公開
　展覽。

第 73 條

　中華民國境內之國寶、重要古物，不得運出國外。但因戰爭、必要修復、國際文
　化交流舉辦展覽或其他特殊情況，而有運出國外之必要，經中央主管機關報請行
　政院核准者，不在此限。
　前項申請與核准程序、辦理保險、移運、保管、運出、運回期限及其他應遵行事
　項之辦法，由中央主管機關定之。

第 74 條

　具歷史、藝術或科學價值之百年以上之文物，因展覽、研究或修復等原因運入，
　須再運出，或運出須再運入，應事先向主管機關提出申請。
　前項申請程序、辦理保險、移運、保管、運入、運出期限及其他應遵行事項之辦
　法，由中央主管機關定之。

第 75 條

　私有國寶、重要古物所有權移轉前，應事先通知中央主管機關；除繼承者外，公
　立文物保管機關（構）有依同樣條件優先購買之權。

第 76 條

　發見具古物價值之無主物，應即通知所在地直轄市、縣（市）主管機關，採取維
　護措施。

### 第 77 條

營建工程或其他開發行為進行中，發見具古物價值者，應即停止工程或開發行為之進行，並報所在地直轄市、縣（市）主管機關依第六十七條審查程序辦理。

## 第六章　自然地景、自然紀念物

### 第 78 條

自然地景依其性質，區分為自然保留區、地質公園；自然紀念物包括珍貴稀有植物、礦物、特殊地形及地質現象。

### 第 79 條

主管機關應定期普查或接受個人、團體提報具自然地景、自然紀念物價值者之內容及範圍，並依法定程序審查後，列冊追蹤。

經前項列冊追蹤者，主管機關得依第八十一條所定審查程序辦理。

### 第 80 條

主管機關應建立自然地景、自然紀念物之調查、研究、保存、維護之完整個案資料。

主管機關應對自然紀念物辦理有關教育、保存等紀念計畫。

### 第 81 條

自然地景、自然紀念物依其主管機關，區分為國定、直轄市定、縣（市）定三類，由各級主管機關審查指定後，辦理公告。直轄市定、縣（市）定者，並應報中央主管機關備查。

具自然地景、自然紀念物價值之所有人得向主管機關申請指定，主管機關應依法定程序審查之。

自然地景、自然紀念物滅失、減損或增加其價值時，主管機關得廢止其指定或變更其類別，並辦理公告。直轄市定、縣（市）定者，應報中央主管機關核定。

前三項指定基準、廢止條件、申請與審查程序、輔助及其他應遵行事項之辦法，由中央主管機關定之。

### 第 82 條

自然地景、自然紀念物由所有人、使用人或管理人管理維護；主管機關對私有自然地景、自然紀念物，得提供適當輔導。

自然地景、自然紀念物得委任、委辦其所屬機關（構）或委託其他機關（構）、登記有案之團體或個人管理維護。

自然地景、自然紀念物之管理維護者應擬定管理維護計畫，報主管機關備查。

**第 83 條**

自然地景、自然紀念物管理不當致有滅失或減損價值之虞之處理，準用第二十八條規定。

**第 84 條**

進入自然地景、自然紀念物指定之審議程序者，為暫定自然地景、暫定自然紀念物。

具自然地景、自然紀念物價值者遇有緊急情況時，主管機關得指定為暫定自然地景、暫定自然紀念物，並通知所有人、使用人或管理人。

暫定自然地景、暫定自然紀念物之效力、審查期限、補償及應踐行程序等事項，準用第二十條規定。

**第 85 條**

自然紀念物禁止採摘、砍伐、挖掘或以其他方式破壞，並應維護其生態環境。但原住民族為傳統文化、祭儀需要及研究機構為研究、陳列或國際交換等特殊需要，報經主管機關核准者，不在此限。

**第 86 條**

自然保留區禁止改變或破壞其原有自然狀態。

為維護自然保留區之原有自然狀態，除其他法律另有規定外，非經主管機關許可，不得任意進入其區域範圍；其申請資格、許可條件、作業程序及其他應遵行事項之辦法，由中央主管機關定之。

**第 87 條**

自然地景、自然紀念物所在地訂定或變更區域計畫或都市計畫，應先徵求主管機關之意見。

政府機關策定重大營建工程計畫時，不得妨礙自然地景、自然紀念物之保存及維護，並應先調查工程地區有無具自然地景、自然紀念物價值者；如有發見，應即報主管機關依第八十一條審查程序辦理。

**第 88 條**

發見具自然地景、自然紀念物價值者，應即報主管機關處理。

營建工程或其他開發行為進行中，發見具自然地景、自然紀念物價值者，應即停止工程或開發行為之進行，並報主管機關處理。

## 第七章　無形文化資產

**第 89 條**

直轄市、縣（市）主管機關應定期普查或接受個人、團體提報具保存價值之無形文化資產項目、內容及範圍，並依法定程序審查後，列冊追蹤。

經前項列冊追蹤者，主管機關得依第九十一條所定審查程序辦理。

**第 90 條**

直轄市、縣（市）主管機關應建立無形文化資產之調查、採集、研究、傳承、推廣及活化之完整個案資料。

**第 91 條**

傳統表演藝術、傳統工藝、口述傳統、民俗及傳統知識與實踐由直轄市、縣（市）主管機關審查登錄，辦理公告，並應報中央主管機關備查。

中央主管機關得就前項，或接受個人、團體提報已登錄之無形文化資產，審查登錄為重要傳統表演藝術、重要傳統工藝、重要口述傳統、重要民俗、重要傳統知識與實踐後，辦理公告。

依前二項規定登錄之無形文化資產項目，主管機關應認定其保存者，賦予其編號、頒授登錄證書，並得視需要協助保存者進行保存維護工作。

各類無形文化資產滅失或減損其價值時，主管機關得廢止其登錄或變更其類別，並辦理公告。直轄市、縣（市）登錄者，應報中央主管機關核定。

**第 92 條**

主管機關應訂定無形文化資產保存維護計畫，並應就其中瀕臨滅絕者詳細製作紀錄、傳習，或採取為保存維護所作之適當措施。

**第 93 條**

保存者因死亡、變更、解散或其他特殊理由而無法執行前條之無形文化資產保存維護計畫，主管機關得廢止該保存者之認定。直轄市、縣（市）廢止者，應報中央主管機關備查。

中央主管機關得就聲譽卓著之無形文化資產保存者頒授證書，並獎助辦理其無形文化資產之記錄、保存、活化、實踐及推廣等工作。

各類無形文化資產之登錄、保存者之認定基準、變更、廢止條件、審查程序、編號、授予證書、輔助及其他應遵行事項之辦法，由中央主管機關定之。

**第 94 條**

主管機關應鼓勵民間辦理無形文化資產之記錄、建檔、傳承、推廣及活化等工作。

前項工作所需經費，主管機關得補助之。

## 第八章　文化資產保存技術及保存者

**第 95 條**

主管機關應普查或接受個人、團體提報文化資產保存技術及其保存者，依法定程序審查後，列冊追蹤，並建立基礎資料。

前項所稱文化資產保存技術，指進行文化資產保存及修復工作不可或缺，且必須加以保護需要之傳統技術；其保存者，指保存技術之擁有、精通且能正確體現者。

主管機關應對文化資產保存技術保存者，賦予編號、授予證書及獎勵補助。

**第 96 條**

直轄市、縣（市）主管機關得就已列冊之文化資產保存技術，擇其必要且需保護者，審查登錄為文化資產保存技術，辦理公告，並報中央主管機關備查。

中央主管機關得就前條已列冊或前項已登錄之文化資產保存技術中，擇其急需加以保護者，審查登錄為重要文化資產保存技術，並辦理公告。

前二項登錄文化資產保存技術，應認定其保存者。

文化資產保存技術無需再加以保護時，或其保存者因死亡、喪失行為能力或變更等情事，主管機關得廢止或變更其登錄或認定，並辦理公告。直轄市、縣（市）廢止或變更者，應報中央主管機關備查。

前四項登錄及認定基準、審查、廢止條件與程序、變更及其他應遵行事項之辦法，由中央主管機關定之。

**第 97 條**

主管機關應對登錄之保存技術及其保存者，進行技術保存及傳習，並活用該項技術於文化資產保存修護工作。

前項保存技術之保存、傳習、活用與其保存者之技術應用、人才養成及輔助辦法，由中央主管機關定之。

## 第九章　獎勵

### 第 98 條

有下列情形之一者，主管機關得給予獎勵或補助：

一、 捐獻私有古蹟、歷史建築、紀念建築、考古遺址或其所定著之土地、自然地景、自然紀念物予政府。

二、 捐獻私有國寶、重要古物予政府。

三、 發見第三十三條之建造物、第五十七條之疑似考古遺址、第七十六條之具古物價值之無主物或第八十八條第一項之具自然地景價值之區域或自然紀念物，並即通報主管機關處理。

四、 維護或傳習文化資產具有績效。

五、 對闡揚文化資產保存有顯著貢獻。

六、 主動將私有古物申請指定，並經中央主管機關依第六十八條規定審查指定為國寶、重要古物。

前項獎勵或補助辦法，由文化部、農委會分別定之。

### 第 99 條

私有古蹟、考古遺址及其所定著之土地，免徵房屋稅及地價稅。

私有歷史建築、紀念建築、聚落建築群、史蹟、文化景觀及其所定著之土地，得在百分之五十範圍內減徵房屋稅及地價稅；其減免範圍、標準及程序之法規，由直轄市、縣（市）主管機關訂定，報財政部備查。

### 第 100 條

私有古蹟、歷史建築、紀念建築、考古遺址及其所定著之土地，因繼承而移轉者，免徵遺產稅。

本法公布生效前發生之古蹟、歷史建築、紀念建築或考古遺址繼承，於本法公布生效後，尚未核課或尚未核課確定者，適用前項規定。

### 第 101 條

出資贊助辦理古蹟、歷史建築、紀念建築、古蹟保存區內建築物、考古遺址、聚落建築群、史蹟、文化景觀、古物之修復、再利用或管理維護者，其捐贈或贊助款項，得依所得稅法第十七條第一項第二款第二目及第三十六條第一款規定，列舉扣除或列為當年度費用，不受金額之限制。

前項贊助費用，應交付主管機關、國家文化藝術基金會、直轄市或縣（市）文化基金會，會同有關機關辦理前項修復、再利用或管理維護事項。該項贊助經費，經贊助者指定其用途，不得移作他用。

## 第 102 條

自然人、法人、團體或機構承租,並出資修復公有古蹟、歷史建築、紀念建築、古蹟保存區內建築物、考古遺址、聚落建築群、史蹟、文化景觀者,得減免租金;其減免金額,以主管機關依其管理維護情形定期檢討核定,其相關辦法由中央主管機關定之。

## 第十章　罰則

## 第 103 條

有下列行為之一者,處六個月以上五年以下有期徒刑,得併科新臺幣五十萬元以上二千萬元以下罰金:

一、違反第三十六條規定遷移或拆除古蹟。

二、毀損古蹟、暫定古蹟之全部、一部或其附屬設施。

三、毀損考古遺址之全部、一部或其遺物、遺跡。

四、毀損或竊取國寶、重要古物及一般古物。

五、違反第七十三條規定,將國寶、重要古物運出國外,或經核准出國之國寶、重要古物,未依限運回。

六、違反第八十五條規定,採摘、砍伐、挖掘或以其他方式破壞自然紀念物或其生態環境。

七、違反第八十六條第一項規定,改變或破壞自然保留區之自然狀態。

前項之未遂犯,罰之。

## 第 104 條

有前條第一項各款行為者,其損害部分應回復原狀;不能回復原狀或回復顯有重大困難者,應賠償其損害。

前項負有回復原狀之義務而不為者,得由主管機關代履行,並向義務人徵收費用。

## 第 105 條

法人之代表人、法人或自然人之代理人、受僱人或其他從業人員,因執行職務犯第一百零三條之罪者,除依該條規定處罰其行為人外,對該法人或自然人亦科以同條所定之罰金。

## 第 106 條

有下列情事之一者,處新臺幣三十萬元以上二百萬元以下罰鍰:

一、 古蹟之所有人、使用人或管理人，對古蹟之修復或再利用，違反第二十四條
規定，未依主管機關核定之計畫為之。

二、 古蹟之所有人、使用人或管理人，對古蹟之緊急修復，未依第二十七條規定
期限內提出修復計畫或未依主管機關核定之計畫為之。

三、 古蹟、自然地景、自然紀念物之所有人、使用人或管理人經主管機關依第二
十八條、第八十三條規定通知限期改善，屆期仍未改善。

四、 營建工程或其他開發行為，違反第三十四條第一項、第五十七條第二項、第
七十七條或第八十八條第二項規定者。

五、 發掘考古遺址、列冊考古遺址或疑似考古遺址，違反第五十一條、第五十二
條或第五十九條規定。

六、 再複製公有古物，違反第七十一條第一項規定，未經原保管機關（構）核准
者。

七、 毀損歷史建築、紀念建築之全部、一部或其附屬設施。

有前項第一款、第二款及第四款至第六款情形之一，經主管機關限期通知改正而
不改正，或未依改正事項改正者，得按次分別處罰，至改正為止；情況急迫時，
主管機關得代為必要處置，並向行為人徵收代履行費用；第四款情形，並得勒令
停工，通知自來水、電力事業等配合斷絕自來水、電力或其他能源。

有第一項各款情形之一，其產權屬公有者，主管機關並應公布該管理機關名稱及
將相關人員移請權責機關懲處或懲戒。

有第一項第七款情形者，準用第一百零四條規定辦理。

## 第 107 條

有下列情事之一者，處新臺幣十萬元以上一百萬元以下罰鍰：

一、 移轉私有古蹟及其定著之土地、考古遺址定著土地、國寶、重要古物之所有
權，未依第三十二條、第五十五條、第七十五條規定，事先通知主管機關。

二、 發見第三十三條第一項之建造物、第五十七條第一項之疑似考古遺址、第七
十六條之具古物價值之無主物，未通報主管機關處理。

## 第 108 條

有下列情事之一者，處新臺幣三萬元以上十五萬元以下罰鍰：

一、 違反第八十六條第二項規定，未經主管機關許可，任意進入自然保留區。

二、 違反第八十八條第一項規定，未通報主管機關處理。

## 第 109 條

公務員假借職務上之權力、機會或方法，犯第一百零三條之罪者，加重其刑至二分之一。

## 第十一章　附則

## 第 110 條

直轄市、縣（市）主管機關依本法應作為而不作為，致危害文化資產保存時，得由行政院、中央主管機關命其於一定期限內為之；屆期仍不作為者，得代行處理。但情況急迫時，得逕予代行處理。

## 第 111 條

本法中華民國一百零五年七月十二日修正之條文施行前公告之古蹟、歷史建築、聚落、遺址、文化景觀、傳統藝術、民俗及有關文物、自然地景，其屬應歸類為紀念建築、聚落建築群、考古遺址、史蹟、傳統表演藝術、傳統工藝、口述傳統、民俗、傳統知識與實踐、自然紀念物者及依本法第十三條規定原住民族文化資產所涉事項，由主管機關自本法修正施行之日起一年內，依本法規定完成重新指定、登錄及公告程序。

## 第 112 條

本法施行細則，由文化部會同農委會定之。

## 第 113 條

本法自公布日施行。

# 文化資產保存法施行細則

民國 108 年 12 月 12 日修正

**第 1 條**

本細則依文化資產保存法（以下簡稱本法）第一百十二條規定訂定之。

**第 2 條**

本法第三條第一款第一目、第二目及第三目所定古蹟、歷史建築及紀念建築，包括祠堂、寺廟、教堂、宅第、官邸、商店、城郭、關塞、衙署、機關、辦公廳舍、銀行、集會堂、市場、車站、書院、學校、博物館、戲劇院、醫院、碑碣、牌坊、墓葬、堤閘、燈塔、橋樑、產業及其他設施。

**第 3 條**

本法第三條第一款第四目所定聚落建築群，包括歷史脈絡與紋理完整、景觀風貌協調、具有歷史風貌、地域特色或產業特色之建造物及附屬設施群或街區，如原住民族部落、荷西時期街區、漢人街　、清末洋人居留地、日治時期移民村、眷村、近代宿舍群及產業設施等。

**第 4 條**

本法第三條第一款第五目所稱遺物，指下列各款之一：

一、 文化遺物：指各類石器、陶器、骨器、貝器、木器或金屬器等過去人類製造、使用之器物。

二、 自然及生態遺留：指動物、植物、岩石、土壤或古生物化石等與過去人類所生存生態環境有關之遺物。

三、 人類體質遺留：指墓葬或其他系絡關係下之人類遺骸。

本法第三條第一款第五目所稱遺跡，指過去人類各種活動所構築或產生之非移動性結構或痕跡。

**第 5 條**

本法第三條第一款第六目所定史蹟，包括以遺構或史料佐證曾發生歷史上重要事件之場所或場域，如古戰場、拓墾（植）場所、災難場所等。

**第 6 條**

本法第三條第一款第七目所定文化景觀，包括人類長時間利用自然資源而在地表上形成可見整體性地景或設施，如神話傳說之場域、歷史文化路徑、宗教景觀、

歷史名園、農林漁牧景觀、工業地景、交通地景、水利設施、軍事設施及其他場域。

## 第 7 條

本法第三條第一款第八目所稱藝術作品，指應用各類媒材技法創作具賞析價值之作品，包括書法、繪畫、織繡、影像創作之平面藝術及雕塑、工藝美術、複合媒材創作等。

本法第三條第一款第八目所稱生活及儀禮器物，指以各類材質製作能反映生活方式、宗教信仰、政經、社會或科學之器物，包括生活、信仰、儀禮、娛樂、教育、交通、產業、軍事及公共事務之用品、器具、工具、機械、儀器或設備等。

本法第三條第一款第八目所稱圖書文獻及影音資料，指以各類媒材記錄或傳播訊息、事件、知識或思想等之載體，包括圖書、報刊、公文書、契約、票證、手稿、圖繪、經典等；儀軌、傳統知識、技藝、藝能之傳本；古代文字及各族群語言紀錄；碑碣、匾額、旗幟、印信等具史料價值之文物；照片、底片、膠捲、唱片等影音資料。

## 第 8 條

本法第三條第二款所稱無形文化資產，指各族群、社群或地方上世代相傳，與歷史、環境與社會生活密切相關之知識、技術與其文化表現形式，以及其實踐上必要之物件、工具與文化空間。

## 第 9 條

本法第三條第二款第一目所定傳統表演藝術，包括以人聲、肢體、樂器、戲偶等為主要媒介，具有藝術價值之傳統文化表現形式，如音樂、歌謠、舞蹈、戲曲、說唱、雜技等。

## 第 10 條

本法第三條第二款第二目所定傳統工藝，包括裝飾、象徵、生活實用或其他以手工製作為主之傳統技藝，如編織、染作、刺繡、製陶、窯藝、琢玉、木作、髹漆、剪粘、雕塑、彩繪、裱褙、造紙、摹搨、作筆製墨及金工等。

## 第 11 條

本法第三條第二款第三目所定口述傳統，包括各族群或地方用以傳遞知識、價值觀、起源遷徙敘事、歷史、規範等，並形成集體記憶之傳統媒介，如史詩、神話、傳說、祭歌、祭詞、俗諺等。

**第 12 條**

本法第三條第二款第四目所定民俗，包括各族群或地方自發而共同參與，有助形塑社會關係與認同之各類社會實踐，如食衣住行育樂等風俗，以及與生命禮俗、歲時、信仰等有關之儀式、祭典及節慶。

**第 13 條**

本法第三條第二款第五目所定傳統知識與實踐，包括各族群或社群與自然環境互動過程中，所發展、共享並傳承，形成文化系統之宇宙觀、生態知識、身體知識等及其技術與實踐，如漁獵、農林牧、航海、曆法及相關祭祀等。

**第 14 條**

主管機關依本法第六條組成文化資產審議會（以下簡稱審議會），應依本法第三條所定文化資產類別，分別審議各類文化資產之指定、登錄、廢止等重大事項。

主管機關將文化資產指定、登錄或文化資產保存技術及保存者登錄、認定之個案交付審議會審議前，應依據文化資產類別、特性組成專案小組，就文化資產之歷史、藝術、科學、自然等價值進行評估。

文化資產屬古蹟、歷史建築、紀念建築、聚落建築群、考古遺址、史蹟、文化景觀、自然地景及自然紀念物類別者，前項評估應包括未來保存管理維護、指定登錄範圍之影響。

**第 14-1 條**

為實施文化資產保存教育，各級主管機關依本法第十二條協調各級教育主管機關督導各級學校辦理事項如下：

一、 培育各級文化資產教育師資。

二、 獎勵及發展文化資產教育課程、教案設計及教材編訂。

三、 結合戶外體驗教學及多元學習課程與活動。

四、 其他與文化資產保存相關之教育。

**第 15 條**

本法第十四條第一項、第四十三條第一項、第六十條第一項、第六十五條第二項、第七十九條第一項、第八十九條第一項及第九十五條第一項所定主管機關普查或接受個人、團體提報具文化資產價值或具保護需要之文化資產保存技術及其保存者，主管機關應依法定程序審查，其審查規定如下：

一、 邀請文化資產相關專家學者或相關類別之審議會委員，辦理現場勘查或訪查，並彙整意見，作成現場勘查或訪查結果紀錄。

二、 依前款現場勘查或訪查結果，召開審查會議，作成是否列冊追蹤之決定。

個人或團體提報前項具文化資產價值或具保護需要之文化資產保存技術及其保存者，應以書面載明真實姓名、聯絡方式、提報對象之內容及範圍；其屬本法第六十五條第二項所定具古物價值者，並準用本細則第三十條第二項及第三項規定。

第一項第一款現場勘查，主管機關應通知提報之個人或團體、所有人、使用人或管理人。現場勘查通知書應於現場勘查前七日寄發。

第一項第二款決定，主管機關應以書面通知提報之個人或團體及所有人、使用人或管理人。列冊追蹤屬公有建造物及附屬設施群者，應公布於主管機關網站。

經第一項審查決定列冊追蹤者，主管機關應訂定列冊追蹤計畫，定期訪視。

縣主管機關從事第一項普查時，鄉（鎮、市）公所應於其權限範圍內予以協助。

本法第十四條第一項、第四十三條第一項、第六十條第一項、第六十五條第二項、第七十九條第一項、第八十九條第一項及第九十五條第一項所定主管機關定期普查，應每八年至少辦理一次。

## 第 16 條

本法第十四條第二項及第六十條第二項所定主管機關應於六個月內辦理審議，係指主管機關就個人或團體提報決定列冊追蹤者，應於六個月內提送審議會辦理審議，並作成下列決議之一：

一、 持續列冊，並得採取其他適當列冊追蹤之措施。

二、 進入指定或登錄審查程序。

三、 解除列冊。

## 第 17 條

本法第十五條所定興建完竣逾五十年之公有建造物及附屬設施群，或公有土地上所定著之建造物及附屬設施群（以下併稱建造物），處分前應進行文化資產價值評估，其評估程序如下：

一、 建造物之所有或管理機關（構），於處分前應通知所在地主管機關，進行評估作業。

二、 主管機關於進行文化資產價值評估時，應邀請文化資產相關專家學者或相關類別之審議會委員，辦理現場勘查或訪查，並彙整意見，作成現場勘查或訪查結果紀錄。

三、 主管機關應依前款現場勘查或訪查結果，作成文化資產價值評估報告；並依該報告之建議，決定是否啟動文化資產列冊追蹤、指定登錄審查程序或為其他適宜之列管措施。

本法第十五條所稱處分,指法律上權利變動或事實上對建造物加以增建、改建、修建或拆除。

文化資產價值評估結果,應公布於主管機關網站。

主管機關於辦理第一項文化資產價值評估程序,得就個案實際情況評估,併同本法第十四條、第六十條所定程序辦理。

### 第 18 條

本法第二十條第一項所定審議程序之起始時間,以主管機關辦理現場勘查通知書發文之日起算;主管機關於發文時應即將通知書及已為暫定古蹟之事實揭示於勘查現場。

主管機關應於前項發文日,將本法第二十條第一項暫定古蹟、其定著土地範圍、暫定古蹟期限及其他相關事項,以書面通知所有人、使用人、管理人及相關目的事業主管機關。

依本法第二十條第三項延長暫定古蹟審議期間者,應於期間屆滿前,準用前項規定辦理。

本法第二十條第一項所定暫定古蹟於同條第三項所定期間內,經主管機關審議未具古蹟、歷史建築、紀念建築或聚落建築群價值者,主管機關應以書面通知所有人、使用人、管理人及相關目的事業主管機關,並自主管機關書面通知之發文日起,失其暫定古蹟之效力。

### 第 19 條

公有古蹟、歷史建築、紀念建築及聚落建築群之管理維護,依本法第二十一條第二項規定辦理時,應考量其類別、現況、管理維護之目標及需求。

前項辦理,應以書面為之,並訂定管理維護事項之辦理期間,報主管機關備查。

### 第 20 條

主管機關依本法第三十條第一項規定補助經費時,應斟酌古蹟、歷史建築、紀念建築及聚落建築群之管理維護、修復及再利用情形,將下列事項以書面列為附款或約款:

一、 補助經費之運用應與補助用途相符。

二、 所有人、使用人或管理人應配合調查研究、工程進行等事宜。

三、 所有人、使用人或管理人於工程完工後應維持修復後原貌,妥善管理維護。

四、 古蹟、歷史建築、紀念建築及聚落建築群所有權移轉時,契約應載明受讓人應遵守本條規定。

五、 違反前四款規定者，主管機關得要求改善，並視情節輕重，撤銷或廢止其補
　　　助，並命其返還已發給之補助金額。

## 第 21 條

本法第三十二條、第五十五條及第七十五條所定私有古蹟、歷史建築、紀念建築
及其所定著土地、考古遺址定著土地、國寶及重要古物所有權移轉之通知，應由
其所有人為之。

## 第 22 條

本法第三十四條第一項所定營建工程或其他開發行為之範圍，主管機關得就各古
蹟、歷史建築、紀念建築及聚落建築群四周之地籍、街廓、紋理等條件認定之。
前項範圍至少應包括古蹟、歷史建築、紀念建築及聚落建築群定著土地鄰接、隔
道路鄰接之建築基地。

## 第 23 條

本法第三十八條所定古蹟定著土地之周邊，以古蹟定著土地所在街廓及隔都市計
畫道路之相鄰街廓為範圍。
前項範圍，主管機關得就街廓型態、地籍現況、環境景觀或所在地都市計畫相關
規定，進行必要之調整。
第一項所稱街廓，指以都市計畫道路境界線及永久性空地圍成之土地。

## 第 24 條

本法第四十條所定保存及再發展計畫，其內容如下：
一、 基礎調查及現況地形地貌之測繪。
二、 土地使用相關法令研析及管制建議。
三、 登錄範圍保存價值研析。
四、 保存及再發展原則研擬。
五、 制定建築形式及景觀維護方針。
六、 依本法第三十四條規定，研擬影響聚落建築群之相關營建工程或開發行為，
　　　及其影響範圍。
七、 日常管理維護準則。
八、 其他涉及保存及再發展事項。
前項保存及再發展計畫之訂定或變更，如於現況確有窒礙難行或對整體風貌、環
境景觀、文化資產保存價值產生不利影響時，主管機關應併同公聽會意見送審議
會審議，經審議通過後送該地區建築管理機關協助管理。

保存及再發展計畫內容，主管機關應視該區域實際發展情形或相關法令管制變革，定期檢討。

## 第 25 條

本法第四十二條第一項第二款所稱宅地之形成，指變更土地現況為建築用地。

## 第 26 條

本法第四十九條及第六十三條所定保存計畫，其內容如下：

一、 基礎調查。

二、 法令研究。

三、 體制建構。

四、 管理維護。

五、 地區發展及經營、相關圖面等項目。

前項保存計畫應依本法第四十八條及第六十二條所定之考古遺址監管保護計畫及史蹟、文化景觀保存維護計畫之內容辦理。

## 第 27 條

主管機關依本法第五十七條第二項就發見之疑似考古遺址進行調查，應邀請考古學者專家、學術或專業機構進行會勘或專案研究評估。

經審議會參酌前項調查報告完成審議後，主管機關得採取或決定下列措施：

一、 停止工程進行。

二、 變更施工方式或工程配置。

三、 進行搶救發掘。

四、 施工監看。

五、 其他必要措施。

主管機關依前項採取搶救發掘措施時，應提出發掘之必要性評估，併送審議會審議。

## 第 28 條

本法第六十二條第一項史蹟、文化景觀之保存及管理原則，主管機關應於史蹟、文化景觀登錄公告日起一年內完成，必要時得展延一年。

本法第六十二條第二項史蹟、文化景觀保存維護計畫，應於史蹟、文化景觀登錄公告日起三年內完成，至少每五年應檢討一次。

前項訂定之史蹟、文化景觀保存維護計畫，其內容如下：

一、 基本資料建檔。

二、 日常維護管理。

三、 相關圖面繪製。

四、 其他相關事項。

## 第 29 條

中央政府機關與附屬機關（構）、國立學校、國營事業及國立文物保管機關（構）（以下併稱保管機關（構））依本法第六十六條規定辦理文物暫行分級時，應依古物分級指定及廢止審查辦法所定基準，先予審定暫行分級為國寶、重要古物、一般古物，報中央主管機關備查。

前項備查，應檢具暫行分級古物清單，載明名稱、數量、年代、材質、圖片及暫行分級之級別。但年代不明者，得免予載明。

國立文物保管機關（構），依第一項規定暫行分級為一般古物者，得以該保管機關（構）之藏品登錄資料，作為前項備查清單。

第一項暫行分級為國寶及重要古物者，保管機關（構）應另檢具下列列冊資料，報中央主管機關依本法第六十八條規定審查：

一、 文物之名稱、編號、分類及數量。

二、 綜合描述文物之年代、作者、尺寸、材質、技法與其他綜合描述及文物來源或出處、文物圖片。

三、 暫行分級為國寶或重要古物之理由、分級基準及其相關研究資料。

四、 保存狀況、管理維護規劃及其他相關事項。

第一項暫行分級為一般古物者，中央主管機關得將備查資料，送保管機關（構）所在地直轄市、縣（市）主管機關；各該直轄市、縣（市）主管機關得依本法第六十五條第二項及第三項規定辦理。

保管機關（構）為辦理第一項審定，得自行或委託相關研究機構、專業法人或團體，邀請學者專家組成小組為之。

## 第 30 條

本法第六十七條所定私有文物之審查指定，得由其所有人向戶籍所在地之直轄市、縣（市）主管機關申請之。

前項申請文件，應包括下列事項：

一、 文物之名稱、編號、分類、數量。

二、 文物之年代、作者、尺寸、材質、技法等綜合描述及圖片。

三、 文物之文化資產價值說明、申請指定之理由及指定基準。

四、 文物所有權屬、來源說明及相關證明。

五、 文物現況、保存環境及其他相關事項。

前項申請案件，涉有鑑價、產權不清或在司法訴訟中者，主管機關得不予受理。

## 第 31 條

自然地景、自然紀念物之管理維護者依本法第八十二條第三項擬定之管理維護計畫，其內容如下：

一、 基本資料：

  （一）指定之目的、依據。

  （二）管理維護者（應標明其身分為所有人、使用人或管理人。如有數人者，應協調一人代表擬定管理維護計畫，並應敘明各別管理維護者之分工及管理項目）。

  （三）分布範圍圖、面積及位置圖（地質公園如採分區規劃者，應含分區圖）。

  （四）土地使用管制。

  （五）其他指涉法規及計畫。

二、 目標：計畫之目標、期程。

三、 地區環境特質及資源現況：

  （一）資源現況（含自然紀念物分布數量或族群數量及趨勢分析）。

  （二）自然環境。

  （三）人文環境。

  （四）威脅壓力、定期評量及因應策略。

四、 維護及管制：

  （一）管制事項。

  （二）管理維護事項。

  （三）監測及調查研究規劃。

  （四）需求經費。

五、 委託管理維護之規劃。

六、 其他相關事項。

前項第一款第三目範圍圖之比例尺，其面積在一千公頃以下者，不得小於五千分之一；面積逾一千公頃者，不得小於二萬五千分之一，以能明確展示境界線為主；位置圖以能展示全區坐落之行政轄區及相關地理區位為主。

第一項之管理維護計畫至少每十年應檢討一次。

## 第 32 條

自然紀念物，除依本法第八十五條但書核准之研究、陳列或國際交換外，一律禁止出口。

前項禁止出口項目，包括自然紀念物標本或其他任何取材於自然紀念物之產製品。

## 第 33 條

原住民族及研究機構依本法第八十五條但書規定向主管機關申請核准者，應檢具下列資料：

一、 利用之自然紀念物（中名及學名）、數量、方法、地區、時間及目的。

二、 執行人員名冊及身分證明文件正、反面影本。

三、 原住民族供為傳統祭典需要或研究機構供為研究、陳列或國際交換需要之承諾書。

四、 其他主管機關指定之資料。

前項申請經核准後，其執行人員應攜帶核准文件及可供識別身分之證件，以備查驗。

第一項之研究機構應於完成研究、陳列或國際交換目的後一年內，將該自然紀念物之後續處理及利用成果，作成書面資料送主管機關備查。

## 第 34 條

本法第九十二條所定保存維護計畫，應依登錄個案需求為之，其內容如下：

一、 基本資料建檔。

二、 調查與紀錄製作。

三、 傳習或傳承活動。

四、 教育與推廣活動。

五、 保護與活化措施。

六、 定期追蹤紀錄。

七、 其他相關事項。

## 第 35 條

本法第九十五條第二項所定必須加以保護需要之傳統技術，為在族群內或地方上自昔傳承迄今用以保存與修復各類文化資產所不可或缺之技能、知識及方法，包括所需工具或用品之修復、修理、製造等及其所需材料之生產或製造。

## 第 36 條

本細則自發布日施行。

# 森林法

民國 105 年 11 月 30 日修正

## 第一章　總則

### 第 1 條

為保育森林資源，發揮森林公益及經濟效用，並為保護具有保存價值之樹木及其生長環境，制定本法。

### 第 2 條

本法所稱主管機關：在中央為行政院農業委員會；在直轄市為直轄市政府；在縣（市）為縣（市）政府。

### 第 3 條

森林係指林地及其群生竹、木之總稱。依其所有權之歸屬，分為國有林、公有林及私有林。

森林以國有為原則。

### 第 3-1 條

森林以外之樹木保護事項，依第五章之一規定辦理。

### 第 4 條

以所有竹、木為目的，於他人之土地有地上權、租賃權或其他使用或收益權者，於本法適用上視為森林所有人。

## 第二章　林政

### 第 5 條

林業之管理經營，應以國土保安長遠利益為主要目標。

### 第 6 條

荒山、荒地之宜於造林者，由中央主管機關商請中央地政主管機關編為林業用地，並公告之。

經編為林業用地之土地，不得供其他用途之使用。但經徵得直轄市、縣（市）主管機關同意，報請中央主管機關會同中央地政主管機關核准者，不在此限。

前項土地為原住民土地者，除依前項辦理外，並應會同中央原住民族主管機關核
准。

土地在未編定使用地之類別前，依其他法令適用林業用地管制者，準用第二項之
規定。

## 第 7 條

公有林及私有林有左列情形之一者，得由中央主管機關收歸國有。但應予補償
金：

一、國土保安上或國有林經營上有收歸國有之必要者。

二、關係不限於所在地之河川、湖泊、水源等公益需要者。

前項收歸國有之程序，準用土地徵收相關法令辦理；公有林得依公有財產
管理之有關規定辦理。

## 第 8 條

國有或公有林地有左列情形之一者，得為出租、讓與或撥用：

一、學校、醫院、公園或其他公共設施用地所必要者。

二、國防、交通或水利用地所必要者。

三、公用事業用地所必要者。

四、國家公園、風景特定區或森林遊樂區內經核准用地所必要者。

違反前項指定用途，或於指定期間不為前項使用者，其出租、讓與或撥用林地應
收回之。

## 第 9 條

於森林內為左列行為之一者，應報經主管機關會同有關機關實地勘查同意後，依
指定施工界限施工：

一、興修水庫、道路、輸電系統或開發電源者。

二、探採礦或採取土、石者。

三、興修其他工程者。

前項行為以地質穩定、無礙國土保安及林業經營者為限。第一項行為有破壞森林
之虞者，由主管機關督促行為人實施水土保持處理或其他必要之措施，行為人不
得拒絕。

## 第 10 條

森林有左列情形之一者，應由主管機關限制採伐：

一、林地陡峻或土層淺薄，復舊造林困難者。

二、 伐木後土壤易被沖蝕或影響公益者。

三、 位於水庫集水區、溪流水源地帶、河岸沖蝕地帶、海岸衝風地帶或沙丘區域者。

四、 其他必要限制採伐地區。

**第 11 條**

主管機關得依森林所在地之狀況，指定一定處所及期間，限制或禁止草皮、樹根、草根之採取或採掘。

## 第三章　森林經營及利用

**第 12 條**

國有林由中央主管機關劃分林區管理經營之；公有林由所有機關或委託其他法人管理經營之；私有林由私人經營之。

中央主管機關得依林業特性，訂定森林經營管理方案實施之。

**第 13 條**

為加強森林涵養水源功能，森林經營應配合集水區之保護與管理；其辦法由行政院定之。

**第 14 條**

國有林各事業區經營計畫，由各該管理經營機關擬訂，層報中央主管機關核定實施。

**第 15 條**

國有林林產物年度採伐計畫，依各該事業區之經營計畫。

國有林林產物之採取，應依年度採伐計畫及國有林林產物處分規則辦理。

國有林林產物之種類、處分方式與條件、林產物採取、搬運、轉讓、繳費及其他應遵行事項之處分規則，由中央主管機關定之。

森林位於原住民族傳統領域土地者，原住民族得依其生活慣俗需要，採取森林產物，其採取之區域、種類、時期、無償、有償及其他應遵行事項之管理規則，由中央主管機關會同中央原住民族主管機關定之。

天然災害發生後，國有林竹木漂流至國有林區域外時，當地政府需於一個月內清理註記完畢，未能於一個月內清理註記完畢者，當地居民得自由撿拾清理。

**第 16 條**

國家公園或風景特定區設置於森林區域者，應先會同主管機關勘查。劃定範圍內之森林區域，仍由主管機關依照本法並配合國家公園計畫或風景特定區計畫管理經營之。

前項配合辦法，由行政院定之。

**第 17 條**

森林區域內，經環境影響評估審查通過，得設置森林遊樂區；其設置管理辦法，由中央主管機關定之。

森林遊樂區得酌收環境美化及清潔維護費，遊樂設施得收取使用費；其收費標準，由中央主管機關定之。

**第 17-1 條**

為維護森林生態環境，保存生物多樣性，森林區域內，得設置自然保護區，並依其資源特性，管制人員及交通工具入出；其設置與廢止條件、管理經營方式及許可、管制事項之辦法，由中央主管機關定之。

**第 18 條**

公有林、私有林之營林面積五百公頃以上者，應由林業技師擔任技術職務。

造林業及伐木業者，均應置林業技師或林業技術人員。

**第 19 條**

經營林業者，遇有合作經營之必要時，得依合作社法組織林業合作社，並由當地主管機關輔導之。

**第 20 條**

森林所有人因搬運森林設備、產物等有使用他人土地之必要，或在無妨礙給水及他人生活安全之範圍內，使用、變更或除去他人設置於水流之工作物時，應先與其所有人或土地他項權利人協商；協商不諧或無從協商時，應報請主管機關會同地方有關機關調處；調處不成，由主管機關決定之。

**第 21 條**

主管機關對於左列林業用地，得指定森林所有人、利害關係人限期完成造林及必要之水土保持處理：

一、沖蝕溝、陡峻裸露地、崩塌地、滑落地、破碎帶、風蝕嚴重地及沙丘散在地。

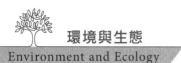

二、 水源地帶、水庫集水區、海岸地帶及河川兩岸。

三、 火災跡地、水災沖蝕地。

四、 伐木跡地。

五、 其他必要水土保持處理之地區。

## 第四章　保安林

### 第 22 條

國有林、公有林及私有林有左列情形之一者，應由中央主管機關編為保安林：

一、為預防水害、風害、潮害、鹽害、煙害所必要者。

二、為涵養水源、保護水庫所必要者。

三、為防止砂、土崩壞及飛沙、墜石、泮冰、頹雪等害所必要者。

四、為國防上所必要者。

五、為公共衛生所必要者。

六、為航行目標所必要者。

七、為漁業經營所必要者。

八、為保存名勝、古蹟、風景所必要者。

九、為自然保育所必要者。

### 第 23 條

山陵或其他土地合於前條第一款至第五款所定情形之一者，應劃為保安林地，擴大保安林經營。

### 第 24 條

保安林之管理經營，不論所有權屬，均以社會公益為目的。各種保安林，應分別依其特性合理經營、撫育、更新，並以擇伐為主。

保安林經營準則，由中央主管機關會同有關機關定之。

### 第 25 條

保安林無繼續存置必要時，得經中央主管機關核准，解除其一部或全部。

前項保安林解除之審核標準，由中央主管機關定之。

### 第 26 條

保安林之編入或解除，得由森林所在地之法人或團體或其他直接利害關係人，向直轄市、縣（市）主管機關申請，層報中央主管機關核定。但森林屬中央主管機關管理者，逕向中央主管機關申請核定。

### 第 27 條

主管機關受理前條申請或依職權為保安林之編入或解除時，應通知森林所有人、土地所有人及土地他項權利人，並公告之。

自前項公告之日起，至第二十九條第二項公告之日止，編入保安林之森林，非經主管機關之核准，不得開墾林地或砍伐竹、木。

### 第 28 條

就保安林編入或解除，有直接利害關係者，對於其編入或解除有異議時，得自前條第一項公告日起三十日內，向當地主管機關提出意見書。

### 第 29 條

直轄市或縣（市）主管機關，應將保安林編入或解除之各種關係文件，轉中央主管機關核定，其依前條規定有異議時，並應附具異議人之意見書。

保安林之編入或解除，經中央主管機關核定後，應由中央、直轄市或縣（市）主管機關公告之，並通知森林所有人。

### 第 30 條

非經主管機關核准或同意，不得於保安林伐採、傷害竹、木、開墾、放牧，或為土、石、草皮、樹根之採取或採掘。

除前項外，主管機關對於保安林之所有人，得限制或禁止其使用收益，或指定其經營及保護之方法。

違反前二項規定，主管機關得命其造林或為其他之必要重建行為。

### 第 31 條

禁止砍伐竹、木之保安林，其土地所有人或竹、木所有人，以所受之直接損害為限，得請求補償金。

保安林所有人，依前條第二項指定而造林者，其造林費用視為前項損害。

前二項損害，由中央政府補償之。但得命由因保安林之編入特別受益之法人、團體或私人負擔其全部或一部。

## 第五章　森林保護

### 第 32 條

森林之保護，得設森林警察；其未設森林警察者，應由當地警察代行森林警察職務。

各地方鄉（鎮、市）村、里長，有協助保護森林之責。

**第 33 條**

森林外緣得設森林保護區,由主管機關劃定,層報中央主管機關核定,由當地主管機關公告之。

**第 34 條**

森林區域及森林保護區內,不得有引火行為。但經該管消防機關洽該管主管機關許可者不在此限,並應先通知鄰接之森林所有人或管理人。

經前項許可引火行為時,應預為防火之設備。

**第 35 條**

主管機關應視森林狀況,設森林救火隊,並得視需要,編組森林義勇救火隊。

**第 36 條**

鐵道通過森林區域及森林保護區者,應有防火、防煙設備;設於森林保護區附近之工廠,亦同。

電線穿過森林區域及森林保護區者,應有防止走電設備。

**第 37 條**

森林發生生物為害或有發生之虞時,森林所有人,應撲滅或預防之。

前項情形,森林所有人於必要時,經當地主管機關許可,得進入他人土地,為森林生物為害之撲滅或預防,如致損害,應賠償之。

**第 38 條**

森林生物為害蔓延或有蔓延之虞時,主管機關得命有利害關係之森林所有人,為撲滅或預防上所必要之處置。

前項撲滅預防費用,以有利害關係之土地面積或地價為準,由森林所有人負擔之。但費用負擔人間另有約定者,依其約定。

**第 38-1 條**

森林之保護管理、災害防救、保林設施、防火宣導及獎勵之辦法,由中央主管機關定之。

國有林位於原住民族傳統領域土地者,有關造林、護林等業務之執行,應優先輔導當地之原住民族社區發展協會、法人團體或個人辦理,其輔導經營管理辦法,由中央主管機關會同中央原住民族主管機關定之。

## 第五章之一　樹木保護

### 第 38-2 條

地方主管機關應對轄區內樹木進行普查，具有生態、生物、地理、景觀、文化、歷史、教育、研究、社區及其他重要意義之群生竹木、行道樹或單株樹木，經地方主管機關認定為受保護樹木，應予造冊並公告之。

前項經公告之受保護樹木，地方主管機關應優先加強保護，維持樹冠之自然生長及樹木品質，定期健檢養護並保護樹木生長環境，於機關專屬網頁定期公布其現況。第一項普查方法及受保護樹木之認定標準，由中央主管機關定之。

### 第 38-3 條

土地開發利用範圍內，有經公告之受保護樹木，應以原地保留為原則；非經地方主管機關許可，不得任意砍伐、移植、修剪或以其他方式破壞，並應維護其良好生長環境。

前項開發利用者須移植經公告之受保護樹木，應檢附移植及復育計畫，提送地方主管機關審查許可後，始得施工。

前項之計畫內容、申請、審核程序等事項之辦法，及樹冠面積計算方式、樹木修剪與移植、移植樹穴、病蟲害防治用藥、健檢養護或其他生長環境管理等施工規則，由中央主管機關定之。地方政府得依當地環境，訂定執行規範。

### 第 38-4 條

地方主管機關受理受保護樹木移植之申請案件後，開發利用者應舉行公開說明會，徵詢各界意見，有關機關（構）或當地居民，得於公開說明會後十五日內以書面向開發利用單位提出意見，並副知主管機關。

地方主管機關於開發利用者之公開說明會後應舉行公聽會，並將公聽會之日期及地點，登載於新聞紙及專屬網頁，或以其他適當方法廣泛周知，任何民眾得提供意見供地方主管機關參採；其經地方主管機關許可並移植之受保護樹木，地方主管機關應列冊追蹤管理，並於專屬網頁定期更新公告其現況。

### 第 38-5 條

受保護樹木經地方主管機關審議許可移植者，地方主管機關應命開發利用者提供土地或資金供主管機關補植，以為生態環境之補償。

前項生態補償之土地區位選擇、樹木種類品質、生態功能評定、生長環境管理或補償資金等相關辦法，由地方主管機關定之。

## 第 38-6 條

樹木保護與管理在中央主管機關指定規模以上者，應由依法登記執業之林業、園藝及相關專業技師或聘有上列專業技師之技術顧問機關規劃、設計及監造。但各級政府機關、公營事業機關及公法人自行興辦者，得由該機關、機構或法人內依法取得相當類科技師證書者為之。

中央主管機關應建立樹木保護專業人員之培訓、考選及分級認證制度；其相關辦法由中央主管機關會商考試院及勞動部等相關單位定之。

## 第六章　監督及獎勵

## 第 39 條

森林所有人，應檢具森林所在地名稱、面積、竹、木種類、數量、地圖及計畫，向主管機關申請登記。

森林登記規則，由中央主管機關定之。

## 第 40 條

森林如有荒廢、濫墾、濫伐情事時，當地主管機關，得向所有人指定經營之方法。

違反前項指定方法或濫伐竹、木者，得命令其停止伐採，並補行造林。

## 第 41 條

受前條第二項造林之命令，而怠於造林者，該管主管機關得代執行之。

前項造林所需費用，由該義務人負擔。

## 第 42 條

公有、私有荒山、荒地編入林業用地者，該管主管機關得指定期限，命所有人造林。

逾前項期限不造林者，主管機關得代執行之；其造林所需費用，由該義務人負擔。

## 第 43 條

森林區域內，不得擅自堆積廢棄物或排放汙染物。

## 第 44 條

國、公有林林產物採取人應設置帳簿，記載其林產物種類、數量、出處及銷路。

前項林產物採取人，應選定用於林產物之記號或印章，申報當地主管機關備案，並於林產物搬出前使用之。第一項林產物採取人不得使用經他人申報有案之相同或類似記號或印章。

## 第 45 條

凡伐採林產物，應經主管機關許可並經查驗，始得運銷；其伐採之許可條件、申請程序、伐採時應遵行事項及伐採查驗之規則，由中央主管機關定之。

主管機關，應在林產物搬運道路重要地點，設林產物檢查站，檢查林產物。

前項主管機關或有偵查犯罪職權之公務員，因執行職務認為必要時，得檢查林產物採取人之伐採許可證、帳簿及器具材料。

## 第 46 條

林業用地及林產物有關之稅賦，依法減除或免除之。

## 第 47 條

凡經營林業，合於下列各款之一者，得分別獎勵之：

一、造林或經營林業著有特殊成績者。

二、經營特種林業，其林產物對國防及國家經濟發展具有重大影響者。

三、養成大宗林木，供應工業、國防、造船、築路及其他重要用材者。

四、經營苗圃，培養大宗苗木，供給地方造林之用者。

五、發明或改良林木品種、竹、木材用途及工藝物品者。

六、撲滅森林火災或生物為害及人為災害，顯著功效者。

七、對林業林學之研究改進，有明顯成就者。

八、對保安國土、涵養水源，有顯著貢獻者。

前項獎勵，得以發給獎勵金、匾額、獎牌及獎狀方式為之；其發給條件、程序及撤銷獎勵之辦法，由中央主管機關定之。

## 第 47-1 條

凡保護或認養樹木著有特殊成績者，準用前條第二項之獎勵。

## 第 48 條

為獎勵私人、原住民族或團體造林，主管機關免費供應種苗、發給獎勵金、長期低利貸款或其他方式予以輔導獎勵，其辦法，由中央主管機關會同中央原住民族主管機關定之。

## 第 48-1 條

為獎勵私人或團體長期造林，政府應設置造林基金；其基金來源如下：

一、由水權費提撥。

二、山坡地開發利用者繳交之回饋金。

三、違反本法之罰鍰。

四、水資源開發計畫工程費之提撥。

五、政府循預算程序之撥款。

六、捐贈。

七、其他收入。

前項第一款水權費及第四款水資源開發計畫工程費之提撥比例，由中央水利主管機關會同中央主管機關定之；第二款回饋金應於核發山坡地開發利用許可時通知繳交，其繳交義務人、計算方式、繳交時間、期限與程序及其他應遵行事項之辦法，由中央主管機關擬訂，報請行政院核定之。

## 第 49 條

國有荒山、荒地，編為林業用地者，除保留供國有林經營外，得由中央主管機關劃定區域放租本國人造林。

## 第七章　罰則

## 第 50 條

竊取森林主、副產物，收受、搬運、寄藏、故買或媒介贓物者，處六月以上五年以下有期徒刑，併科新臺幣三十萬元以上三百萬元以下罰金。

前項竊取森林主、副產物之未遂犯罰之。

## 第 51 條

於他人森林或林地內，擅自墾殖或占用者，處六月以上五年以下有期徒刑，得併科新臺幣六十萬元以下罰金。

前項情形致釀成災害者，加重其刑至二分之一；因而致人於死者，處五年以上十二年以下有期徒刑，得併科新臺幣一百萬元以下罰金，致重傷者，處三年以上十年以下有期徒刑，得併科新臺幣八十萬元以下罰金。第一項之罪於保安林犯之者，得加重其刑至二分之一。

因過失犯第一項之罪致釀成災害者，處一年以下有期徒刑，得併科新臺幣六十萬元以下罰金。第一項未遂犯罰之。

犯本條之罪者，其供犯罪所用、犯罪預備之物或犯罪所生之物，不問屬於犯罪行為人與否，沒收之。

## 第 52 條

犯第五十條第一項之罪而有下列情形之一者，處一年以上七年以下有期徒刑，併科贓額五倍以上十倍以下罰金：

一、於保安林犯之。

二、依機關之委託或其他契約，有保護森林義務之人犯之。

三、於行使林產物採取權時犯之。

四、結夥二人以上或僱使他人犯之。

五、以贓物為原料，製造木炭、松節油、其他物品或培植菇類。

六、為搬運贓物，使用牲口、船舶、車輛，或有搬運造材之設備。

七、掘採、毀壞、燒燬或隱蔽根株，以圖罪跡之湮滅。

八、以贓物燃料，使用於礦物之採取，精製石灰、磚、瓦或其他物品之製造。

前項未遂犯罰之。第一項森林主產物為貴重木者，加重其刑至二分之一，併科贓額十倍以上二十倍以下罰金。

前項貴重木之樹種，指具高經濟或生態價值，並經中央主管機關公告之樹種。

犯本條之罪者，其供犯罪所用、犯罪預備之物或犯罪所生之物，不問屬於犯罪行為人與否，沒收之。第五十條及本條所列刑事案件之被告或犯罪嫌疑人，於偵查中供述與該案案情有重要關係之待證事項或其他正犯或共犯之犯罪事證，因而使檢察官得以追訴該案之其他正犯或共犯者，以經檢察官事先同意者為限，就其因供述所涉之犯罪，減輕或免除其刑。

## 第 53 條

放火燒燬他人之森林者，處三年以上十年以下有期徒刑。

放火燒燬自己之森林者，處二年以下有期徒刑、拘役或科新臺幣三十萬元以下罰金；因而燒燬他人之森林者，處一年以上五年以下有期徒刑。

失火燒燬他人之森林者，處二年以下有期徒刑、拘役或科新臺幣三十萬元以下罰金。

失火燒燬自己之森林，因而燒燬他人之森林者，處一年以下有期徒刑、拘役或科新臺幣十八萬元以下罰金。第一項未遂犯罰之。

## 第 54 條

毀棄、損壞保安林，足以生損害於公眾或他人者，處三年以下有期徒刑、拘役或科新臺幣三十萬元以下罰金。

**第 55 條**

於他人森林或林地內，擅自墾殖或占用者，對於他人所受之損害，負賠償責任。

**第 56 條**

違反第九條、第三十四條、第三十六條、第三十八條之三及第四十五條第一項之規定者，處新臺幣十二萬元以上六十萬元以下罰鍰。

**第 56-1 條**

有下列情形之一者，處新臺幣六萬元以上三十萬元以下罰鍰：

一、 違反第六條第二項、第十八條、第三十條第一項、第四十條及第四十三條之規定者。

二、 森林所有人或利害關係人未依主管機關依第二十一條規定，指定限期完成造林及必要之水土保持處理者。

三、 森林所有人未依第三十八條規定為撲滅或預防上所必要之處置者。

四、 林產物採取人於林產物採取期間，拒絕管理經營機關派員監督指導者。

五、 移轉、毀壞或汙損他人為森林而設立之標識者。

**第 56-2 條**

在森林遊樂區、自然保護區內，未經主管機關許可，有左列行為之一者，處新臺幣五萬元以上二十萬元以下罰鍰：

一、設置廣告、招牌或其他類似物。

二、採集標本。

三、焚毀草木。

四、填塞、改道或擴展水道或水面。

五、經營客、貨運。

六、使用交通工具影響森林環境者。

**第 56-3 條**

有左列情形之一者，處新臺幣一千元以上六萬元以下罰鍰：

一、未依第三十九條第一項規定辦理登記，經通知仍不辦理者。

二、在森林遊樂區或自然保護區內，有下列行為之一者：

（一）採折花木，或於樹木、岩石、標示、解說牌或其他土地定著物加刻文字或圖形。

（二）經營流動攤販。

（三）隨地吐痰、拋棄瓜果、紙屑或其他廢棄物。

（四）汙染地面、牆壁、樑柱、水體、空氣或製造噪音。

三、　在自然保護區內騷擾或毀損野生動物巢穴。

四、　擅自進入自然保護區內。

原住民族基於生活慣俗需要之行為，不受前條及前項各款規定之限制。

## 第 56-4 條

本法所定之罰鍰，由主管機關處罰之；依本法所處之罰鍰，經限期繳納，屆期仍不繳納者，移送法院強制執行。

## 第八章　附則

## 第 57 條

本法施行細則，由中央主管機關定之。

## 第 58 條

本法自公布日施行。

# 森林法施行細則

民國 95 年 3 月 1 日修正

**第 1 條**

本細則依森林法（以下簡稱本法）第五十七條規定訂定之。

**第 2 條**

森林所有權及所有權以外之森林權利，除依法登記為公有或私有者外，概屬國有。

**第 3 條**

本法第三條第一項所稱林地，範圍如下：

一、 依非都市土地使用管制規則第三條規定編定為林業用地及非都市土地使用管制規則第七條規定適用林業用地管制之土地。

二、 非都市土地範圍內未劃定使用分區及都市計畫保護區、風景區、農業區內，經該直轄市、縣（市）主管機關認定為林地之土地。

三、 依本法編入為保安林之土地。

四、 依本法第十七條規定設置為森林遊樂區之土地。

五、 依國家公園法劃定為國家公園區內，由主管機關會商國家公園主管機關認定為林地之土地。

**第 4 條**

本法第三條第一項所稱國有林、公有林及私有林之定義如下：

一、 國有林，指屬於國家所有及國家領域內無主之森林。

二、 公有林，指依法登記為直轄市、縣（市）、鄉（鎮、市）或公法人所有之森林。

三、 私有林，指依法登記為自然人或私法人所有之森林。

**第 5 條**

本法第六條第一項所稱荒山、荒地，指國有、公有、私有荒廢而不宜農作物生產之山岳、丘陵、海岸、沙灘及其他原野。

**第 6 條**

公有林依本法第七條第一項規定收歸國有者，中央主管機關應於收歸前三個月通知該管公有林管理經營機關。接收程序完成前，該管理經營機關仍負保護之責。

該管公有林管理經營機關對於前項通知有異議時，應於收受通知之次日起一個月內敘明理由，報請中央主管機關核辦。

## 第 7 條

公有林或私有林收歸國有之殘餘部分，其面積過小或形勢不整，致不能為相當之使用時，森林所有人，得請求一併收歸國有。

## 第 8 條

依本法第八條第一項規定，申請出租、讓與或撥用國有林地或公有林地者，應填具申請書載明下列事項，檢附有關證件，經由林地之管理經營機關，在國有林報請中央主管機關，在公有林報請直轄市、縣（市）主管機關會商有關機關辦理：

一、 申請者之姓名或名稱。

二、 需用林地之所在地、使用面積及比例尺五千分之一實測位置圖（含土地登記謄本、地籍圖及用地明細表）。

三、 需用林地之現況說明。

四、 興辦事業性質及需用林地之理由。

五、 經目的事業主管機關核定之使用計畫。

前項申請案件，依環境影響評估法規定應實施環境影響評估，或依水土保持法規定應提出水土保持計畫或簡易水土保持申報書者，經各該主管機關審查核定後，始得辦理出租、讓與或撥用程序。

## 第 9 條

依本法第九條第一項規定申請於森林內施作相關工程者，應填具申請書載明下列事項，檢附有關證件，經由主管機關會同有關機關辦理：

一、 申請人之姓名或名稱。

二、 工程或開挖需用林地位置圖、面積及各項用地明細。

三、 工程或開挖用地所在地及施工圖說。

四、 屬公、私有林者，應檢附公、私有林所有人之土地使用同意書。

## 第 10 條

主管機關依本法第十一條規定為限制或禁止處分時，應公告之，並通知森林所有人、土地所有人及土地他項權利人。

## 第 11 條

國有林劃分林區，由中央主管機關會同該管直轄市或縣（市）主管機關勘查後，由中央主管機關視當地狀況，就下列因素綜合評估劃分之：

一、 行政區域。

二、 生態群落。

三、 山脈水系。

四、 事業區或林班界。

## 第 12 條

國有林林區得劃分事業區,由各該林區管理經營機關定期檢訂,調查森林面積、林況、地況、交通情況及自然資源,擬訂經營計畫報請中央主管機關核定後實施。

供學術研究之實驗林,準用前項規定辦理。

## 第 13 條

本法第十二條第一項所定受委託管理經營公有林之法人,應具有管理經營森林能力,並以公益為目的。

## 第 14 條

森林所有人依本法第二十條規定因搬運森林設備、產物等使用他人土地之必要,報請主管機關會同地方有關機關調處時,應敘明理由並載明下列事項:

一、 使用計畫。

二、 使用土地位置圖。

三、 使用面積。

四、 使用期限。

五、 土地所有人或他項權利人之姓名、住址。

六、 土地之現狀及有無定著物。

七、 協商經過情形。

## 第 15 條

森林所有人依本法第二十條規定在無妨礙給水及他人生活安全之範圍內,使用、變更或除去他人設置於水流之工作物,報請主管機關會同地方有關機關調處時,應敘明理由並載明下列事項:

一、 使用、變更或除去工作物之計畫。

二、 使用、變更或除去工作物之種類及所在位置等。

三、 使用、變更或除去工作物之所有人或他項權利人之姓名、住址。

四、 使用、變更或除去工作物之日期及期限。

五、 協商經過情形。

**第 16 條**

國有林或公有林之管理經營機關對於所轄之國有林或公有林，認有依本法第二十二條規定，編為保安林之必要者，應敘明理由，並附實測圖，報經中央主管機關核定後，函知該管直轄市或縣（市）主管機關。

**第 17 條**

依本法第二十六條規定申請保安林編入或解除，應填具申請書並檢附位置圖，載明下列事項：

一、申請編入或解除保安林之名稱、位置及其面積。

二、編入或解除之理由。

三、申請人姓名、住址，係法人或團體者，其名稱、地址及其代表人、負責人之姓名。

**第 18 條**

本法第三十一條規定之補償金，由當地主管機關調查審核。

前項補償金額，以竹、木山價或造林費用價計算，由當地主管機關報請中央主管機關核定補償之。

**第 19 條**

森林發生生物為害或有發生之虞時，森林所有人，除自行撲滅或預防外，得請求當地國有林管理經營機關予以指導及協助。

**第 20 條**

依本法第四十六條規定請求減稅或免稅者，應依各該稅法規定之程序，向主管稅捐稽徵機關申請。

**第 21 條**

本細則自發布日施行。

# 環境影響評估法

民國 92 年 1 月 8 日修正

## 第一章　總則

### 第 1 條

為預防及減輕開發行為對環境造成不良影響，藉以達成環境保護之目的，特制定本法。本法未規定者，適用其他有關法令之規定。

### 第 2 條

本法所稱主管機關：在中央為行政院環境保護署；在直轄市為直轄市政府；在縣（市）為縣（市）政府。

### 第 3 條

各級主管機關為審查環境影響評估報告有關事項，應設環境影響評估審查委員會（以下簡稱委員會）。

前項委員會任期二年，其中專家學者不得少於委員會總人數三分之二。目的事業主管機關為開發單位時，目的事業主管機關委員應迴避表決。

中央主管機關所設之委員會，其組織規程，由行政院環境保護署擬訂，報請行政院核定後發布之。

直轄市主管機關所設之委員會，其組織規程，由直轄市主管機關擬訂，報請權責機關核定後發布之。

縣（市）主管機關所設之委員會，其組織規程，由縣（市）主管機關擬訂，報請權責機關核定後發布之。

### 第 4 條

本法專用名詞定義如下：

一、 開發行為：指依第五條規定之行為。其範圍包括該行為之規劃、進行及完成後之使用。

二、 環境影響評估：指開發行為或政府政策對環境包括生活環境、自然環境、社會環境及經濟、文化、生態等可能影響之程度及範圍，事前以科學、客觀、綜合之調查、預測、分析及評定，提出環境管理計畫，並公開說明及審查。環境影響評估工作包括第一階段、第二階段環境影響評估及審查、追蹤考核等程序。

第 5 條

下列開發行為對環境有不良影響之虞者,應實施環境影響評估:

一、 工廠之設立及工業區之開發。

二、 道路、鐵路、大眾捷運系統、港灣及機場之開發。

三、 土石採取及探礦、採礦。

四、 蓄水、供水、防洪排水工程之開發。

五、 農、林、漁、牧地之開發利用。

六、 遊樂、風景區、高爾夫球場及運動場地之開發。

七、 文教、醫療建設之開發。

八、 新市區建設及高樓建築或舊市區更新。

九、 環境保護工程之興建。

十、 核能及其他能源之開發及放射性核廢料儲存或處理場所之興建。

十一、 其他經中央主管機關公告者。

前項開發行為應實施環境影響評估者,其認定標準、細目及環境影響評估作業準則,由中央主管機關會商有關機關於本法公布施行後一年內定之,送立法院備查。

## 第二章　評估、審查及監督

第 6 條

開發行為依前條規定應實施環境影響評估者,開發單位於規劃時,應依環境影響評估作業準則,實施第一階段環境影響評估,並作成環境影響說明書前。

前項環境影響說明書應記載下列事項:

一、 開發單位之名稱及其營業所或事務所。

二、 負責人之姓名、住、居所及身分證統一編號。

三、 環境影響說明書綜合評估者及影響項目撰寫者之簽名。

四、 開發行為之名稱及開發場所。

五、 開發行為之目的及其內容。

六、 開發行為可能影響範圍之各種相關計畫及環境現況。

七、 預測開發行為可能引起之環境影響。

八、 環境保護對策、替代方案。

九、 執行環境保護工作所需經費。

十、 預防及減輕開發行為對環境不良影響對策摘要表。

第 7 條

開發單位申請許可開發行為時，應檢具環境影響說明書，向目的事業主管機關提出，並由目的事業主管機關轉送主管機關審查。

主管機關應於收到前項環境影響說明書後五十日內，作成審查結論公告之，並通知目的事業主管機關及開發單位。但情形特殊者，其審查期限之延長以五十日為限。

前項審查結論主管機關認不須進行第二階段環境影響評估並經許可者，開發單位應舉行公開之說明會。

第 8 條

前條審查結論認為對環境有重大影響之虞，應繼續進行第二階段環境影響評估者，開發單位應辦理下列事項：

一、 將環境影響說明書分送有關機關。

二、 將環境影響說明書於開發場所附近適當地點陳列或揭示，其期間不得少於三十日。

三、 於新聞紙刊載開發單位之名稱、開發場所、審查結論及環境影響說明書陳列或揭示地點。

開發單位應於前項陳列或揭示期滿後，舉行公開說明會。

第 9 條

前條有關機關或當地居民對於開發單位之說明有意見者，應於公開說明會後十五日內以書面向開發單位提出，並副知主管機關及目的事業主管機關。

第 10 條

主管機關應於公開說明會後邀集目的事業主管機關、相關機關、團體、學者、專家及居民代表界定評估範疇。

前項範疇界定之事項如下：

一、 確認可行之替代方案。

二、 確認應進行環境影響評估之項目；決定調查、預測、分析及評定之方法。

三、 其他有關執行環境影響評估作業之事項。

第 11 條

開發單位應參酌主管機關、目的事業主管機關、有關機關、學者、專家、團體及當地居民所提意見，編製環境影響評估報告書（以下簡稱評估書）初稿，向目的事業主管機關提出。

前項評估書初稿應記載下列事項：

一、 開發單位之名稱及其營業所或事務所。

二、 負責人之姓名、住、居所及身分證統一編號。

三、 評估書綜合評估者及影響項目撰寫者之簽名。

四、 開發行為之名稱及開發場所。

五、 開發行為之目的及其內容。

六、 環境現況、開發行為可能影響之主要及次要範圍及各種相關計畫。

七、 環境影響預測、分析及評定。

八、 減輕或避免不利環境影響之對策。

九、 替代方案。

十、 綜合環境管理計畫。

十一、 對有關機關意見之處理情形。

十二、 對當地居民意見之處理情形。

十三、 結論及建議。

十四、 執行環境保護工作所需經費。

十五、 預防及減輕開發行為對環境不良影響對策摘要表。

十六、 參考文獻。

## 第 12 條

目的事業主管機關收到評估書初稿後三十日內，應會同主管機關、委員會委員、其他有關機關，並邀集專家、學者、團體及當地居民，進行現場勘察並舉行公聽會，於三十日內作成紀錄，送交主管機關。

前項期間於必要時得延長之。

## 第 13 條

目的事業主管機關應將前條之勘察現場紀錄、公聽會紀錄及評估書初稿送請主管機關審查。

主管機關應於六十日內作成審查結論，並將審查結論送達目的事業主管機關及開發單位；開發單位應依審查結論修正評估書初稿，作成評估書，主管機關依審查結論認可。

前項評估書經主管機關認可後，應將評估書及審查結論摘要公告，並刊登公報。但情形特殊者，其審查期限之延長以六十日為限。

**第 13-1 條**

環境影響說明書或評估書初稿經主管機關受理後，於審查時認有應補正情形者，主管機關應詳列補正所需資料，通知開發單位限期補正。開發單位未於期限內補正或補正未符主管機關規定者，主管機關應函請目的事業主管機關駁回開發行為許可之申請，並副知開發單位。

開發單位於前項補正期間屆滿前，得申請展延或撤回審查案件。

**第 14 條**

目的事業主管機關於環境影響說明書未經完成審查或評估書未經認可前，不得為開發行為之許可，其經許可者，無效。

經主管機關審查認定不應開發者，目的事業主管機關不得為開發行為之許可。但開發單位得另行提出替代方案，重新送主管機關審查。

開發單位依前項提出之替代方案，如就原地點重新規劃時，不得與主管機關原審查認定不應開發之理由牴觸。

**第 15 條**

同一場所，有二個以上之開發行為同時實施者，得合併進行評估。

**第 16 條**

已通過之環境影響說明書或評估書，非經主管機關及目的事業主管機關核准，不得變更原申請內容。

前項之核准，其應重新辦理環境影響評估之認定，於本法施行細則定之。

**第 16-1 條**

開發單位於通過環境影響說明書或評估書審查，並取得目的事業主管機關核發之開發許可後，逾三年始實施開發行為時，應提出環境現況差異分析及對策檢討報告，送主管機關審查。主管機關未完成審查前，不得實施開發行為。

**第 17 條**

開發單位應依環境影響說明書、評估書所載之內容及審查結論，切實執行。

**第 18 條**

開發行為進行中及完成後使用時，應由目的事業主管機關追蹤，並由主管機關監督環境影響說明書、評估書及審查結論之執行情形；必要時，得命開發單位定期提出環境影響調查報告書。

開發單位作成前項調查報告書時，應就開發行為進行前及完成後使用時之環境差異調查、分析，並與環境影響說明書、評估書之預測結果相互比對檢討。

主管機關發現對環境造成不良影響時，應命開發單位限期提出因應對策，於經主管機關核准後，切實執行。

## 第 19 條

目的事業主管機關追蹤或主管機關監督環境影響評估案時，得行使警察職權。必要時，並得商請轄區內之憲警協助之。

## 第三章　罰則

## 第 20 條

依第七條、第十一條、第十三條或第十八條規定提出之文書，明知為不實之事項而記載者，處三年以下有期徒刑、拘役或科或併科新臺幣三萬元以下罰金。

## 第 21 條

開發單位不遵行目的事業主管機關依本法所為停止開發行為之命令者，處負責人三年以下有期徒刑或拘役，得併科新臺幣三十萬元以下罰金。

## 第 22 條

開發單位於未經主管機關依第七條或依第十三條規定作成認可前，即逕行為第五條第一項規定之開發行為者，處新臺幣三十萬元以上一百五十萬元以下罰鍰，並由主管機關轉請目的事業主管機關，命其停止實施開發行為。必要時，主管機關得逕命其停止實施開發行為其不遵行者，處負責人三年以下有期徒刑或拘役，得併科新臺幣三十萬元以下罰金。

## 第 23 條

有下列情形之一，處新臺幣三十萬元以上一百五十萬元以下罰鍰，並限期改善；屆期仍未改善者，得按日連續處罰：

一、 違反第七條第三項、第十六條之一或第十七條之規定者。

二、 違反第十八條第一項，未提出環境影響調查報告書或違反第十八條第三項，未提出因應對策或不依因應對策切實執行者。

三、 違反第二十八條未提出因應對策或不依因應對策切實執行者。

前項情形，情節重大者，得由主管機關轉請目的事業主管機關，命其停止實施開發行為。

必要時，主管機關得逕命其停止實施開發行為，其不遵行者，處負責人三年以下有期徒刑或拘役，得併科新臺幣三十萬元以下罰金。

開發單位因天災或其他不可抗力事由，致不能於第一項之改善期限內完成改善者，應於其原因消滅後繼續進行改善，並於三十日內以書面敘明理由，檢具有關證明文件，向主管機關申請核定賸餘期間之起算日。

第二項所稱情節重大，指下列情形之一：

一、 開發單位造成廣泛之公害或嚴重之自然資源破壞者。

二、 開發單位未依主管機關審查結論或環境影響說明書、評估書之承諾執行，致危害人體健康或農林漁牧資源者。

三、 經主管機關按日連續處罰三十日仍未完成改善者。

開發單位經主管機關依第二項處分停止實施開發行為者，應於恢復實施開發行為前，檢具改善計畫執行成果，報請主管機關查驗；其經主管機關限期改善而自行申報停止實施開發行為者，亦同。經查驗不合格者，不得恢復實施開發行為。

前項停止實施開發行為期間，為防止環境影響之程度、範圍擴大，主管機關應會同有關機關，依據相關法令要求開發單位進行復整改善及緊急應變措施。不遵行者，主管機關得函請目的事業主管機關廢止其許可。

第一項及第四項所稱按日連續處罰，其起算日、暫停日、停止日、改善完成認定查驗及其他應遵行事項，由中央主管機關定之。

開發單位違反本法或依本法授權訂定之相關命令而主管機關疏於執行時，受害人民或公益團體得敘明疏於執行之具體內容，以書面告知主管機關。

主管機關於書面告知送達之日起六十日內仍未依法執行者，人民或公益團體得以該主管機關為被告，對其怠於執行職務之行為，直接向行政法院提起訴訟，請求判令其執行。

行政法院為前項判決時，得依職權判令被告機關支付適當律師費用、偵測鑑定費用或其他訴訟費用予對預防及減輕開發行為對環境造成不良影響有具體貢獻之原告。

第八項之書面告知格式，由中央主管機關定之。

## 第 23-1 條

開發單位經依本法處罰並通知限期改善，應於期限屆滿前提出改善完成之報告或證明文件，向主管機關報請查驗。

開發單位未依前項辦理者，視為未完成改善。

## 第 24 條

依本法所處罰鍰，經通知限期繳納，屆期不繳納者，移送法院強制執行。

## 第四章　附則

## 第 25 條

開發行為涉及軍事祕密及緊急性國防工程者，其環境影響評估之有關作業，由中央主管機關會同國防部另定之。

## 第 26 條

有影響環境之虞之政府政策，其環境影響評估之有關作業，由中央主管機關另定之。

## 第 27 條

主管機關審查開發單位依第七條、第十一條、第十三條或第十八條規定提出之環境影響說明書、評估書初稿、評估書或環境影響調查報告書，得收取審查費前項收費辦法，由中央主管機關另定之。

## 第 28 條

本法施行前已實施而尚未完成之開發行為，主管機關認有必要時，得命開發單位辦理環境影響之調查、分析，並提出因應對策，於經主管機關核准後，切實執行。

## 第 29 條

本法施行前已完成環境影響說明書或環境影響評估報告書，並經審查作成審查結論，而未依審查結論執行者，主管機關及相關主管機關應命開發單位依本法第十八條相關規定辦理，開發單位不得拒絕。

## 第 30 條

當地居民依本法所為之行為，得以書面委任他人代行之。

## 第 31 條

本法施行細則，由中央主管機關定之。

## 第 32 條

本法自公布日施行。

# 環境影響評估法施行細則

民國 107 年 4 月 11 日修正

## 第一章　總則

**第 1 條**

本細則依環境影響評估法（以下簡稱本法）第三十一條規定訂定之。

**第 2 條**

本法第三條第四項及第五項之權責機關為中央主管機關。

**第 3 條**

本法所定中央主管機關之權限如下：

一、有關全國性環境影響評估政策、計畫之研訂事項。

二、有關全國性環境影響評估相關法規之訂定、審核及釋示事項。

三、依第十二條第一項分工所列之環境影響說明書、環境影響評估報告書（以下簡稱評估書）、環境影響調查報告書及其他環境影響評估書件之審查事項；政府政策環境影響評估之諮詢。

四、有關中央主管機關審查通過或由直轄市、縣（市）主管機關移轉管轄權至中央主管機關之開發行為環境影響說明書、評估書及審查結論或環境影響調查報告書及其因應對策執行之監督事項。

五、有關全國性環境影響評估資料之蒐集、建立及交流事項。

六、有關全國性環境影響評估之研究發展事項。

七、有關全國性環境影響評估專業人員訓練及管理事項。

八、有關全國性環境影響評估宣導事項。

九、有關直轄市及縣（市）環境影響評估工作之監督、輔導事項。

十、有關環境影響評估之國際合作事項。

十一、其他有關全國性環境影響評估事項。

**第 4 條**

本法所定直轄市主管機關之權限如下：

一、有關直轄市環境影響評估工作之規劃及執行事項。

二、有關直轄市環境影響評估相關法規之訂定、審核及釋示事項。

三、依第十二條第一項分工所列之環境影響說明書、評估書、環境影響調查報告書及其他環境影響評估書件之審查事項。

四、 有關直轄市主管機關審查通過或由中央主管機關移轉管轄權至直轄市主管機關之開發行為環境影響說明書、評估書及審查結論或環境影響調查報告書及其因應對策執行之監督事項。

五、 有關直轄市環境影響評估資料之蒐集、建立及交流事項。

六、 有關直轄市環境影響評估之研究發展事項。

七、 有關直轄市環境影響評估專業人員訓練及管理事項。

八、 有關直轄市環境影響評估宣導事項。

九、 有關直轄市環境影響評估工作之監督、輔導事項。

十、 其他有關直轄市環境影響評估事項。

## 第 5 條

本法所定縣（市）主管機關之權限如下：

一、 有關縣（市）環境影響評估工作之規劃及執行事項。

二、 有關縣（市）環境影響評估相關規章之訂定、審核及釋示事項。

三、 依第十二條第一項分工所列之環境影響說明書、評估書、環境影響調查報告書及其他環境影響評估書件之審查事項。

四、 有關縣（市）主管機關審查通過或由中央主管機關移轉管轄權至縣（市）主管機關之開發行為環境影響說明書、評估書及審查結論或環境影響調查報告書及其因應對策執行之監督事項。

五、 有關縣（市）環境影響評估資料之蒐集、建立及交流事項。

六、 有關縣（市）環境影響評估之研究發展事項。

七、 有關縣（市）環境影響評估宣導事項。

八、 其他有關縣（市）環境影響評估事項。

## 第 5-1 條

各級主管機關依本法第三條所定之環境影響評估審查委員會（以下簡稱委員會）組織規程，應包含委員利益迴避原則，除本法所定迴避要求外，另應依行政程序法相關規定迴避。

本法第三條第二項所稱開發單位為直轄市、縣（市）政府或直轄市、縣（市）政府為促進民間參與公共建設法之主辦機關，而由直轄市、縣（市）政府辦理環境影響評估審查時，直轄市、縣（市）政府機關委員應全數迴避出席會議及表決，委員會主席由出席委員互推一人擔任之。

委員應出席人數之計算方式，應將迴避之委員人數予以扣除，作為委員總數之基準。

第 6 條

本法第五條所稱不良影響，指開發行為有下列情形之一者：

一、 引起水汙染、空氣汙染、土壤汙染、噪音、振動、惡臭、廢棄物、毒性物質
汙染、地盤下陷或輻射汙染公害現象者。

二、 危害自然資源之合理利用者。

三、 破壞自然景觀或生態環境者。

四、 破壞社會、文化或經濟環境者。

五、 其他經中央主管機關公告者。

## 第二章　評估、審查及監督

第 7 條

本法所稱開發單位，指自然人、法人、團體或其他從事開發行為者。

第 8 條

本法第六條第一項之規劃，指可行性研究、先期作業、準備申請許可或其他經中
央主管機關認定為有關規劃之階段行為。

前項認定，中央主管機關應會商中央目的事業主管機關為之。

第 9 條

（刪除）

第 10 條

（刪除）

第 10-1 條

（刪除）

第 11 條

開發單位依本法第七條第一項提出環境影響說明書者，除相關法令另有規定程序
者外，於開發審議或開發許可申請階段辦理。

第 11-1 條

目的事業主管機關收到開發單位所送之環境影響說明書或評估書初稿後，應釐清
非屬主管機關所主管法規之爭點，並針對開發行為之政策提出說明及建議，併同
環境影響說明書或第二階段環境影響評估之勘察現場紀錄、公聽會紀錄、評估書
初稿轉送主管機關審查。

目的事業主管機關未依前項規定辦理者，主管機關得敘明理由退回環境影響說明書或評估書初稿。

本法及本細則所規範之環境影響評估流程詳見附圖。

## 第 12 條

主管機關之分工依附表一定之。必要時，中央主管機關得委辦直轄市、縣（市）主管機關。

二個以上應實施環境影響評估之開發行為，合併進行評估時，主管機關應合併審查。涉及不同主管機關或開發基地跨越二個直轄市、縣（市）以上之開發行為，由中央主管機關為之。

不屬附表一之開發行為類型或主管機關分工之認定有爭議時，由中央主管機關會商相關直轄市、縣（市）主管機關認定之。

前三項規定施行後，受理審查中之環境影響評估案件，管轄權有變更者，原管轄主管機關應將案件移送有管轄權之主管機關。但經開發單位及有管轄權主管機關之同意，亦得由原管轄主管機關繼續辦理至完成環境影響說明書審查或評估書認可後，後續監督及變更再移送有管轄權主管機關辦理。

## 第 12-1 條

本法所稱之目的事業主管機關，依開發行為所依據設立之專業法規或組織法規定之。

前項目的事業主管機關之認定如有爭議時，依行政程序法規定辦理。

## 第 13 條

主管機關依本法第七條第二項規定就環境影響說明書或依本法第十三條第二項規定就評估書初稿進行審查時，應將環境影響說明書或評估書初稿內容、委員會開會資訊、會議紀錄及審查結論公布於中央主管機關指定網站（以下簡稱指定網站）。

前項環境影響說明書或評估書初稿內容及開會資訊，應於會議舉行七日前公布；會議紀錄應於會後三十日內公布；審查結論應於公告後七日內公布。

## 第 14 條

（刪除）

## 第 15 條

本法第七條及第十三條之審查期限，自開發單位備齊書件，並向主管機關繳交審查費之日起算。

前項所定審查期限，不含下列期間：

一、開發單位補正日數。

二、涉目的事業主管機關法令釋示或與其他機關（構）協商未逾六十日之日數。

三、其他不可歸責於主管機關之可扣除日數。

## 第 15-1 條

（刪除）

## 第 16 條

本法第七條第二項但書及第十三條第三項但書所稱情形特殊者，指開發行為具有下列情形之一者：

一、開發行為規模龐大，影響層面廣泛，非短時間所能完成審查者。

二、開發行為爭議性高，非短時間所能完成審查者。

## 第 17 條

本法第七條第三項所稱許可，指目的事業主管機關對開發行為之許可。

## 第 18 條

開發單位依本法第七條第三項舉行公開之說明會，應於開發行為經目的事業主管機關許可後動工前辦理。

## 第 19 條

本法第八條所稱對環境有重大影響之虞，指下列情形之一者：

一、依本法第五條規定應實施環境影響評估且屬附表二所列開發行為，並經委員會審查認定。

二、開發行為不屬附表二所列項目或未達附表二所列規模，但經委員會審查環境影響說明書，認定下列對環境有重大影響之虞者：

（一）與周圍之相關計畫，有顯著不利之衝突且不相容。

（二）對環境資源或環境特性，有顯著不利之影響。

（三）對保育類或珍貴稀有動植物之棲息生存，有顯著不利之影響。

（四）有使當地環境顯著逾越環境品質標準或超過當地環境涵容能力。

（五）對當地眾多居民之遷移、權益或少數民族之傳統生活方式，有顯著不利之影響。

（六）對國民健康或安全，有顯著不利之影響。

（七）對其他國家之環境，有顯著不利之影響。

（八）其他經主管機關認定。

開發單位於委員會作成第一階段環境影響評估審查結論前，得以書面提出自願進行第二階段環境影響評估，由目的事業主管機關轉送主管機關審查。

## 第 20 條

本法第八條第一項第二款及本細則第二十二條第一項、第二項及第二十六條第二項所稱之適當地點，指開發行為附近之下列處所：

一、開發行為所在地之鄉（鎮、市、區）公所及村（里）辦公室。

二、毗鄰前款鄉（鎮、市、區）之其他鄉（鎮、市、區）公所。

三、距離開發行為所在地附近之學校、寺廟、教堂或市集。

四、開發行為所在地五百公尺內公共道路路側之處所。

五、其他經主管機關認可之處所。

開發單位應擇定前項五處以上為環境影響說明書陳列或揭示之處所，並力求各處所平均分布於開發環境區域內。

開發單位於陳列或揭示環境影響說明書時，應將環境影響說明書公布於指定網站至少三十日。

## 第 21 條

開發單位依本法第八條第一項第三款刊載新聞紙，應連續刊載三日以上。

## 第 22 條

開發單位依本法第七條第三項或第八條第二項舉行公開說明會，應將時間、地點、方式、開發行為之名稱及開發場所，於十日前刊載於新聞紙及公布於指定網站，並於適當地點公告及通知下列機關或人員：

一、有關機關。

二、當地及毗鄰之鄉（鎮、市、區）公所。

三、當地民意機關。

四、當地村（里）長。

前項公開說明會之地點，應於開發行為所在地之適當地點為之。

開發單位於第一項公開說明會後四十五日內，應作成紀錄函送第一項機關或人員，並公布於指定網站至少三十日。

## 第 22-1 條

開發單位依本法第十條所提出之範疇界定資料，主管機關應公布於指定網站至少十四日，供民眾、團體及機關以書面表達意見，並轉交開發單位處理。

主管機關舉辦範疇界定會議七日前，應公布於指定網站，邀集委員會委員、目的事業主管機關、相關機關、團體、學者、專家及居民代表界定評估範疇，並由主管機關指定委員會委員擔任主席。

主管機關完成界定評估範疇後三十日內，應將本法第十條第二項所確認之事項，公布於指定網站。

## 第 23 條

本法第十一條第二項第十一款及第十二款所稱之處理情形，應包括下列事項：

一、就意見之來源與內容作彙整條列，並逐項作說明。

二、意見採納之情形及未採納之原因。

三、意見修正之說明。

## 第 24 條

目的事業主管機關依本法第十二條第一項進行現場勘察時，應發給參與者勘察意見表，並彙整作成勘察紀錄，一併送交主管機關。

## 第 24-1 條

本法第十二條第一項、第十三條第一項所稱公聽會，指目的事業主管機關向主管機關、委員會委員、有關機關、專家學者、團體及當地居民，廣泛蒐集意見，以利後續委員會審查之會議。

## 第 25 條

主管機關依本法第十條規定界定評估範疇或目的事業主管機關依本法第十二條第一項規定進行現場勘察、舉行公聽會時，應考量下列事項，邀集專家學者參加：

一、個案之特殊性。

二、評估項目。

三、各相關專業領域。

## 第 26 條

目的事業主管機關依本法第十二條第一項舉行公聽會時，應於十日前通知主管機關、委員會委員、有關機關、專家、學者、團體及當地居民，並公布於指定網站至公聽會舉行翌日。

公聽會應於開發行為所在地之適當地點行之。第一項當地居民之通知，得委請當地鄉（鎮、市、區）公所轉知。

目的事業主管機關應於公聽會議紀錄作成後三十日內，公布於指定網站。

## 第 27 條

（刪除）

## 第 28 條

開發單位依本法第七條、第十三條及第十八條提出環境影響說明書、評估書及環境影響調查報告書時，應提供包含預測與可行方案之完整資料。

主管機關於審查之必要範圍內，認為開發單位所提供之資料不夠完整時，得定相當期間命開發單位提供相關資料或報告，或以書面通知其到場備詢。

前項資料涉及營業或其他祕密之保護者，依相關法令規定辦理。

## 第 29 條

開發單位未依本法第十三條第二項審查結論修正評估書初稿時，主管機關應敘明理由，還請開發單位限期補正。

## 第 30 條

本法第七條第二項及第十三條第三項之公告，應於開發行為所在地附近適當地點陳列或揭示至少十五日，或刊載於新聞紙連續五日以上。

## 第 31 條

（刪除）

## 第 32 條

開發單位依本法第十四條第二項但書重新將替代方案送主管機關審查者，應依本法第六條及第七條所定程序辦理。

於原地點重新規劃同一開發行為之替代方案者，開發單位應檢具環境影響說明書，向目的事業主管機關提出，並由目的事業主管機關轉送原審查主管機關審查，不受第十二條第一項及第二項分工之限制。

## 第 33 條

本法第十五條所稱同一場所，指一定區域內，各開發場所環境背景因子類似，且其環境影響可合併評估者。

## 第 34 條

二個以上開發行為合併進行評估者，關於評估之執行、審查程序之進行、環境影響說明書或評估書之作成及其他相關事項，各開發單位應共同負責。

前項情形，各開發單位應各派代表或共同推舉代表執行評估、參與審查程序及其他相關事項。

第 35 條

（刪除）

第 36 條

本法第十六條第一項所稱之變更原申請內容，指本法第六條第二項第一款、第四款、第五款及第八款或本法第十一條第二項第一款、第四款、第五款、第八款及第十款至第十二款之內容有變更者。

屬下列情形之一者，非屬前項須經核准變更之事項，應函請目的事業主管機關轉送主管機關備查：

一、 開發基地內非環境保護設施局部調整位置。

二、 不立即改善有發生災害之虞或屬災害復原重建。

三、 其他法規容許誤差範圍內之變更。

四、 依據環境保護法規之修正，執行公告之檢驗或監測方法。

五、 在原有開發基地範圍內，計畫產能或規模降低。

六、 提升環境保護設施之處理等級或效率。

七、 其他經主管機關認定未涉及環境保護事項或變更內容對環境品質維護不生負面影響。

第 37 條

開發單位依本法第十六條第一項申請變更環境影響說明書、評估書內容或審查結論，無須依第三十八條重新進行環境影響評估者，應提出環境影響差異分析報告，由目的事業主管機關核准後，轉送主管機關核准。但符合下列情形之一者，得檢附變更內容對照表，由目的事業主管機關核准後，轉送主管機關核准：

一、 開發基地內環境保護設施調整位置或功能。但不涉及改變承受水體或處理等級效率。

二、 既有設備改變製程、汰舊換新或更換低能耗、低汙染排放量設備，而產能不變或產能提升未達百分之十，且汙染總量未增加。

三、 環境監測計畫變更。

四、 因開發行為規模降低、環境敏感區位劃定變更、環境影響評估或其他相關法令之修正，致原開發行為未符合應實施環境影響評估而須變更原審查結論。

五、 其他經主管機關認定對環境影響輕微。

第 37-1 條

依第三十六條第二項提出備查之內容如下：

一、開發單位之名稱及其營業所或事務所地址。

二、符合第三十六條第二項之情形、申請備查理由及內容。

三、其他經主管機關指定之事項。

依前條提出環境影響差異分析報告，應記載下列事項：

一、 開發單位之名稱及其營業所或事務所地址。

二、 綜合評估者及影響項目撰寫者之簽名。

三、 本次及歷次申請變更內容與原通過內容之比較。

四、 開發行為或環境保護對策變更之理由及內容。

五、 變更內容無第三十八條第一項各款應重新辦理環境影響評估適用情形之具體
說明。

六、 開發行為或環境保護對策變更後，對環境影響之差異分析。

七、 環境保護對策之檢討及修正，或綜合環境管理計畫之檢討及修正。

八、 其他經主管機關指定之事項。

依前條提出變更內容對照表，應記載下列事項：

一、 開發單位之名稱及其營業所或事務所地址。

二、 符合前條之情形、申請變更理由及內容。

三、 開發行為現況。

四、 本次及歷次申請變更內容與原通過內容之比較。

五、 變更後對環境影響之說明。

六、 其他經主管機關指定之事項。

## 第 38 條

開發單位變更原申請內容有下列情形之一者，應就申請變更部分，重新辦理環境
影響評估：

一、 計畫產能、規模擴增或路線延伸百分之十以上者。

二、 土地使用之變更涉及原規劃之保護區、綠帶緩衝區或其他因人為開發易使環
境嚴重變化或破壞之區域者。

三、 降低環保設施之處理等級或效率者。

四、 計畫變更對影響範圍內之生活、自然、社會環境或保護對象，有加重影響之
虞者。

五、 對環境品質之維護，有不利影響者。

六、 其他經主管機關認定者。

前項第一款及第二款經主管機關及目的事業主管機關同意者，不在此限。

開發行為完成並取得營運許可後，其有規模擴增或擴建情形者，仍應依本法第五條規定實施環境影響評估。

### 第 38-1 條

（刪除）

### 第 39 條

目的事業主管機關依本法第十八條所為之追蹤事項如下：

一、核發許可時要求開發單位辦理之事項。

二、開發單位執行環境影響說明書或評估書內容及主管機關審查結論事項。

三、其他相關環境影響事項。

前項執行情形，應函送主管機關。

### 第 40 條

本法第十八條第一項之環境影響調查報告書，應記載下列事項：

一、 開發單位之名稱及其營業所或事務所地址。

二、 環境影響調查報告書綜合評估者及影響項目撰寫者之簽名。

三、 開發行為現況。

四、 開發行為進行前及完成後使用時之環境差異調查、分析，並與環境影響說明書、評估書之預測結果相互比對檢討。

五、 結論及建議。

六、 參考文獻。

七、 其他經主管機關指定之事項。

本法第十八條第三項之因應對策，應記載下列事項：

一、 開發單位之名稱及其營業所或事務所地址。

二、 依據前項環境影響調查報告書判定之結論或主管機關逕行認定對環境造成不良影響之內容，提出環境保護對策之檢討、修正及預定改善完成期限。

三、 執行修正後之環境保護對策所需經費。

四、 參考文獻。

五、 其他經主管機關指定之事項。

### 第 41 條

主管機關或目的事業主管機關為執行本法第十八條所定職權，得派員赴開發單位或開發地點調查或檢驗其相關運作情形。

第 42 條

（刪除）

第 43 條

主管機關審查環境影響說明書或評估書作成之審查結論，內容應涵括綜合評述，其分類如下：

一、通過環境影響評估審查。

二、有條件通過環境影響評估審查。

三、應繼續進行第二階段環境影響評估。

四、認定不應開發。

五、其他經中央主管機關認定者。

第 44 條

（刪除）

第 45 條

（刪除）

第 46 條

（刪除）

第 47 條

（刪除）

## 第三章　附則

第 48 條

本法第二十八條所稱主管機關認有必要時，指第十九條所列各款情形之一，經依其他相關法令處理後仍未能解決者。

第 49 條

依本法第二十八條辦理環境影響調查、分析及提出因應對策之書面報告，應記載下列事項：

一、開發單位之名稱及其營業所或事務所。

二、負責人之姓名、住居所及身分證統一編號。

三、開發行為之名稱及開發場所。

四、開發行為之目的及其內容。

五、開發行為所採之環境保護對策及其成果。

六、環境現況。

七、開發行為已知或預測之環境影響。

八、減輕或避免不利環境影響之對策。

九、替代方案。

十、執行因應對策所須經費。

十一、參考文獻。

## 第 50 條

本法第二十九條所稱相關主管機關,指本法施行前辦理環境影響說明書或評估書之原審查機關。

前項機關應依本法第十八條規定辦理監督工作,主管機關得會同執行。

## 第 51 條

本法施行前已完成環境影響說明書或評估書,經審查作成審查結論者,開發單位申請變更原申請內容者,準用第三十六條至第三十八條規定。

## 第 51-1 條

中央目的事業主管機關或直轄市、縣(市)政府就認定標準、細目或環境影響評估作業準則等相關法規提出建議修正時,應邀集有關機關及多元民間團體舉辦公開研商會,將共識意見彙整為草案,函請中央主管機關召開公聽會,並由中央主管機關依法制作業程序辦理。

## 第 52 條

本法及本細則所定處分書、委任書或其他書表之格式,由中央主管機關定之。

## 第 53 條

本細則除中華民國一百零四年七月三日修正發布之第五條之一、第十一條一及第十二條自發布後六個月施行,一百零七年四月十一日修正發布之第十二條附表一之開發行為類型屬旅館、觀光旅館、文教建設及港區申請設置水泥儲庫,自發布後三個月施行外,自發布日施行。

# 瀕臨絕種野生動植物國際貿易公約

1973 年 3 月 3 日簽署於美國首府華盛頓
2005 年 1 月 11 日修正動植物物種附錄一、二、三名單

## 第 1 條　定義

就適用本公約而言，除參照約文需另作解釋外：

一、「物種」：係指任何種、亞種或其於地理上分隔之族群。

二、「標本」：係指

1. 列於附錄中之任何動物或植物，含其活體及屠體。

2. 涵蓋列於附錄中動物之任何易於辨識之部位或其衍生物。

3. 涵蓋列於附錄中植物之任何易於辨識之部位或其衍生物。

三、「貿易」：係指輸出、再輸入或自海洋引入；

四、「再輸出」：係指任何前經輸入標本之輸出；

五、「自海洋引人」：係指任何物種標本之引入一國，而此項標本係取自不屬任何國家所管轄之海洋環境者。

六、「科學機構」：係指依第九條指定國家科學機構。

七、「管理機構」：係指依第九條指定之國家管理機構。

八、「會員國」：係指本公約對該國業已生效之國家。

## 第 2 條　基本原則

一、附錄一應包括受貿易影響或可能受其影響而致有滅種威脅之一切物種，此等物種標本之貿易，必須特予嚴格管制，以免危及其生存。其貿易僅在特殊情形下，始准為之。

二、附錄二應包括：

1. 目前族群數量相當稀少而雖未必遭致滅種之威脅，但除非其標本之貿易予以嚴格管制並防止有礙其生存之利用，否則，將來仍有遭致滅種之可能者。

2. 其他須予管制之物種，俾使本項第一、項所指物種標本之貿易，可獲有效控制。

三、附錄三應包括經任何會員國指明之一切物種，在該國管轄下受管制，以預防或限制濫用，此外，需他其會員國合作者也涵蓋於內，以便有效控制貿易。

四、 除依本公約之規定外，各會員對附錄一、附錄二及附錄三所列物種標本，不得進行貿易。

### 第 3 條　附錄一所列物種標本之貿易管制

一、 附錄一所列物種標本之一切貿易，均應遵照本條之規定。

二、 附錄一所列任何物種標本之輸出，應先經核准並提出輸出許可證。輸出許可證僅於符合下列條件時發給。

　　1. 輸出國之科學機構曾經通告此項出並不危害該物種之生存。

　　2. 輸出國之管理機構查明該標本之取得，並未違反該國保護動植物物種之法律。

　　3. 輸出國之管理機構認為任何活體標本之輸出，在準備和裝運過程中，其傷害可以減至最低，並且不傷及其健康或有虐待行為者。

　　4. 輸出國之管理機構查明標本輸入許可證業已發給。

三、 附錄一所列任何物種標本之輸入，應先經核准並提出輸入許可證及輸出或再輸出許可證。輸入許可證僅於符合下列條件時發給：

　　1. 輸入國之科學機構曾經通告此項輸入之用途並不危害有關物種之生存。

　　2. 輸入國之科學機構查明一活體標本之接受者，具有適當設備，以安置及看管該標本。

　　3. 輸入國之管理機構查明該標本不用於偏重在商業上之目的。

四、 附錄一所列任何物種標本之再輸出，應先經核准並提出再輸出證。再輸出證僅於符合下列條件時發給。

　　1. 再輸出國之管理機構查明此種標本係遵照本公約之規定輸入該國。

　　2. 再輸出國之管理機構認為任何活體標本之再輸出，在準備和裝運過程中，其傷害可以減至最低，並且不傷及健康或有虐待行為者。

　　3. 再輸出國之管理機構查明任何活標本之輸入許可證業已發給。

五、 自海洋引入附錄一所列任何物種標本，應先經引入國之管理機構核發證書。此項證書僅於符合下列條件時發給：

　　1. 引入國科學機構曾經通告此項引進並不危害有關物種之生存。

　　2. 引入國之管理機構查明一活體標本之接受者具有適當設備，以安置及看管該標本。

　　3. 引入國之管理機構查明標本不用於偏重在商業上之目的。

### 第 4 條　附錄二所列物種標本之貿易管制

一、　附錄二所列物種標本之一切貿易均應遵照本條之規定。

二、　附錄二所列任何物種標本之輸出，應先經核准並提出輸出許可證。輸出許可證僅於符合下列條件時發給：

　　1. 輸出國之科學機構曾經通告此項輸出並不危害該物種之生存。

　　2. 輸出國之管理機構查明該標本之取得並未違反該國保護動植物物種之法律。

　　3. 輸出國之管理機構認為任何活體標本之輸出，在準備和裝運過程中，其傷害可以減至最低，並且不傷及其健康或有虐待行為者。

三、　任一會員國之科學機構應隨時查核，依附錄二所列物種標本所發輸出許可證及該標本之實際輸出。同時，為了維護此類物種在其生長地區之生態系統中應有的族群數量，當該物符合附錄一所列物種之標準時，應限制此類物種標本之輸出，並即通知有關管理機構，採取適當措施，限制發給該等物種標本之輸出許可證。

四、　附錄二所列任何物種標本之輸入，應提出輸出或再輸出許可證。

五、　附錄二所列任何物種標本之再輸出，應先經核准並提出再輸出證。再輸出許可證僅於符合下列條件時發給：

　　1. 再輸出國之管理機構查明此種標本之輸入該國，係遵照本公約之規定。

　　2. 再輸出國之管理機構認為任何活體標本之再輸出，在準備和裝運過程中其傷害可以減至最低，並且不傷及其健康或有虐待行為者。

六、　附錄二所列目海洋引入之任何物種標本，應先獲得引入國家管理機構之核可證。此項核可證僅於符合下列條件時發給：

　　1. 引入國之科學機構曾經通告此項引進並不危害有關物種之生存。

　　2. 引入國之管理機構查明任何活體標本之處理，其傷害可以減至最低，並且不傷及其健康或有虐待行為者。

七、　本條第六項所指核可證，經科學機構與其他國家科學機構酌情或與國際科學機構商洽後，通知發給，並規定在不超過一年之期間內，可以引入標本之總數。

第 5 條　附錄三所列物種標本之貿易管制

一、 附錄三所列物種標本之一切貿易均應遵照本條之規定。

二、 附錄三所列任何物種標本之輸出，如輸出國已將該物種列入附錄三時，應先經核准並提出輸出許可證，此項許可證僅於符合下列條件時發給。

　　1. 輸出國管理機構查明該標本之取得並未違反該國保護動植物物種之法律。

　　2. 輸出國之管理機構認為任何活體標本之輸出，在準備和裝運過程中，其傷害可以減至最低，並且不傷及其健康或有虐待行為者。

三、 附錄三所列任何物種標本之輸入，除適用本條第四項之情形外，應於事前提出產地證明書，如一國已將該物種列入附錄三，自該國輸入時，應提出輸出許可證。

四、 遇再輸出時，再輸出國之管理機構所發證明該標準備曾在該國加工或再輸出之證明書，應被輸入國接受，作為該標本已符合本公約規定之證據。

第 6 條　許可證及證明書

一、 依第三、第四及第五條規定所發之許可證及證明書應遵照本條之規定。

二、 輸出許可證應載有附錄四所列樣本內所述資料，並僅可自發給之日起六個月期間內使用。

三、 每一許可證或證門書應載明本公約名稱，簽發證書之管理機構名稱及任何識別圖章，以及該管理機構指定之管制號碼。

四、 管理機構所發許可證或證明書之任何抄本，均應明確標明僅為抄本，抄本除經簽署許可外，不得用作代替原本。

五、 標本之每一輸運，應具各別許可證或證明書。

六、 任何標本輸入國之管理機構，應註銷及保存為輸入該標本所提出之輸出許可證或再輸出證明書以及任何相關輸入許可證。

七、 在適當及可行之情況下，管理機構得在任何標本上蓋貼標誌，以資識別。為此用途，「標誌」意指用於識別標本之任何不能揩除之印記、鉛印或其他適當工具。其設計方法應使未經授權之人無法偽造。

第 7 條　關於貿易之免除及其他特別之規定

一、 標本因過境或船運過境而路經或暫存於會員國的海關處時，本公約中之第三、第四及第五條之規定不宜採用。

二、 輸出或再輸出國之管理機構，經查明一標本之取得，如係在適用本約規定以前，則在該管理機構發給證明書時，不適用第三、第四及第五條之規定。

三、 第三、第四及第五條之規定，不適用於標本之為私有或為家庭什物。此項免除不適用於下列情形：

　　1. 附錄一所列物種標本，如係由所有在其所經常居留的國家以外取得而現將輸入該輸入該國者。

　　2. 附錄二所列物種標本：

　　　　(1) 如係由所有人在其所經常居留的國家以外之其他國家中的原野以外取得者。

　　　　(2) 現正輸入所有人所經常居留的國家者。

　　　　(3) 標本已在一國原野之外，該國在該等標本輸出以前，需核准發給輸出許可證者；但如管理機構查明標本之取得，係在適用本公約規定以前，不在此限。

四、 附錄一所列之動物物種，如係捕獲豢養作商業性目的者，或附錄一所列之植物物種，如由人工繁殖作商業性目的者，應視為附錄二所列之物種標本。

五、 輸出國之管理機構查明任何動物物種標本，係捕獲豢養，或任何植物物種標本，由人工繁殖，或為該動植物之部分或衍生，經該管理機構證實而發給之證明書，應被接受，以替代第三、第四或第五條規定所需之任何許可證或證明書。

六、 帶有國家管理機構所發或認可標記之乾製植物標本，他種保藏、封乾或嵌插之博物院標本，以及活體植物標本之非商業性攜出、贈與或經國家科學機構登記之科學家或科學機關間之交換，不違反第三、第四及第五條之規定。

七、 任何國家之管理機構，對旅行中之動物園、馬戲團、巡迴動物園、植物展覽或其他旅行展覽之標本，得免除第三、四及第五條之規定，不需許可證或證明書而任其行動，但須：

　　1. 輸出者或輸入者將上列標本之詳情向該管理機構登記。

　　2. 此等標本係在本條第二或第五段所列種類以內。

　　3. 管理機構認為對於任何活體標本之運輸及照管，其傷害可以減至最低，並且不傷及其健康或有虐待行為者。

第 8 條　各會員國應採之措施

一、　各會員國應採取適當措施，以執行本公約之規定，並禁止標本之貿易行為有違反本公約者。此項措施應包括：

　　1. 懲罰此等標本之貿易或占有，或兩者均予懲罰；及

　　2. 規定將此標本沒收或歸還輸出國。

二、　除依本條第一項所採措施外，會員國認為必要時，對違反適用本公約規定措施而交易之標本，得就其因沒收而負擔之費用，規定內部償還辦法。

三、　各會員國應儘可能保證儘速完成標本貿易應辦手續。為便利計，會員國得指定標本必須提請放行之出入港口。各會員並應保證各種活體標本在過境停留或運送期間，受到適當照管，使其傷害可以減至最低，並且不傷及其健康或有虐待行為者。

四、　活體標本如因本條第一項所定之措施而被沒收時：

　　1. 應將標本交付沒收之管理機構保管。

　　2. 管理機構與輸出國洽商後，應將標本歸還該國，由其負擔費用或由管理機構認為適當且符合本公約之目的時，將標本送至一救護中心或其他類似處所。

　　3. 管理機構得徵詢科學機構之意見，或於其認為需要時，與祕書處洽商，以便促成依本項第二款之決定，包括救護中心或其他處所之選擇。

五、　本條第 2 項所指之救護中心，係指由管理機構指定照顧活體標本之機構，對被沒收之活體標本尤然。

六、　每一會員國應保存附錄一、附錄二及附錄三所列物種標本之貿易紀錄，包括：

　　1. 輸出者和輸入者之姓名及地址。

　　2. 此類貿易國家所發給許可證及證明書之號碼及種類；附錄一、附錄二及附錄三所標本之號碼、數量、型態、物種名稱以及有關標本之尺寸及性別。

七、　每一會員國應將本公約實施情形，編擬下列定期報告，提送祕書處：

　　1. 常年報告，包含本條第六項第 2 款所指定之資料概要；及

　　2. 兩年度報告，包含因執行本公約規定所採之立法、管制及行政措施。

八、　本條第七項所指之報告，在不違反會員國法律情形下，應可供公開。

## 第 9 條　管理機構及科學機構

一、 每一會員國為本公約之宗旨應指定：

　　1. 有權代表該國發給許可證、證明書之一個或一個以上之管理機構；及

　　2. 一個或一個以上之科學機構。

二、 一國存放批准書、接受書、同意書或加入書時，應同時將經授權與其他會員國和祕書處聯絡之該國管理機構之名稱及地址，通知存放國政府。

三、 依本條規定所作之指定或授權，如有任何變更，應由有關會員國通知祕書處轉知所有其他會員國。

四、 本條第二項所指之管理機構，如遇祕書處或其他會員國管理機構要求時，應將其用作鑑定許可證或證明書之圖章、印記或其他設計之印文，送達對方。

## 第 10 條

與非會員國之貿易凡由非本公約會員國輸出或再輸出或輸入者，該國主管機構所發之同類證件，如符合本公約所規定之許可證及證明書時，任何會員國可接受其為替代之用。

## 第 11 條　會員國大會

一、 祕書處至遲於本公約生效後兩年內，應召集會員國大會會議一次。

二、 除大會另有決定外，祕書處此後應每兩年至少召集經常會議一次。經會員國至少三分之一之書面要求，得隨時召集特別會議。

三、 在經常或特別會議中，各會員國應檢討本公約實施情形，並得：

　　1. 制定為使祕書處執行職務所需之規章。

　　2. 依第十五條審議並通過附錄一及附錄二之修正案。

　　3. 檢討附錄一、附錄二及附錄三所列物種之恢復及保育之進度。

　　4. 聽取並審議祕書處或任何會員國之報告；及

　　5. 在適當情形下，作成建議以增進本公約之效力。

四、 在每屆經常會議中，各會員國得依本條第二項之規定，決定下屆常會之時間及地點。

五、 在任何會議中，各會員國得決定並制定會議之議事規則。

六、 聯合國與其各專門機構、國際原子能總署以及任何非締約之非會員國得派觀察員代表參加大會各種會議，渠等有權參加會議，但無表決權。

七、下列各類機構或團體，在技術上具有保護、保育或管理野生動植物物種之資格，經通知祕書處擬派觀察員代表參加會議者，除出席會員國至少三分之一反對外，應許其列席：

1. 政府或非政府之國際機構或團體，及各國政府機構和團體；及

2. 各國非政府機構或團體經所在國為此目的而認可者，其觀察員一經准許列席，應即有權參加會議，但無表決權。

## 第 12 條　祕書處

一、本公約開始生效時，應由聯合國環境計畫執行幹事設立一祕書處。在執行幹事認為適當之限度及情形下，得由在技術上具有保護、保育及管理野生動植物物種之適當的政府間之國際或國家機構及團體，給予協助。

二、祕書處之職務為：

1. 安排並辦理會員國之各種會議。

2. 執行依本公約第十五及第十六條規定賦與之職務。

3. 遵照會員國大會授權之計畫從事科學和技術研究，包括關於適當準備及輸運活體標本之標準及識別標本方法之研究；以利本公約之實施。

4. 檢討會員國提送之報告，必要時，向會員國要求有關更詳盡之資料，以確保本公約之實施。

5. 促請會員國注意有關本公約目標之任何事項。

6. 定期刊印附錄一、附錄二及附錄三之現行版本，連同識別各該附錄所列物種標本之資料，分送各會員國。

7. 編擬常年工作報告及本公約實施情況報告，以及會員國會議要求之其他報告。

8. 作成實施本公約目標及規定之建議，包括科學或技術性資料之交換。

9. 執行會員國交付之任何其他職務。

## 第 13 條　國際措施

一、祕書處依據所接資料，如認為附錄一或附錄二所列之物種，其標本因交易而蒙不利，或本公約規定不能有效實施時，應將此項資料送達有關會員國授權之管理機構。

二、 任何會員國於接到本條第一項所指資料後，在其法律許可範圍內，並在適當
　　 情形下，應將有關事實及所擬補救行動，儘速通知祕書處。如會員國認為應
　　 舉行調查時，得由該國明確授權一人或一人以上進行此項調查。

三、 依本條第二項規定由會員國供給或調查所得之資料，應在下屆會員國大會審
　　 議，並提出其認為適當之建議。

### 第 14 條　國內立法和國際公約之影響

一、 本公約之規定不影響各會員國採取下列措施之權：

　　 1. 規定附錄一、附錄二及附錄三所列物種標本之交易、占有或輸運之條件
　　　　 或此等行為之全部禁止等嚴屬國內措施；或

　　 2. 不列於附錄一、附錄二或附錄三之物種之限制或禁止交易、占有或輸運
　　　　 等國內措施。

二、 本公約之規定不影響各會員國任何國內措施之規定，或其因現行有效或以後
　　 生效之條約、公約或國際協定所產生關於交易、占有或輸運標本方面之義
　　 務，包括關於海關、公共衛生、獸醫或植物檢疫方面之任何措施。

三、 各國間締結或可能締結創立聯盟或區域貿易協定，以設立或維持共同對外之
　　 海關管制，及撤除海關管制，在此等事務屬於該等聯盟或協定會員國間與貿
　　 易有關之情形下，本公約之規定不影響此等條約、公約或國際協定之規定或
　　 由此而產生之義務。

四、 本公約會員國，在本公約生效時，亦為參加其他現行有效之條約、公約或國
　　 際協定之國家，依該等條約之規定，對本公約附錄二所列海洋物種亦應予保
　　 護，如附錄二所列物種標本之貿易，係由在該國登記之船舶依據各該條約、
　　 公約或國際協定之規定而獲取，應免除其依本公約規定所負之義務。

五、 不論第三、第四及第五條之規定如何，依本條第四項所獲取之標本之輸出，
　　 僅需引入國之管理機構發給證明書、證明此等標本之獲取，係遵照其他有關
　　 條約、公約或國際協定之規定。

六、 本公約應不妨礙依據聯合國大會決議案第二七五○Ｃ號（貳拾伍）召集聯合
　　 國海洋法會議對海法之編纂及發展，或任何國家對於海洋法及濱海及船籍國
　　 管轄權之性質及限度所有之現在或未來之主張及法律意見。

### 第 15 條　附錄一及附錄二之修正

一、 在會員國大會會議中，對附錄一及附錄二提出修正案,適用下列規定：

　　 1. 任何會員國得在下屆會議提出附錄一或附錄二之修正案以供審議。修正
　　　　 案全文應於會議前至少一百五十天內送達祕書處。祕書處應依本條第二

項第二及第三款之規定，與其他會員國及有關機關就修正案進行洽商，並將其答覆至遲於會議前三十天內送達各會員國。

2. 修正案應以出席及投票之會員國三分之二之多數票通過。為此目的，所謂「出席及投票之會員國」音指出席及投贊成票或反對票之會員國。棄權不投票者不得計入通過修正案所需之三分之二票數。

3. 會議通過之修正案應於會議結束九十天後對所有會員國開始生效，但依照本條第三項提出保留者，不在此限。

二、 在會員國大會休會期間提出附錄一或附錄二之修正案，適用下列規定：

1. 任何會員國在大會休會期間，得依本項規定以郵政程序提出附錄一或附錄二之修正案，以供討論。

2. 祕書處於收到關於海洋物種之修正案後，應立即將修正案全文送達各會員國。祕書處並應與對該物種負有職務之政府間機構洽商，以便索取該機構可以供給之科學資料，並確實與此等機構採取保存措施之執行。祕書處應將此等機構所提供之意見及資料，連同其本身所作調查報告或建議，儘速送達各會員國。

3. 祕書處於收到關於海洋物種以外之物種之修正案後，應立即將修正案全文送達各會員國，隨後並將其建議儘速送達各會員國。

4. 任何會員國於祕書處依照本項第二或第三款向其送達建議後六十天內，得向祕書處對該修正案提送意見及有關科學資料及資訊。

5. 祕書處應將所收答覆，連同其所作建議，儘速送達各會員國。

6. 祕書處如在依照本項第五款規定送達答覆及建議之日三十天後尚未收到對修正案之異議時，則修正案應於九十天後對所有會員國開始生效，但依照本條第三項提出保留者，不在此限。

7. 祕書處如收到任何會員國之異議時，應將所提修正案依照本項第八、第九、和第十款規定，經由郵政投票表決。

8. 祕書處應將所收到異議通知，轉告各會員國。

9. 祕書處若未在依照本項第八款之通知之日起六十天內收到會員國至少半數的贊成、反對或棄權票，則所提修正案應移交下屆大會會議續行審議。

10. 在收到會員國半數之投票情形下，修正案應以投贊成票或反對票之會員國三分之二多數票通過。

11. 祕書處應將投票結果通知所有會員國。

12. 修正案通過後，應於祕書處通知經各會員國接受之日起九十天後，對所有會員國開始生效，但依照本條第三項提出保留者，不在此限。

三、 在本條第一項第三款或第二項第十二款規定之九十天期間內，任何會員國得對修正案提出保留，以書面通知存放國政府。在未撤回此項保留前，該國就其有關物種之交易，應視為不屬於本公約之會員國。

## 第 16 條　附錄三及其修正

一、 為達成第二條第三項所述之目的，任何會員國隨時得將該國指明在其管轄下應受管制之物種列表提送祕書處。附錄三應載明提送物種表之會員國國名、所送物種之科學名稱、以及第一條第乙款所指有關動植物物種之部分或衍生物。

二、 祕書處於收到依照本條第一項規定所定之物種表後，應儘速送達各會員國。此表應自送達之日起九十天後開始生效，作為附錄三之一部分。此表經送達後，任何會員國對任何物種或其部分或衍生物得隨時向存放國政府以書面提出保留。在未撤回此項保留前，該國就其有關此等物種或其部分或衍生之交易，應視為不屬於本公約之會員國。

三、 提送物種列入附錄三之公約國，得隨時通知祕書處將其撤回。祕書處應將此項撤回通知各締約國。撤回於通知之日起三十天後開始生效。

四、 依本條第一項規定提送物種表之任何締約國，應向祕書處提送適用於保護此類物種之一切國內法律和規程，並在其認為適當情形下或經祕書處請求時，附送其所作之解釋。締約國應就具列入附錄三之有關物種，提送其所採關於此項法律或規程之一切修正及新解釋。

## 第 17 條　公約之修正

一、 祕書處經會員國至少三分之一之書面要求，應召集會員國大會特別會議，以便審議及通過本公約之修正案。此項修正案應以出席及投票之會員國三分之二之多數票通過。為此目的，「出席及投票之會員國」意指出席及投贊成票或反對票之會員國。棄權不投票者不得計入通過修正案所需之三分之二票數。

二、 祕書處應將所提修正案全文於會議前至少九十天內送達各會員國。

三、 修正案應於會員國三分之二將修正案接受書送交存放國政府六十天後對各該會員國開始生效。此後，修正案應於其他會員國送交修正案接受書六十天後對其開始生效。

## 第 18 條　爭議之解決

一、　兩個或兩個以上會員國如對本公約規定之解釋或適用仅生任何爭議時，應由爭議有關國家舉行談判。

二、　如該爭議不克依本條第一項解決時，會員國得相互同意將爭議提請公斷，尤其海牙常設公斷法院之公斷。提請公斷之會員國應受公斷決定之約束。

## 第 19 條　簽署

本公約應聽由各國在華盛頓簽署至一九七三年四月三十日為止，其後在伯爾尼簽署至一九七四年十二月卅一日為止。

## 第 20 條　批准、接受、同意

本公約應經批准、接受或同意。批准書、接受書或同意書應送存瑞士聯邦政府，該政府為存放國政府。

## 第 21 條　入會

本公約應無限期聽由各國加入。加入書應送交存放國政府。

## 第 22 條　生效

一、　本公約應於第十個批准書、接受書、同意書或加入書送交存放國政府之日九十天後開始生效。

二、　本公約在第十個批准書、接受書、同意書或加入書交存後，對每個批准、接受、同意或加入本公約之國家，應於各該國存放其批准書、接受書、同意書或加入書九十天後開始生效。

## 第 23 條　保留

一、　本公約之規定應不受一般性之保留。依照本條及第十五及第十六條之規定得提出特殊性之保留。

二、　任何會員國於存放批准書、接受書、同意書或加入書時，得提出下列特殊性之保留：

　　1. 附錄一、附錄二或附錄三所列任何物種；或

　　2. 附錄三所列物種之任何部分或衍生物。

三、　會員國在未撤回依本條規定所提之保留前，就此項保留內指定之特種物種或其部分或衍生物之交易，應視為不屬於本公約之會員國。

## 第 24 條　廢止

任何會員國得隨時以書面通知存放國政府廢止本公約。廢止應自存放國政府收到通知十二個月後生效。

## 第 25 條　交存

一、 本公約中文、英文、法文、俄文及西班牙文各本均具同等效力,其原本應存放於存放國政府。存放國政府應將本公約各種文字之認證本分送所有簽署國或存放加入書之國家。

二、 存放國政府應將本公約之簽署、批准書、接受書、同意書或加入書之存放、生效、修正、保留之提出和撤回以及廢止之通知,通知所有簽署及加入之國家及祕書處。

三、 俟本公約開始生效,存放國政府應將認證本一份,依聯合國憲章第一百零二條,送聯合國祕書處登記及公布。為此,下列全權代表各經正式授權,謹簽字於本公約,以昭信守。

# 生物多樣性公約

## 第 1 條　目標

本公約的目標是按照本公約有關條款從事保護生物多樣性、持久使用其組成部分以及公平合理分享由利用遺傳資源而產生的惠益；實現手段包括遺傳資源的適當取得及有關技術的適當轉讓，但需顧及對這些資源和技術的一切權利，以及提供適當資金。

## 第 2 條　用語

為本公約的目的：

| | |
|---|---|
| 生物多樣性 | 是指所有來源的形形色色生物體，這些來源除其他外包括陸地、海洋和其他水生生態系統及其所構成的生態綜合體；這包括物種內部、物種之間和生態系統的多樣性。 |
| 生物資源 | 是指對人類具有實際或潛在用途或價值的遺傳資源、生物體或其部分、生物群體、或生態系統中任何其他生物組成部分。 |
| 生物技術 | 是指使用生物系統、生物體或其衍生物的任何技術應用，以制作或改變產品或過程以供特定用途。 |
| 遺傳資源的原產國 | 是指擁有處於原產境地的遺傳資源的國家。 |
| 提供遺傳資源的國家 | 是指供應遺傳資源的國家，此種遺傳資源可能是取自原地來源，包括野生物種和馴化物種的群體，或取自移地保護來源，不論是否原產於該國。 |
| 馴化或培殖物種 | 是指人類為滿足自身需要而影響了其演化進程的物種。 |
| 生態系統 | 是指植物、動物和微生物群落和它們的無生命環境作為一個生態單位交互作用形成的一個動態復合體。 |
| 移地保護 | 是指將生物多樣性的組成部分移到它們的自然環境之外進行保護。 |
| 遺傳材料 | 是指來自植物、動物、微生物或其他來源的任何含有遺傳功能單位的材料。 |
| 遺傳資源 | 是指具有實際或潛在價值的遺傳材料。 |
| 生境 | 是指生物體或生物群體自然分布的地方或地點。 |

| | |
|---|---|
| 原地條件 | 是指遺傳資源生存於生態系統和自然生境之內的條件；對於馴化或培殖的物種而言，其環境是指它們在其中發展出其明顯特性的環境。 |
| 就地保護 | 是指保護生態系統和自然生境以及維持和恢復物種在其自然環境中有生存力的群體；對於馴化和培殖物種而言，其環境是指它們在其中發展出其明顯特性的環境。 |
| 保護區 | 是指一個劃定地理界限、為達到特定保護目標而指定或實行管制和管理的地區。 |
| 區域經濟一體化組織 | 是指由某一區域的一些主權國家組成的組織，其成員國已將處理本公約範圍內的事務的權力付托它並已按照其內部程序獲得正式授權，可以簽署、批准、接受、核准或加入本公約。 |
| 持久使用 | 是指使用生物多樣性組成部分的方式和速度不會導致生物多樣性的長期衰落，從而保持其滿足今世後代的需要和期望的潛力。 |
| 技術 | 包括生物技術。 |

## 第 3 條　原則

依照聯合國憲章和國際法原則，各國具有按照其環境政策開發其資源的主權權利，同時亦負有責任，確保在它管轄或控制範圍內的活動，不致對其他國家的環境國國家管轄範圍以外地區的環境造成損害。

## 第 4 條　管轄範圍

以不妨礙其他國家權利為限，除非本公約另有明文規定，本公約規定應按下列情形對每一締約國適用：

1. 生物多樣性組成部分位於該國營轄範圍的地區內。
2. 在該國管轄或控制下開展的過程和活動，不論其影響發生在何處，此種過程和活動可位於該國管轄區內也可在國家管轄區外。

## 第 5 條　合作

每一締約國應盡可能並酌情直接與其他締約國或酌情通過有關國際組織為保護和持久使用生物多樣性在國家管轄範圍以外地區並就共同關心的其他事項進行合作。

### 第 6 條　保護和持久使用方面的一般措施

每一締約國應按照其特殊情況和能力：

1. 為保護和持久使用生物多樣性制定國家戰略、計畫或方案，或為此目的變通其現有戰略、計畫或方案；這些戰略、計畫或方案除其他外應體現本公約內載明與該締約國有關的措施。

2. 盡可能並酌情將生物多樣性的保護和持久使用訂入有關的部門或跨部門計畫、方案和政策內。

### 第 7 條　查明與監測

每一締約國應盡可能並酌情，特別是為了第八條至第十條的目的：

1. 查明對保護和持久使用生物多樣性至關重要的生物多樣性組成部分，要顧及附件一所載指示性種類清單。

2. 通過抽樣調查和其他技術，監測依照以上 1 項查明的生物多樣性組成部分，要特別注意那些需要採取緊急保護措施以及那些具有最大持久使用潛力的組成部分。

3. 查明對保護和持久使用生物多樣性產生或可能產生重大不利影響的過程和活動種類，並通過抽樣調查和其他技術，監測其影響。

4. 以各種方式維持並整理依照以上 1、2 和 3 項從事查明和監測活動所獲得的數據。

### 第 8 條　就地保護

每一締約國應盡可能並酌情：

1. 建立保護區系統或需要採取特殊措施以保護生物多樣性的地區。

2. 於必要時，制定準則據以選定、建立和管理保護區或需要採取特殊措施以保護生物多樣性的地區。

3. 管制或管理保護區內外對保護生物多樣性至關重要的生物資源，以確保這些資源得到保護和持久使用。

4. 促進保護生態系統、自然生境和維護自然環境中有生存力的物種群體。

5. 在保護區域的鄰接地區促進無害環境的持久發展以謀增進這些地區的保護。

6. 除其他外，通過制定和實施各項計畫或其他管理戰略，重建和恢復已退化的生態系統，促進受威脅物種的復原。

7. 制定或採取辦法以酌情管制、管理或控制由生物技術改變的活生物體在使用和釋放時可能產生的危險，即可能對環境產生不利影響，從而影響到生物多樣性的保護和持久使用，也要考慮到對人類健康的危險。

8. 防止引進、控制或消除那些威脅到生態系統、生境或物種的外來物種。

9. 設法提供現時的使用與生物多樣性的保護及其組成部分的持久使用彼此相輔相成所需的條件。

10. 依照國家立法，尊重、保存和維持土著和地方社區體現傳統生活方式而與生物多樣性的保護和持久使用相關的知識、創新和做法並促進其廣泛應用，由此等知識、創新和做法的擁有者認可和參與其事並鼓勵公平地分享因利用此等知識、創新和做法而獲得的惠益。

11. 制定或維持必要立法和／或其他規範性規章，以保護受威脅物種和群體。

12. 在依照第七條確定某些過程或活動類別已對生物多樣性造成重大不利影響時，對有關過程和活動類別進行管制或管理。

13. 進行合作，就以上 1 至 12 項所概括的就地保護措施特別向發展中國家提供財務和其他支助。

## 第 9 條　移地保護

每一締約國應盡可能並酌情，主要為輔助就地保護措施起見：

1. 最好在生物多樣性組成部分的原產國採取措施移地保護這些組成部分。

2. 最好在遺傳資源原產國建立和維持移地保護及研究植物、動物和微生物的設施。

3. 採取措施以恢復和復興受威脅物種並在適當情況下將這些物種重新引進其自然生境中。

4. 對於為移地保護目的在自然生境中收集生物資源實施管制和管理，以免威脅到生態系統和當地的物種群體，除非根據以上 3 項必須採取臨時性特別移地措施。

5. 進行合作，為以上 1 至 4 項所概括的移地保護措施以及在發展中國家建立和維持移地保護設施提供財務和其他援助。

## 第 10 條　生物多樣性組成部分的持久使用

每一締約應盡可能並酌情：

1. 在國家決策過程中考慮到生物資源的保護和持久使用。

2. 採取關於使用生物資源的措施，以避免或盡量減少對生物多樣性的不利影響。

3. 保障及鼓勵那些按照傳統文化慣例而且符合保護或持久使用要求的生物資源習慣使用方式。

4. 在生物多樣性已減少的退化地區支助地方居民規劃和實施補救行動。

5. 鼓勵其政府當局和私營部門合作制定生物資源持久使用的方法。

## 第 11 條　鼓勵措施

每一締約國應盡可能並酌情採取對保護和持久使用生物多樣性組成部分起鼓勵作用的經濟和社會措施。

## 第 12 條　研究和培訓

締約國考慮到發展中國家的特殊需要，應：

1. 在查明、保護和持久使用生物多樣性及其組成部分的措施方面建立和維持科技教育和培訓方案，並為此種教育和培訓提供支助以滿足發展中國家的特殊需要。

2. 特別在發展中國家，除其他外，按照締約國會議根據科學、技術和工藝諮詢事務附屬機構的建議作出的決定，促進和鼓勵有助於保護和持久使用生物多樣性的研究。

3. 按照第十六、十八和二十條的規定，提倡利用生物多樣性科研進展，制定生物資源的保護和持久使用方法，並在這方面進行合作。

## 第 13 條　公眾教育和認識

締約國應：

1. 促進和鼓勵對保護生物多樣性的重要性及所需要的措施的理解，並通過大眾傳播工具進行宣傳和將這些題目列入教育課程。

2. 酌情與其他國家和國際組織合作制定關於保護和持久使用生物多樣性的教育和公眾認識方案。

## 第 14 條　影響評估和盡量減少不利影響

1. 每一締約國應盡可能並酌情：

    (1) 採取適當程序，要求就其能對生物多樣性產生嚴重不利影響的擬議項目進行環境影響評估，以期避免或盡量減輕這種影響，並酌情允許公眾參加此種程序。

    (2) 採取適當安排，以確保其可能對生物多樣性產生嚴重不利影響的方案和政策的環境後果得到適當考慮。

    (3) 在互惠基礎上，就其管轄或控制範圍內對其他國家或國家管轄範圍以外地區生物多樣性可能產生嚴重不利影響的活動促進通報、信息交流和磋商，其辦法是為此鼓勵酌情訂立雙邊、區域或多邊安排。

    (4) 如遇其管轄或控制下起源的危險即將或嚴重危及或損害其他國家管轄的地區內或國家管轄地區範圍以外的生物多樣性的情況，應立即將此種危險或

損害通知可能受影響的國家，並採取行動預防或盡量減輕這種危險或損害。

(5) 促進做出國家緊急應變安排，以處理大自然或其他原因引起即將嚴重危及生物多樣性的活動或事件，鼓勵旨在補充這種國家努力的國際合作，並酌情在有關國家或區域經濟一體化組織同意的情況下制訂聯合應急計畫。

2. 締約國會議應根據所作的研究，審查生物多樣性所受損害的責任和補救問題，包括恢復和賠償，除非這種責任純屬內部事務。

## 第 15 條　遺傳資源的取得

1. 確認各國對其自然資源擁有的主權權利，因而可否取得遺傳資源的決定權屬於國家政府，並依照國家法律行使。

2. 每一締約國應致力創造條件，便利其他締約國取得遺傳資源用於無害環境的用途，不對這種取得施加違背本公約目標的限制。

3. 為本公約的目的，本條以及第 16 和第 19 條所指締約國提供的遺傳資源僅限於這種資源原產國的締約國或按照本公約取得該資源的締約國所提供的遺傳資源。

4. 取得經批准後，應按照共同商定的條件並遵照本條的規定進行。

5. 遺傳資源的取得須經提供這種資源的締約國事先知情同意，除非該締約國另有決定。

6. 每一締約國使用其他締約國提供的遺傳資源從事開發和進行科學研究時，應力求這些締約國充分參與，並於可能時在這些締約國境內進行。

7. 每一締約國應按照第十六和十九條，並於必要時利用第二十和二十一條設立的財務機制，酌情採取立法、行政或政策性措施，以期與提供遺傳資源的締約國公平分享研究和開發此種資源的成果以及商業和其他方面利用此種資源所獲得的利益。這種分享應按照共同商定的條件。

## 第 16 條　技術的取得和轉讓

1. 每一締約國認識到技術包括生物技術，且締約國之間技術的取得和轉讓均為實現本公約目標必不可少的要素，因此承諾遵照本條規定向其他締約國提供和／或便利其得並向其轉讓有關生物多樣性保護持久使用的技術或利用遺傳資源而不對環境造成重大損害的技術。

2. 以上第 1 款所指技術的取得和向發展中國家轉讓，應按公平和最有利條件提供或給予便利，包括共同商定時，按減讓和優惠條件提供或給予便利，並於必要

時按照第二十和二十一條設立的財務機制。此種技術屬於專利和其他知識產權的範圍時，這種取得和轉讓所根據的條件應承認且符合知識產權的充分有效保護。本款的應用應符合以下第 3、4 和 5 款的規定。

3. 每一締約國應酌情採取立法、行政或政策措施，以期根據共同商定的條件向提供遺傳資源的締約國，特別是其中的發展中國家，提供利用這些遺傳資源的技術和轉讓此種技術，其中包括受到專利和其他知識產權保護的技術，必要時通過第二十條和第二十一條的規定，遵照國際法，以符合以下第 4 和 5 款規定的方式進行。

4. 每一締約國應酌情採取立法、行政或政策措施，以期私營部門為第 1 款所指技術的取得、共同開發和轉讓提供便利，以惠益於發展中國家的政府機構和私營部門，並在這方面遵守以上第 1、2 和 3 款規定的義務。

5. 締約國認識到專利和其他知識產權可能影響到本公約的實施，因而應在這方面遵照國家立法和國際法進行合作，以確保此種權利有助於而不違反本公約的目標。

## 第 17 條　信息交流

1. 締約國應便利有關生物多樣性保護和持久使用的一切公眾可得信息的交流，要顧到發展中國家的特殊需要。

2. 此種信息交流應包括交流技術、科學和社會經濟研究成果，以及培訓和調查方案的信息、專門知識、當地和傳統知識本身及連同第十六條第 1 款中所指的技術。可行時也應包括信息的歸還。

## 第 18 條　技術和科學合作

1. 締約國應促進生物多樣性保護和持久使用領域的國際科技合作，必要時可通過適當的國際機構和國家機構來開展這種合作。

2. 每一締約國應促進與其他締約國尤其是發展中國家的科技合作，以執行本公約，辦法之中包括制定和執行國家政策。促進此種合作時應特別注意通過人力資源開發和機構建設以發展和加強國家能力。

3. 締約國會議應在第一次會議上確定如何設立交換所機制以促進並便利科技合作。

4. 締約國為實現本公約的目標，應按照國家立法和政策，鼓勵並制定各種合作方法以開發和使用各種技術，包括當地技術和傳統技術在內。為此目的，締約國還應促進關予人員培訓專家交流的合作。

5. 締約國應經共同協議促進設立聯合研究方案和聯合企業，以開發與本公約目標
有關的技術。

## 第 19 條　生物技術的處理及其惠益的分配

1. 每一締約國應酌情採取立法、行政和政策措施，讓提供遺傳資源用於生物技術
研究的締約國，特別是其中的發展中國家，切實參與此種研究活動；可行時，
研究活動宜在這些締約國中進行。

2. 每一締約國應採取一切可行措施，以贊助和促進那些提供遺傳資源的締約國，
特別是其中的發展中國家，在公平的基礎上優先取得基於其提供資源的生物技
術所產生成果和惠益。此種取得應按共同商定的條件進行。

3. 締約國應考慮是否需要一項議定書，規定適當程序，特別包括事先知情協議，
適用於可能對生物多樣性的保護和持久使用產生不利影響的由生物技術改變的
任何活生物體的安全轉讓、處理和使用，並考慮該議定書的形式。

4. 每一個締約國應直接或要求其管轄下提供以上第 3 款所指生物體的任何自然人
和法人，將該締約國在處理這種生物體方面規定的使用和安全條例的任何現有
資料以及有關該生物體可能產生的不利影響的任何現有資料，提供給將要引進
這些生物體的締約國。

## 第 20 條　資金

1. 每一締約國承諾依其能力為那些旨在根據其國家計畫、優先事項和方案實現本
公約目標的活動提供財政支助和鼓勵。

2. 發達國家締約國應提供新的額外的資金，以使發展中國家締約國能支付它們因
執行那些履行本公約義務的措施而承負的議定的全部增加費用，並使它們能享
到本公約條款產生的惠益；上項費用將由個別發展中國家同第 21 條所指的體
制機構商定，但須遵循締約國會議所制定的政策、戰略、方案重點、合格標准
和增加費用指示性清單。其他締約國，包括那些處於向市場經濟過渡進程的國
家，得自願承負發達國家締約國的義務。為了本條目的，締約國會議應在其第
一次會議上確定一個發達國家締約國和其他自願承負發達國家締約國義務的締
約國名單。締約國會議應定期審查這個名單並於必要時加以修改。另將鼓勵其
他國家和來源以自願方式作出捐款。履行這些承諾時，應考慮到資金提供必須
充分、可預測和及時，且名單內繳款締約國之間共同承擔義務也極為重要。

3. 發達國家締約國也可通過雙邊、區域和其他多邊渠道提供與執行本公約有關的
資金，而發展中國家締約國則可利用該資金。

4. 發展中國家締約國有效地履行其根據公約作出的承諾的程度將取決於發達國家締約國有效地履行其根據公約就財政資源和技術轉讓作出的承諾，並將充分顧及經濟和社會發展以及消除貧困是發展中國家締約國的首要優先事項這一事實。

5. 各締約國在其就籌資和技術轉讓採取行動時應充分考慮到最不發達國家的具體需要和特殊情況。

6. 締約國還應考慮到發展中國家締約國、特別是小島嶼國家中由於對生物多樣性的依賴、生物多樣性的分布和地點而產生的特殊情況。

7. 發展中國家－包括環境方面最脆弱、例如境內有乾旱和半乾旱地帶、沿海和山岳地區的國家－的特殊情況也應予以考慮。

## 第 21 條　財務機制

1. 為本公約的目的，應有一機制在贈與或減讓條件的基礎上向發展中國家締約國提供資金，本條中說明其主要內容。該機制應為本公約目的而在締約國會議權力下履行職責，遵循會議的指導並向其負責。該機制的業務應由締約國會議第一次會議或將決定採用的一個體制機構開展。為本公約的目的，締約國會議應確定有關此項資源獲取和利用的政策、戰略、方案重點和資格標準。捐款額應按照締約國會議定期決定所需的資金數額，考慮到第二十條所指資金流動量充分、及時且可以預計的需要和列入第二十條第 2 款所指名單的繳款締約國分擔負擔的重要性。發達國家締約國和其他國家及來源也可提供自願捐款。該機制應在民主和透明的管理體制內開展業務。

2. 依據本公約目標，締約國會議應在其第一次會議上確定政策、戰略和方案重點，以及詳細的資格標準和準則，用於資金的獲得和利用，包括對此種利用的定期監測和評價。締約國會議應在同受託負責財務機制運行的體制機構協商後，就實行以上第 1 款的安排作出決定。

3. 締約國會議應在本公約生效後不遲於二年內，其後在定期基礎上，審查依照本條規定設立的財務機制的功效，包括以上第 2 款所指的標準和準則。根據這種審查，會議應於必要時採取適當行動，以增進該機制的功效。

4. 締約國應審議如何加強現有的金融機構，以便為生物多樣性的保護和持久使用提供資金。

### 第 22 條　與其他國際公約的關係

1. 本公約的規定不得影響任何締約國在任何現有國際協定下的權利和義務，除非行使這些權利和義務將嚴重破壞或威脅生物多樣性。

2. 締約國在海洋環境方面實施本公約不得抵觸各國在海洋法下的權利和義務。

### 第 23 條　締約國會議

1. 特此設立締約國會議。締約國會議第一次會議應由聯合國環境規劃署執行主任於本公約生效後一年內召開。其後，締約國會議的常會應依照第一次會議所規定的時間定期舉行。

2. 締約國會議可於其認為必要的其他時間舉行非常會議；如經任何締約國書面請求，由祕書處將該項請求轉致各締約國後六個月內至少有 1/3 締約國表示支持時，亦可舉行非常會議。

3. 締約國會議應以協商一致方式商定和通過他本身的和他可能設立的任何附屬機構的議事規則和關於祕書處經費的財務細則。締約國會議在每次常會通過到下屆常會為止的財政期間的預算。

4. 締約國會議應不斷審查本公約的實施情形，為此應：

   (1) 就按照第二十六條規定遞送的資料規定遞送格式及間隔時間，並審議此種資料以及任何附屬機構提交的報告。

   (2) 審查按照第二十五條提供的關於生物多樣性的科學、技術和工藝諮詢意見。

   (3) 視需要按照第二十八條審議並通過議定書。

   (4) 視需要按照第二十九和第三十條審議並通過對本公約及其附件的修正。

   (5) 審議對任何議定書及其任何附件的修正，如做出修正決定，則建議有關議定書締約國予以通過。

   (6) 視需要按照第三十條審議並通過本公約的增補附件。

   (7) 視實施本公約的需要，設立附屬機構，特別是提供科技諮詢意見的機構。

   (8) 通過祕書處，與處理本公約所涉事項的各公約的執行機構進行接觸，以期與它們建立適當的合作形式。

   (9) 參酌實施本公約取得的經驗，審議並採取為實現本公約的目的可能需要的任何其他行動。

5. 聯合國、其各專門機構和國際原子能機構以及任何非本公約締約國的國家，均可派觀察員出席締約國會議。任何其他組織或機構，無論是政府性質或非政府

性質，只要在與保護和持久使用生物多樣性有關領域具有資格，並通知祕書處願意以觀察員身份出席締約國會議，都可被接納參加會議，除非有至少三分之一的出席締約國表示反對。觀察員的接納與參加應遵照締約國會議通過的議事規則處理。

### 第 24 條　祕書處

1. 特此設立祕書處，其職責如下：

(1) 為第二十三條規定的締約國會議作出安排並提供服務；

(2) 執行任何議定書可能指派給它的職責；

(3) 編製關於它根據本公約執行職責情況的報告，並提交締約國會議；

(4) 與其他有關國際機構取得協調，特別是訂出各種必要的行政和合同安排，以便有效地執行其職責；

(5) 執行締約國會議可能規定的其他職責。

2. 締約國會議應在其第一次常會上從那些已經表示願意執行本公約規定的祕書處職責的現有合格國際組織之中指定某一組織為祕書處。

### 第 25 條　科學、技術和工藝諮詢事務附屬機構

1. 特此設立一個提供科學、技術和工藝諮詢意見的附屬機構，以向締約國會議、並酌情向它的其他附屬機構及時提供有關執行本公約的諮詢意見。該機構應開放供所有締約國參加，並應為多學科性。它應由有關專門知識領域內卓有專長的政府代表組成。它應定期向締約國會議報告其各個方面的工作。

2. 這個機構應在締約國會議的權力下，按照會議所訂的準則並應其要求：

(1) 提供關於生物多樣性狀況的科學和技術評估意見。

(2) 編製有關按照本公約條款所採取各類措施的功效的科學和技術評估報告。

(3) 查明有關保護和持久使用生物多樣性的創新的、有效的和當代最先進的技術和專門技能，並就促進此類技術的開發和／或轉讓的途徑和方法提供諮詢意見。

(4) 就有關保護和持久使用生物多樣性的科學方案以及研究和開發方面的國際合作提供諮詢意見。

(5) 回答締約國會議其附屬機構可能向其提出的有關科學、技術、工藝和方法的問題。

3. 這個機構的職責、權限、組織和業務可由締約國會議進一步訂立。

## 第 26 條　報告

每一締約國應按締約國會議決定的間隔時間，向締約國會議提交關於該國為執行本公約條款已採取的措施以及這些措施在實現本公約目標方面的功效的報告。

## 第 27 條　爭端的解決

1. 締約國之間在就公約的解釋或適用方面發生爭端時，有關的締約國應通過談判方式尋求解決。

2. 如果有關締約國無法以談判方式達成協議，它們可以聯合要求第三方進行斡旋或要求第三方出面調停。

3. 在批准、接受、核准或加入本公約時或其後的任何時候，一個國家或區域經濟一體化組織可書面向保管者聲明，對按照以上第 1 或第 2 款未能解決的爭端，它接受下列一種或兩種爭端解決辦法作為強制性辦法：

   (1) 按照附件二第 1 部分規定的程序進行仲裁。

   (2) 將爭端提交國際法院。

5. 如果爭端各方尚未按照以上第 3 款規定接受同一或任何程序，則這項爭端應按照附件二第 2 部分規定提交調解，除非締約國另有協議。

6. 本條規定應適用於任何議定書，除非該議定書另有規定。

## 第 28 條　議定書的通過

1. 締約國應合作擬訂並通過本公約的議定書。

2. 議定書應由本公約締約國會議舉行會議通過。

3. 任何擬議議定書的案文應由祕書處至少在舉行上述會議以前六個月遞交各締約國。

## 第 29 條　公約或議定書的修正

1. 任何締約國均可就本公約提出修正案。議定書的任何締約國可就該議定書提出修正案。

2. 本公約的修正案應由生物多樣性會議舉行會議通過。對任何議定書的修正案應在該議定書締約國的會議上通過。就本公約或任何議定書提出的修正案，除非該議定書另有規定，應由祕書處至少在舉行擬議通過該修正案的會議以前六個月遞交公約或有關議定書締約國。祕書處也應將擬議的修正案遞交本公約的簽署國供其參考。

3. 締約國應盡力以協商一致方式就本公約或任何議定書的任何擬議修正案達成協議，如果盡了一切努力仍無法以協商一致方式達成協議，則作為最後辦法，應

以出席並參加表決的有關文書的締約國三分之二多數票通過修正案；通過的修正應由保管者送交所有締約國批准、接受或核准。

4. 對修正案的批准、接受或核准，應以書面通知保管者。依照以上第 3 款通過的修正案，應予至少三分之二公約締約國或三分之二有關議定書締約國交存批准、接受或核准書之後第九十天在接受修正案的各締約國之間生效，除非議定書內另有規定。其後，任何其他締約國交存其對修正的批准、接受或核准第九十天之後，修正即對它生效。

5. 為本條的目的，「出席並參加表決的締約國」是指在場投贊成票或反對票的締約國。

### 第 30 條　附件的通過和修正

1. 本公約或任何議定書的附件應成為本公約或該議定書的一個構成部分；除非另有明確規定，凡提及本公約或其議定書時，亦包括其任何附件在內。這種附件應以程序、科學、技術和行政事項為限。

2. 任何議定書就其附件可能另有規定者除外，本公約的增補附件或任何議定書的附件的提出、通過和生效，應適用下列程序：

(1) 本公約或任何議定書的附件應依照第二十九條規定的程序提出和通過。

(2) 任何締約國如果不能接受公約的某一增補附件或它作為締約國的任何議定書的某一附件，應予保管者就其通過發出通知之日起一年內將此情況書面通知保管者。保管者應予接到任何此種通知後立即通知所有締約國。一締約國可予任何時間撤銷以前的反對聲明，有關附件即按以下第(3)項規定對它生效。

(3) 在保管者就附件通過發出通知之日起滿一年後，該附件應對未曾依照以上第(2)項發出通知的本公約或任何有關議定書的所有締約國生效。

3. 本公約附件或任何議定書附件的修正案的提出、通過和生效，應遵照本公約附件或議定書附件的提出、通過和生效所適用的同一程序。

4. 如一個增補附件或對某一附件的修正案涉及對本公約或對任何議定書的修正，則該增補附件或修正案須於本公約或有關議定書的修正生效以後方能生效。

### 第 31 條　表決權

1. 除以下第 2 款之規定外，本公約或任何議定書的每一締約國應有一票表決權。

2. 區域經濟一體化組織對屬於其權限的事項行使表決權時，其票數相當於其作為本公約或有關議定書締約國的成員國數目。如果這些組織的成員國行使其表決權，則該組織就不應行使其表決權，反之亦然。

## 第 32 條　本公約與其議定書之間的關係

1. 一國或一區域經濟一體化組織不得成為議定書締約國，除非已是或同時成為本公約締約國。

2. 任何議定書下的決定，只應由該議定書締約國作出。尚未批准、接受、或核准一項議定書的公約締約國，得以觀察員身份參加該議定書締約國的任何會議。

## 第 33 條　簽署

本公約應從 1992 年 6 月 5 日至 14 日在里約熱內盧並從 1992 年 6 月 15 日至 1993 年 6 月 4 日在紐約聯合國總部開放供各國和各區域經濟一體化組織簽署。

## 第 34 條　批准、接受或核准

1. 本公約和任何議定書須由各國和各區域經濟一體化組織批准、接受或核准。批准、接受或核准書應交存保管者。

2. 以上第 1 款所指的任何組織如成為本公約或任何議定書的締約國組織而該組織沒有任何成員國是締約國，則該締約國組織應受公約或議定書規定的一切義務的約束。如這種組織的一個或多個成員國是本公約或有關議定書的締約國，則該組織及其成員應就履行其公約或議定書義務的各自責任作出決定。在這種情況下，該組織和成員國不應同時有權行使本公約或有關議定書規定的權利。

3. 以上第 1 款所指組織應在其批准、接受或核准書中聲明其對本公約或有關議定書所涉事項的權限。這些組織也應將其權限的任何有關變化通知保管者。

## 第 35 條　加入

1. 本公約及任何議定書應自公約或有關議定書簽署截止日期起開放供各國各區域經濟一體化組織加入。加入書應交存保管者。

2. 以上第 1 款所指組織應在其加入書中聲明其對本公約或有關議定書所涉事項的權限。這些組織也應將其權限的任何有關變化通知保管者。

3. 第三十四條第 2 款的規定應適用於加入本公約或任何議定書的區域經濟一體化組織。

## 第 36 條　生效

1. 本公約應於第三十份批准、接受、核准或加入書交存之日以後第九十天生效。

2. 任何議定書應予該議定書訂明份數的批准、接受、核准或加入書交存之日以後第九十天生效。對於在第三十份批准、接受、核准或加入書交存後批准、接受、核准本公約或加入本公約的每一締約國，本公約應予該締約國的批准、接受、核准或加入書交存之日以後第九十生效。

3. 任何議定書，除非其中另有規定，對於在該議定書依照以上第 2 款規定生效後批准、接受、核准該議定書或加入該議定書的締約國，應於該締約國的批准、接受、核准或加入書交存之日以後第九十天生效，或於本公約對該締約國生效之日生效，以兩者中較後日期為准。

4. 為以上第 1 和第 2 款的目的，區域經濟一體化組織交存的任何文書不得在該組織成員國所交存文書以外另行計算。

## 第 37 條　保留

不得對本公約作出任何保留。

## 第 38 條　退出

1. 在本公約對一締約國生效之日起二年之後的任何時間，該締約國得向保管者提出書面通知，退出本公約。

2. 這種退出應在保管者接到退出通知之日起一年後生效，或在退出通知中指明的一個較後日期生效。

3. 任何締約國一旦退出本公約，即應被視為也已退出它加入的任何議定書。

## 第 39 條　臨時財務安排

在本公約生效之後至締約國會議第一次會議期間，或至締約國會議決定根據第二十一條指定某個體制機構為止，聯合國開發計畫署、聯合國環境規劃署和國際復興開發銀行合辦的全球環境貸款設施若已按照第二十一條的要求充分改組，則應暫時為第二十一條所指的體制機構。

## 第 40 條　祕書處臨時安排

在本公約生效之後至締約國會議第一次會議期間，聯合國環境規劃署執行主任提供祕書處應暫時為第二十四條第 2 款所指的祕書處。

## 第 41 條　保管者

聯合國祕書長應負起本公約及任何議定書的保管者的職責。

## 第 42 條　作准文本

本公約原本應交存於聯合國祕書長，其阿拉伯文、中文、英文、法文、俄文和西班牙文本均為作准文本。

為此，下列簽名代表，經正式授權，在本公約上簽字，以昭信守。公元 1992 年 6 月 15 日訂於里約熱內盧。

# 拉薩姆國際濕地公約

一九七一年國際重要濕地公約─特指水鳥之棲地。

### 各締約國

一、 承認人與環境間有相互依存之關係。

二、 認為濕地之基本生態功能，為水系之調節因素，亦為化育特有動植物群落─特別是水鳥─之處所。

三、 相信濕地為經濟、文化、科學及遊憩之寶貴資源，濕地之淪喪為一無可挽回之損失。

四、 希望今後能遏阻對濕地之不斷侵害，以避免其繼續喪失。

五、 了解水鳥因季節性遷徙，會穿越不同國界，故應將其視為一種國際資源。

六、 確信透過制定具有遠見之國家政策，並結合國際間之協調行動，必能使濕地及其動植物群落獲得保存。

七、 認同以下所述事項：

### 第 1 條

1. 本約所謂之濕地，係指沼澤、沼泥地、泥煤地或水域等地區;不管其為天然或人為、永久或暫時、死水或活流、淡水或海水、或兩者混合、以及海水淹沒地區，其水深在低潮時不超過六公尺者。

2. 本約所稱之水鳥，係指生態上依賴濕地之鳥類。

### 第 2 條

1. 各締約國須在其領土內劃定適當之濕地，以列入國際重要濕地名單（以下簡稱「名單」）之中;此處所稱「名單」係依本公約第八條所成立之機構擬定者。各濕地之範圍須予確切說明，並於地圖上予以標示，與濕地接鄰之河岸及海岸地區，以及濕地內之海島、或海水淹沒之地區其水深在低潮時不超過六公尺者，特別是對水鳥之棲息有其重要性者，均可予以併入。

2. 濕地名單之選列，係根據其在生態學、植物學、動物學、湖沼生物學、或水文學上之國際重要性而定。任何季節對於水鳥具有國際重要性之濕地，均應予以優先選列。

3. 濕地被列入名單，並不侵害締約國對其領土內濕地之主權。

4. 依本公約第九條規定、各締約國於呈報其承認或加入本公約之文件後，至少應劃定一塊濕地以列入名單之中。

5. 各締約國有權將其境內濕地增列於名單之中，或擴大其境內已列入名單之濕地之範圍，或由於國家之急迫利害考量，得將其境內已列入名單之濕地逕予除名或限制其範圍，惟應儘速將此種改變，通知本公約第八條所述之主管業務組織或政府。

6. 各締約國不管是將其境內之濕地列入、或剔出本公約所稱之名單時，均應顧及對於遷徙水鳥族群之保育、保理、以及妥善利用之國際責任。

第 3 條

1. 締約國應訂定並推行有關計畫，俾促進名單內所列濕地之保育，以及確保其境內濕地之最妥善利用。

2. 若因工業開發、汙染、或其他人為干擾，致使各締約國境內列名濕地之生態特性，已產生改變，或正在改變，或可能改變時，各當事國應儘速予以了解。有關此種改變之資料，並應即刻通知本公約第八條所述之主管組織或政府。

第 4 條

1. 不論其是否為列名之濕地，各締約國均應設立自然保護區，以促進對濕地及水鳥之保育，並使其受到妥善之監管。

2. 一旦某締約國，由於國家之急迫利益考量，而須刪除列名濕地或限制其範圍時，應儘速設法補償濕地資源之損失，特別是應在原地區或其他處所另行設立水鳥之自然保護區，俾使其原棲地能有適當之部分獲得保存。

3. 締約國應鼓勵對濕地及其動植物群落之研究、文獻之著作及資料交換。

4. 締約國應透過經營管理，設法增加特定濕地之水鳥族群。

5. 締約國應積極訓練濕地研究、經營管理及監管之人才。

第 5 條

締約國彼此間應就本公約義務之履行相互磋商，尤其是當某一濕地跨越一個以上之締約國，或某一水域為一個以上締約國所共有時。

各締約國應同時盡力協調合作，並支持有關濕地及某動植物群落保育之現行及未來之政策與規章。

第 6 條

1. 締約國於必要時，應舉行有關濕地與水鳥保育會議。

2. 凡是此種會議應具有建議性質及約束力，特別是指下列情況：

(1) 討論本公約之履行。

(2) 討論名單之增修事宜。

(3) 就本公約第三條第二款所述狀況，研究列名濕地其生態特性變遷之相關資料。

(4) 就濕地及其動植物群落之保育、經營管理、及妥善利用，向各締約國提出一般性或特殊性建議。

(5) 請相關國際組織就影響濕地之國際因素提供報告與統計資料。

3. 締約國應將前述會議有關濕地及其動植物群落保育、經營管理、及其妥善運用等建議，向負責濕地經營管理之各單位轉達，並敦促其考慮採行。

## 第 7 條

1. 締約國遴派出席前述會議之代表中，應包括因從事科學研究、行政管理、或其他相關工作而累積相當知識、經驗之濕地或水鳥專家。

2. 與會之各締約國均有一張投票權，有關議案之通過以多數決議方式為之，惟有半數以上締約國參與投票始有效。

## 第 8 條

1. 「國際自然資源保育聯盟」須執行本公約之例行性勤務，直至有三分之二以上締約國同意委任其他組織或政府負責時為止。

2. 本公約之例行性勤務特指：

(1) 協助名單及籌備本公約第六條所述之會議。

(2) 負責國際重要濕地名單之編列，並受理締約國就本公約第二條第五款所述濕地名單之增列、刪除及其範圍之擴大與縮小等事項之報告。

(3) 受理締約國就本公約第三條第二款所述有關列名濕地的生態特性變化之報告。

(4) 隨時將濕地名單之變化及列名濕地生態特性改變情形通知各締約國，並將此類事項提報下次會議討論。

(5) 將會議中針對濕地名單之變化及其生態特性改變所提供之對策建議轉知有關之締約國。

## 第 9 條

1. 本公約應無限期容許有意者簽署加入。

2. 任何聯合國之成員，或各種專門機構組織之會員;或國際原子能總署之分支機構、或國際法庭規約締約國，均可透過以下方式成為本公約之締約國：

(1) 無條件簽署承認本公約。

(2) 在批准對本公約之承認案後簽署加入。

(3) 加入本公約。

(4) 承認或加入本公約，應自締約國向聯合國教科文組織主席呈報承認或加入
文件時起生效（該組織以下簡稱為「保管單位」）。

## 第 10 條

1. 本公約在七個以上國家依第九條第二款之規定成為締約國後滿四個月起生效。

2. 各締約國自其無條件簽署承認本公約，或在其呈報承認或加入文件之日之第四
個月首日起，本公約對其開始生效。

## 第 11 條

1. 本公約應永遠有效。

2. 各締約國自其會員資格生效之日起滿五年後，得以書面通知「保管單位」以退
出本公約。退約將自「保管單位」接獲前述通知滿四個月起生效。

## 第 12 條

1. 「保管單位」應盡速通過簽署及加入本公約之國家以下事項：

(1) 本公約之簽署。

(2) 本公約承認文件之呈報。

(3) 本公約加入文件之呈報。

(4) 本公約生效日期。

(5) 退出本公約之聲明。

(6) 本公約開始生效後，「保管單位」應依據聯合國憲章第 102 條規定向聯合
國祕書處辦理註冊。茲獲得充分授權代表（國名）簽署本公約。

註：本公約於 1971 年 2 月 2 日在拉薩姆草擬完成，故又名拉薩姆國際濕地公約，此後並曾
經多次增修，其後續增修條文如有需要可逕向「國際自然資源保育聯盟」洽取。

# Appendix II 研究所考題篇

## 中山大學生科所生態學考題

### 題卷一

 **簡答題**

1. 試以生態學的觀點來解釋輻射適應與趨同演化，並舉例說明之。（東華自然資源管理所）

解答：(1) 輻射適應：單一祖先種被引入一個新環境後，由於適應不同的生態棲位 (Niche)，進而產生數種新種以適應環境的變化。如原始的獸類輻射演化出各種適應於快跑、跳躍、游泳與飛翔的後代即是一例。

　　　(2) 趨同演化：在生物的演化過程中，居住條件相似的不同生物，經常會發展出類似的特點，有時相像得無法區分是兩種物種，這叫做「趨同演化」。鯨因演化的結果使其外型與其他的海洋脊椎動物更接近。澳洲的有袋類動物與其他大陸上具有胎盤的動物在外型上類似，以上都是趨同演化的例子。

**申論題**

1. 試分別論述物種喪失與物種入侵對群聚(Community)可能之影響，並舉例說明之。

解答：當某些物種大量滅絕時，可能造成其他物種的數量增加，進而又吸引其他物種入侵。經過幾年的時間，形成與原本生態系不同之新的生態系。舉例而言，若要在某地區復育在野地裡已絕種或稀有的動物，事前必須妥善規劃，因為這些復育生物可能造成該地區的原有群聚早已形成的生態平衡遭到破壞。

## 題卷二

 **解釋名詞**

1. Law of the minium：每一種植物都需要一定種類和一定數量的營養物，如果缺乏其中一種營養物植物即不能生存。如果該種營養物質數量極微，植物的生長就會受到不良影響，這是 Liebig 所提出之最小因子法則(Law of the minium)。

2. Competition：競爭。兩種或多種生物對於某種物質或環境因子的主動需求，因此兩者都受到此需求的抑制，例如植物間爭取陽光與水分，動物間爭取食物等。

 **申論題**

1. 試說明族群的增長模式，並試舉例說明之。

解答： 族群在「無限制」的環境中，即假設環境中空間、食物等資源是無限的，因而其增長率不會隨族群本身的密度而變化，這類增長通常呈指數式增長，或可稱為與密度無關的增長(Density-independent growth)。此類生長曲線為稱為指數生長曲線(Exponential growth curve)。

與密度無關的增長又可分為兩類，如果族群的各個世代彼此不重疊，如一年生植物和許多一年生殖一次的昆蟲，其族群生長是不連續的，稱為離散增長；如果族群的各個世代彼此重疊，例如人類與多數的脊椎動物，其族群增長是連續的，此稱為連續增長。

離散增長模型：在假定(1)增長是無界限的；(2)世代不相重疊；(3)沒有遷入和遷出；(4)不具年齡構造等條件下，族群增長的公式為：

$$N_{t+1} = \lambda N_t \quad 或 \quad N_t = N_0 \lambda^t$$

連續增長模型：在世代重疊的情況下，族群以連續的方式變化，此類動態研究必須以微分方程來解釋，族群增長的公式為：$dN/dt = rN$，$N_t = N_0 e^{rt}$

$r$ 為個體增長率(Per capita growth rate)，與密度無關。

與密度有關的增長同樣分離散和連續的兩類。自然族群不可能長期的按照指數生長，即使是細菌。若依照指數生長，不用多久就會充滿地球表面。在空間、食物等資源有限的環境中，比較可能的情況是出生率隨密度上升而下降，死亡率隨密度上升而上升。此類生長曲線為稱為邏輯生長曲線(Logistic growth curve)。

$$dN/dt = r_{max} \times N \times (K-N)/K$$

$dN$：族群改變量；$dt$：族群生長的時間間隔；$N$：族群大小；$t$：時間；$r_{max}$：族群最大成長率；$K$：族群負載量

2. 試說明氮在生態系統中的流動。（成大生物所）

解答： 氮在生態系統中的流動即所謂的氮循環，常見之氮循環包括五大作用即為：礦化（氨化）、同化（合成）、硝化、脫氮與固氮作用，固氮作用(Nitrogen fixation)是指將空氣中之氮轉變成 $NH_3$ 或蛋白質，一般又細分為三類，非共生菌（固氮菌、梭狀芽胞桿菌、放射菌與光合硫細菌）、共生菌（根瘤菌與豆科植物）及藍綠藻。

一般而言，生物是無法直接利用空氣中的 $N_2$，必須轉化成氨硝酸態甚至亞硝酸態才能被植物吸收，因此生物的固氮作用是氮循環中相當重要的。另外，空氣中的氮也可經「閃電作用」變成硝酸($NO_3^-$)溶於雨水中進入土壤，而被植物根部吸收。動物之排泄物與遺體中的有機氮化合物，則將經由細菌或真菌的礦化作用(Mineralization)轉變成氨，因此此過程亦稱為氨化作用。氨化作用所產生的氨一部分回到大氣中，另一部分則可經由統稱為硝化菌（亞硝酸菌及硝酸菌）之一類特定細菌，以硝化作用(Nitrification)轉變成硝酸鹽，進而繼續被植物所吸收。在缺氧的情況下，硝酸鹽則經由脫氮菌之脫氮（硝）作用還原成氮氣回到大氣中，繼續循環。而殘存於土壤中之氨或硝酸鹽，同樣地亦會被一些細菌、真菌與放射菌所攝取，形成細胞中之有機物，此作用稱之同化作用，整個氮循環就是經由上述之作用所構成。

氮循環簡單整理如下：

(1) 礦化作用(Mineralization)：亦可稱為氨化作用(Ammonification)，將植物體的有機成分轉變成為銨鹽($NH_4^+$)。

(2) 同化作用(Assimilation)：亦可稱為合成作用，將 $NO_3^-$ 轉變成為植物體的有機成分。

(3) 硝化作用(Nitrification)：將 $N_2$ 經由亞硝化菌轉變成為 $NO_2^-$，然後再經由硝化菌轉變成 $NO_3^-$。

(4) 脫氮作用(Denitrification)：將 $NO_3^-$ 經由脫氮菌轉變成 $N_2$。

(5) 固氮作用(Nitrogen fixation)：將 $N_2$ 經由固氮菌的作用後轉變成為銨鹽($NH_4^+$)。

3. 試述形成群聚(Community)構造的理論。影響群聚構造變動的因素為何？

解答： 群聚的形成主要有兩大理論，其一是利己主義，其內涵是說一個地區群聚當中出現的物種是因為這些物種有相類似的對於環境因子所產生的需求。另一理論是交互作用，其內涵是說形成群聚的物種因先前即有互動關係，進而產生群聚。

群聚的特性為下列五項：

(1) 群聚含有多樣性的族群組合。

(2) 群聚中的族群可以適應該環境並具有改變環境之能力。

(3) 群聚中的族群間會彼此適應且彼此制衡。

(4) 群聚本身為一個動態變化的單位。

(5) 群聚與群聚之間不一定會有明顯的界限。

# 題卷三

 解釋名詞

1. Sexual selection：性選擇，由達爾文所提出，強調動物傾向於生產出更多更好的後代，以延續種族的生命。在個體競爭交配對象的過程中，其中最強壯的雄性往往能夠獲得與雌性交配的機會，進而使其優良基因能夠不斷延續下去。

2. Metapopulation：關聯族群（變異族群），指的是由主要族群分支而出之小族群，經由地景結構、時間與空間所造成的之隔離，該小族群已經與原有族群產生若干差異，而這些小族群之保留將能保障與原有族群間之基因流動(Gene flow)，進而免除族群滅絕。除了小型島嶼中之分支物種的保存外，在棲地遭到破壞時，關聯族群及小型棲地之保育是拯救一些物種免於滅絕之重要方法。（臺大漁科所；成大生物所；師大生物所；東華環境政策研究所、自然資源管理所）

3. r-selection：一種生物的生殖策略，此種生物的特性為(1)出生率高；(2)壽命短；(3)個體小；(4)一生中僅產卵一次；(5)缺乏後代保護機制；(6)競爭力弱；(7)族群擴散能力強，一有機會就侵入新的生態棲地。通常一些害蟲、雜草屬於此類生物。

4. Logistic equation：邏輯方程式，在邏輯族群成長模型(Logistic population growth model)中加入了族群密度對於族群成長率(r)的影響，允許 $r$ 值自理想狀態下的 $r_{max}$（最大族群成長率）到在族群負載量(Capacity)下之間變化。依照邏輯方程式，當族群大小在負載量之下時，其成長速率將相當快，但當 $N$ 逼近 $K$ 時，族群成長緩慢。公式為 $dN/dt = r_{max} \times N \times (K-N)/K$。

# 二 申論題

1. 試述生態的消長(Ecological succession)的理論與類型。影響其變動的因素為何？
（成大生物所；屏科大熱帶農業所）

解答： 生態消長指的是一種生物群落被另一種生物群落所取代的過程。其類型依照不同的分類原則敘述如下：

1. 依照消長發生的時間可以分為(1)世紀消長：延續時間以地質年代來計算；(2)長期消長：延續達幾十年或數百年；(3)快速消長：延續數年或數十年。

2. 依照消長發生的起始條件可以分為(1)原生消長；(2)次生演替。

3. 按基質的性質劃分可以分為(1)水生消長：消長開始於水生環境中，之後發展到陸地群落；(2)旱生消長：消長從乾旱缺水的基質上開始。
影響消長的因素可分為(1)植物繁殖體的遷移、散布與動物之活動；(2)族群內部與外部環境的變化；(3)人類的活動。

2. 研究生物多樣性(Biodiversity)的重要性有哪些？目前所面臨的生物多樣性喪失，其發生原因及其影響為何？

解答： 重要性：
(1) 生態體系的基礎：生物物種與自然環境間之互動，提供了人類賴以生存的生命維持系統，包括保護土壤、生態因子循環、調節氣候等。
(2) 醫藥衛生與經濟：生物多樣性提供了食物、醫藥、生物科技原料與工業原料之來源。
(3) 科學研究價值：生物多樣性的保存提供人類許多科技研發的題材，以增進人類福祉。

生物多樣性喪失發生原因及影響：

(1) 棲息地的破壞：在過去數十年間，人口增長速度太快，使得自然生態系統的面積大量縮小。

(2) 資源的過度利用：森林、海洋、河川與陸地野生動物的大量捕獵，導致物種的數量大幅減少。

(3) 環境汙染：工業汙染所排放的重金屬與有機物嚴重危害土壤與水域中的生物，對環境較敏感的物種迅速減少。

(4) 氣候變遷：溫室效應以及臭氧層遭到破壞等因素，使生態系的結構與功能受到影響。

(5) 引進外來種：外來物種引進原有的生態系統，導致食物鏈與食物網失去原有的平衡，也影響生物多樣性。

# 題卷四

 解釋名詞

1. Mutualism：互利共生，兩種生物共同生活且必須兩個個體彼此緊密依存才能使雙方同時受益。若依存關係不存在，兩種生物皆會有所損失甚至無法繼續生存。例如豆科植物與根瘤菌，白蟻與鞭毛蟲等。

2. Life table：生命表，根據生物族群各年齡組成的存活率、死亡率、生命期望值等數據製作而成的表格，可用來估計某族群的增長率。

3. Phytosociology：植物社會學，研究植物群落的構造、功能、如何形成、發展以及與環境之間的互動關係之學問。

4. Wallace's Line：19 世紀英國博物學家華萊士(Wallace Alfred Russel)所提出的理論。在在東太平洋區和澳洲區兩個動物區之間有所謂的的假設分界線，這個分界線代表許多種類的動物其分布突然中斷。許多動物在此分界線的一側很豐富，但另一側則很稀少或者完全沒有。

## 二 申論題

1. 試述生態學與遺傳科學之間的關係、以及現階段生態學的主要發展方向及目標。

解答：生態學與遺傳科學相結合的學問稱為生態遺傳學，這是族群遺傳學與生態學相結合的遺傳學分支，其內容是研究生物群體對生存環境的適應以及對環境改變所作出反應的遺傳機制。環境的改變如果只引起生物表型上的變化，就是生態學所探討的內容，若環境的改變造成生物遺傳基因上產生變化且在群體中保留下來，就是生態遺傳學研究的範圍。生態遺傳學不僅研究在自然條件下生物發生遺傳變化的長期效應，而且也研究在人工條件下發生遺傳變化的短期效應。

2. 試以生態學的觀點來解釋驅同演化及趨異演化。

解答：在生物的演化過程中，居住條件相似的不同生物，經常會發展出類似的特點，有時相像得無法區分是兩種物種，這叫做「趨同演化」。

由一個共同祖先物種演化出許多新種以適應環境的變化，這叫做「趨異演化」。例如鳥類因為攝食需要隻不同而演化出不同型式的鳥嘴。

3. 影響生物族群大小及密度變動的因素為何？

解答：(1) 食物、水分或空間不足。
(2) 生物間的競爭作用。
(3) 捕食（人類濫捕、肉食動物、草食動物、寄生生物）。
(4) 自然環境變遷或是遭到人為破壞。
(5) 動物自然的遷徙行為（如候鳥）。

4. 現今地球上生物多樣性(Biodiversity)大的地方有哪些？理由為何？目前所面臨的生物多樣性消失，其發生原因及其影響為何？（中山海資所）

解答：目前亞馬遜河流域熱帶雨林算是地球上現存生物多樣性廣度最大的地方。其保存下來的理由一方面由於人跡罕至，不適合人類居住，一方面由於生物多樣性公約約束各國對於亞馬遜叢林的開發行為，故其生物多樣性得以保存下來。

目前所面臨的生物多樣性消失其主要原因是在近半個世紀以來，由於人口增加、過度濫捕、過度開墾、農藥與化學汙染、氣候變遷、外來物種引入等因

素,使得許多生物的棲息地及農耕地因而遭受破壞。許多物種也因而導致滅絕,造成食物鏈或食物網的結構產生破壞。對於人類而言,許多動植物是人類的食物或是藥品的來源,所以物種一旦滅絕,其影響層面將難以估計。

# 中山大學海生所生態學考題

 **解釋名詞**

1. Ecosystem：生態系統。指的是在一定的空間內生物的成分和非生物成分通過物質的循環、能量的流動等交互作用，互相依存而構成的一個生態學功能單位。在生態系統當中的成員藉著能量流動和物質循環形成一個有組織的功能複合體。（東華自然資源所）

2. Compensation point：補償點。太陽光是植物光合作用的能量來源，因而太陽光的強度水平直接影響光合作用的速率。在一定條件下，光強度增高，光合速率也與之加快。植物的光合強度與呼吸強度相等時的光照強度，叫做補償點。（東華自然資源管理所）

3. Microhabitat：微棲地。生物在特定時間點所實際使用到的空間位置。以水域環境而言，較常被探討的微棲地因子包括流速、水深、細砂含量與溪流內遮蔽物等。不同的水生生物會倚賴特定組成的微棲地，此外，不同生活史階段、不同季節、不同行為模式的個體，其所需要的微棲地亦有所差異。

4. EI Nino：聖嬰流。南美洲祕魯外海在每年 12 月份左右出現的一道地區性暖水流。其流向是由赤道下方沿岸南下，造成原有北上的洋流受阻，沿岸的湧升流中斷。由於海水中的營養鹽濃度降低，並使當地的漁獲減少，導致生態系統的連鎖反應。上述現象每隔幾年發生一次，是引起全球性氣候變遷的重要現象。（東華環境政策研究所）

# 中山大學海資所生態學考題

## 題卷一

### 一 解釋名詞

1. Allopatric speciation：物種的形成依地理區隔與否可分為分區物種形成(Allopatric speciation)和同域物種形成(Sympatric speciation)。分區物種形成是由於地理的區隔，使基因的流動受阻，在經過自然淘汰、遺傳漂變、突變等演化機制的作用後，使得被分隔的區域各自演化出不同的物種。而同域物種形成是發生在同一區域，該區域中沒有顯著的地理區隔。

2. Commensalism：片利共生。兩種生物在一起共同生活，其中一方因而獲利，但另一方無所謂利害關係，並且雙方並沒有絕對性的依附關係。以牛背鷺和水牛來說，牛背鷺喜歡棲息在水牛的附近，有機會就捕食水牛身上或身邊的昆蟲，但對水牛來說，牛背鷺的存在與否對水牛無影響。

3. Biological magnification：生物放大作用。隨著食物鏈營養階層或生物位階的升高，經由生物選擇性的濃縮物質趨勢，位於食物鏈頂端的生物會累積相當高的物質濃度，此現象稱為生物放大作用，也可稱為生物累積作用。一些汙染物質透過生物放大作用將會在食物鏈上層生物體內累積相當高的濃度。（中山海生所；屏科大熱帶農業所）

4. Adaptive radiation：輻射適應。單一祖先種被引入一個新環境後，由於適應不同的生態棲位(niche)，進而產生數種新種以適應環境的變化。（東華自然資源管理所）

5. Pycnocline：密度躍層。在海洋當中，密度躍層的海水密度會隨著深度的增加而迅速增加，但是在密度躍層下方的水層其海水密度增加的速率就減緩下來。

6. Anguilla japonica：日本鰻，俗名白鰻。身體呈現蛇狀，尾部側扁。鱗片細小埋藏於皮下。體表無花紋，腹部白色。長度約 60~90 公分，最大可達 130 公分。 白鰻是一種降河性洄游魚類，棲息於河川底層與洞穴中，夜行性，以魚蝦及大型底棲動物為食。產卵場位於海洋當中，魚卵孵化後即發生變態成為鰻線（鰻苗），分布區為日本至菲律賓間的西太平洋沿岸淡水域，臺灣分布於河口區與其中、下游。

7. Hydrothermal vent：深海熱泉。這是一個在海洋中完全不需要陽光的自營性生態系，科學家在此處發現一個新的動物門—鬚腕動物(Pogonoghora)。

## 題卷二

 解釋名詞

1. Zooxanthellae：蟲黃藻。生活在多種動物體內的黃色或褐色的共生性藻類。當蟲黃藻與珊瑚共生時常會造成珊瑚擁有美麗的顏色，這些顏色就是來自於蟲黃藻。不過若共生環境不佳時，與珊瑚共生的蟲黃藻將離開珊瑚，造成珊瑚白化。

2. Catadromous fish：溯海性魚類。此類魚種成長期在淡水中度過，但產卵場則在海洋當中，例如鰻魚。鰻魚產卵後所孵化而成的鰻苗又會游至河口區，繼續其生活史。

3. Turnover rate：置換率。生態系中的生產能量流動與生物質量之比例。

4. Inbreeding：近親交配。親緣關係相近的生物個體所發生之雜交現象，其目的在於建立純種品系的生物品種。

5. Coriolis effect：柯氏效應。運動中的物體所感受到地球自轉影響的力量，這力量使北半球的物體轉向運動方同的右方，而南半球的物體轉同其運動方向的左方。因為地球自轉的離心力，使得在赤道附近的物體比起兩極地區有較大的東向速度。

6. Epifauna：底面層動物相。生活在海洋底層之表面上的動物種類。

7. Natural selection：天擇。達爾文提出的演化學說，這是推動進化的一個過程，環境因子（如氣候、日照、不同生物間的競爭、食物來源等）導致適者生存，並可繁殖出最能夠適應這些環境因子的族群。

## 題卷三

 解釋名詞

1. Limiting factor：限制因子，在生態系中會對生物的生長、繁殖、遷徙與分布造成限制作用的因子稱之。可分成日光、水、氧氣、溫度、酸鹼值、空間及天災等因素。（東華自然資源管理所）

2. Compensation depth：補償深度，地殼均衡調節的結果是一種發生在大範圍、被抬升的地區，如大陸或山區，被其下部地殼岩石的「質量不足」(Mass deficiency) 所補償。地殼均衡作用力的要求是在地球內部某一平面上的總質量達到平衡，這個深度就稱作補償深度。這種地殼均衡受控於岩石密度的變化，並且藉著內部調節來維持。（中山海資所）

3. Resilience stability：各個生態體系都有其「關鍵閾值」(Critical point)。在壓力和改變未超過時，均可保持相當程度的穩定。然而，一旦超過閾值，則各體系則有可能會崩解。生態學者稱之為穩定性抗力(Resistance stability)，而復原力穩定性 (Resilience stability)即是測定生態體系的關鍵閾值之指標。

4. Omnivores：雜食性動物，食物鏈中的次級消費者當中既吃植物又吃動物的動物稱之。

5. Allen's rule：亞倫定律，恆溫動物身體的突出部分如四肢、尾巴和耳朵在低溫環境下有變小變短的趨勢，這是減少散熱的一種型態適應。例如北極狐的外耳明顯短於溫帶的赤狐。

6. Eurythermic species：生物對溫度的要求可分為廣溫性和狹溫性兩類。通常情況下，生物體對高溫的適應能力遠不如對低溫的適應能力，而水生生物又比陸生生物差。廣溫物種即是指對於溫度耐受範圍很廣的生物，尤其是一些低等的細菌。

7. Euphotic zone：太陽光是產生光和熱的來源，大陽光照射海水後，一部分的熱量是在水面被吸收，而不同波長的光線所能進入的水域深度亦有所不同，其中藍光比起紅光而言可以進入比較深的水域，至於光線無法到達的水域即無法進行光合作用，而可以進行光合作用之生物棲息地帶稱為 Euphotic zone（透光帶）。

8. Density-independent factors：生態因子可分為密度依賴因子(Density-dependent factors)與非密度依賴因子(Density-independent factors)。前者會隨著族群密度而變化，故可以調節族群數量並維持族群平衡，例如食物、天敵等生物因子。後者的作用強度不隨族群密度變化而變化，故無法調節族群密度，如溫度、降雨等非生物因子。（臺大漁科所）

## 中興大學森林所樹木學與森林生態學考題

### 題卷一

 **問答題**

1. 試述火燒(Fire)這個生態因子(Ecological factor)對森林生態系的影響，並說明您對森林火燒發生時因應的看法。

解答：與森林火災關係最密切的要算是分布在乾濕季分明之氣候，在此氣候下乾季很明顯而濕季有充足降雨。火災有可能是閃電所引起，也有可能是人類用火所導致。許多樹木在遭受火災肆虐後，其外表焦黑枯死之樹幹上又再度萌發新芽，由於具備此特性，使其在火災後能夠成為優勢樹種。

林木是易燃物體，故預防要比滅火重要。人為引起火災主要是亂丟菸蒂與放火整地，防止亂丟菸蒂應為防火之要項。此外，在林地工作上應控制焚燒，杜絕高溫的產生。若不幸真的發生森林火災，由於森林大火撲滅不易，只能阻止火勢蔓延，迅速將燃燒點周邊的易燃木材砍倒以避免燃燒連鎖效應是首要之務，再者是構築防火通道以防止大火延燒至周圍城鎮。

2. 近年來，臺灣地區遭受了多次重大的災難，如賀伯颱風、林肯大郡、口蹄疫、921 地震等，有人說是天災；有人說是人禍，試以生態學的觀念來談您的看法。

解答：略

 **解釋名詞**

1. Ecological niche：生態棲位，指物種在生物群落中的地位和作用。英文 niche 一詞源自拉丁文 nidus，原意為巢，生態棲所通常是就物種而言，有時雖以個體為對象，也多是將其看作該物種的代表。不過也有人把生態棲位視為生境的同義詞。一個動物的 Ecological niche 是指它在生物環境中的地位，指它與食物和天敵的關係，即功能生態棲位(Functional niche)。通常一個物種只能在一定的溫度、濕度範圍內生活，攝取食物的大小也常有一定限度，如果把溫度、濕度和食物大小這三個因子作為參數，這個物種的 Ecological niche 就可以描繪在一個三度空間內，此稱之為基本生態棲位(Fundamental niche)。但在自然界中，因為各物種相

互競爭，每一物種只能占據基本生態棲位的一部分，故稱這部分為實際生態棲位 (Realized niche)。（成大生物所；屏科大熱帶農業所；東華環境政策研究所；東華自然資源管理所；靜宜大學）

2. Biodiversity：生物多樣性，由生物多樣性公約定義為各種資源生物的可變性，包括生物所屬的陸地、海洋及其他水生生態系，包括了物種內和物種間的多樣性，以及生態系的多樣性。就其內涵來看，可以分為遺傳多樣性(Genetic diversity)，物種多樣性(Species diversity)與生態系多樣性(Ecosystem diversity)。（中山海生所；東華環境政策研究所、自然資源管理所）

3. Primary succession：植物群落的發展可分為原生演替(Primary succession)與次生演替(Secondary succession)。原生演替是植物從裸地開始，植物必須藉由外力引入種子或是繁殖體才能出現先鋒群落的演替方式。

4. Productivity：一生態系統在單位時間內所能固定的有機物量。

5. Pollution：汙染，由於人為活動使得環境要素或狀態產生變化。汙染的種類大致可分成為空氣汙染、水汙染、廢棄物堆積、土壤汙染、噪音、惡臭等等。

6. Formation：群落，在一個大面積的生態棲所當中所特有的植被稱之，例如凍原、針葉林、森林、熱帶雨林等。

7. Environment：環境，環境指的是生物體以外，與生物體產生互動，進而影響生物體生存的事物。包括在地球上一切非生物的因子，如大氣、水體、土壤、光照等。

## 題卷二

 問答題

1. 生物多樣性(Biodiversity)的話題自 1992 年以後以蔚為生態學上最重要的項目之一，請解釋其內涵及說明其重要性（中興森林所、植物所；中山生科所；臺大動物所、漁科所；東華自然資源管理所）

解答： 生物多樣性(Biodiversity)可以定義為生物中的多樣化和變異性以及物種生境的生態複雜性。其中包括了植物、動物和微生物等所組成的群聚與生態系統。生物多樣性一般包含了遺傳多樣性、物種多樣性及生態系統的多樣性。

生物多樣性的重要性可以分成三點來說明：

(1) 生物多樣性是生態體系的基礎：生物物種與自然環境間之互動，提供了人類賴以生存的生命維持系統，包括保護土壤、生態因子循環、調節氣候等。

(2) 生物多樣性提供了食物、醫藥、生物科技原料與工業原料之來源。

(3) 生物多樣性的保存提供人類許多科技研發的題材，以增進人類福祉。

## 二 解釋名詞

1. Succession：演替，生物群落發展過程中，新群落不斷地取代舊群落的交替現象。以植物演替而言，其原因可分為(1)族群因繁殖而產生擴張；(2)種內及種間競爭；(3)群落的內外部的環境產生變化。（東華自然資源管理所）

2. Savanna：莽原。熱帶與溫帶地區中，有很大面積被莽原生物區的植物群落所覆蓋。在熱帶地區，莽原有時由自然公園或林木草生地所構成。其植物群落由零星散布於草生地上的林木與灌木所組成。莽原中野生動物種類繁多，是大型草食動物的主要棲息地。

3. Pollution：汙染，由於人為活動使得環境要素或狀態產生變化。汙染的種類大致可分成為空氣汙染、水汙染、廢棄物堆積、土壤汙染、噪音、惡臭等等。

4. Homeostasis：恆定，即生物控制自身的體內環境使其保持相對穩定，是演化發展過程中形成的一種機制。恆定能夠減少生物對於外界條件的依賴性。（東華自然資源管理所）

## 中興大學植物所植物生態學考題

### 題卷一

#### 一 問答題

1. 列式並繪圖說明族群成長之：(1)exponential growth curve(2)logistic growth curve。（中山生科所；東華自然資源管理所）

解答： 族群在「無限制」的環境中，即假設環境中空間、食物等資源是無限的，因而其增長率不會隨族群本身的密度而變化，這類增長通常呈指數式增長，或可稱為與密度無關的增長(Density-independent growth)。此類生長曲線為稱為指數生長曲線(Exponential growth curve)。

與密度無關的增長又可分為兩類，如果族群的各個世代彼此不重疊，如一年生植物和許多一年生殖一次的昆蟲，其族群生長是不連續的，稱為離散增長；如果族群的各個世代彼此重疊，例如人類與多數的脊椎動物，其族群增長是連續的，此稱為連續增長。

離散增長模型：在假定(1)增長是無界限的；(2)世代不相重疊；(3)沒有遷入和遷出；(4)不具年齡構造等條件下，族群增長的公式為：

$$N_{t+1} = \lambda N_t \quad 或 \quad N_t = N_0 \lambda^t$$

連續增長模型：在世代重疊的情況下，族群以連續的方式變化，此類動態研究必須以微分方程來解釋，族群增長的公式為：$dN/dt = rN$，$N_t = N_0 e^{rt}$

$r$ 為個體增長率(Per capita growth rate)，與密度無關。

與密度有關的增長同樣分離散和連續的兩類。自然族群不可能長期的按照指數生長，即使是細菌。若依照指數生長，不用多久就會充滿地球表面。在空間、食物等資源有限的環境中，比較可能的情況是出生率隨密度上升而下降，死亡率隨密度上升而上升。此類生長曲線為稱為邏輯生長曲線(Logistic growth curve)。

$$dN/dt = r_{max} \times N \times (K-N)/K$$

$dN$：族群改變量；$dt$：族群生長的時間間隔；$N$：族群大小；$t$：時間；$r_{max}$：族群最大成長率；$K$：族群負載量

## 二 解釋名詞

1. Biota：生物相，一個地區當中動物相與植物相的總和。

2. Niche：棲位，物種在生物群落中的地位和作用。Niche 一詞源自拉丁文 Nidus，原意為動物的巢穴，後引伸為龕，指牆壁上放置物品的凹陷處。棲位與物種生長、繁殖、甚至所有環境因子均息息相關。（臺大漁科所）

3. demography：族群統計學，研究族群的出生率、死亡率、遷移律、性比、年齡結構等數據的學問。（臺大漁科所；成大生物所）

4. Keystone species：一種生物表現出對群聚內其他種生物具有重要調節能力者稱之。（臺大漁科所；中山海生所、生科所；成大生物所）

5. Positive feedback：正回饋。生態系統中某一成分發生變化的時候，必然會引起其他成分出現一系列的變化，這些變化最終會反過來影響最初發生變化的那個成分，這個過程就叫做回饋。回饋分成正回饋(Positive feedback)與負回饋(Negative feedback)兩種形式。正回饋發生時是加速因某成分所引起的變化，因此正回饋作用時常使生態系統遠離平衡。例如某一河川因過度優養化而使魚類缺氧，進而死亡，因此魚類數量逐漸減少，魚體腐爛後會更進一步加重汙染且引起更多魚類死亡。故正回饋的作用會使汙染越來越嚴重。（東華自然資源所）

6. Competitive exclusion principle：競爭排除原則。兩個互相競爭的物種不能長期共存於同一生態棲位，這個原理也稱高斯原理。生態學家認為，占據同一生態棲位的競爭物種將必然導致一個物種將另一物種完全排出。（臺大漁科所）

## 題卷二

## 一 問答題

1. 舉例說明 Allelopathy 現象。（臺大動物所；臺大漁科所；東華自然資源管理所）

**解答**：相剋作用(Allelopathy)：某些植物或微生物為了生存所需，會分泌有毒物質，以抑制其棲地範圍內其他植物或微生物之生長，此種現象稱為相剋作用或是他感作用。而這些植物或微生物所分泌的物質通稱為相剋化合物(Allelochemicals)。例如某些植物的生物鹼二次代謝物或是某些藻類所產生的毒素都算是相剋化合物（他感物質）。

2. 解釋並區別 Habitat 與 Niche。（中興植物所）

解答：Habitat：生境，植物或動物生長的空間和其中全部生態因子的總和。Habitat 多用於概括描述某一類生物經常生活的區域類型，並不注重區域的具體地理位置。一般描述植物的生境常著眼於環境的非生物因子（如氣候、土壤條件等），描述動物的生境則多側重於植被類型。

Niche：棲位，物種在生物群落中的地位和作用。Niche 一詞源自拉丁文 Nidus，原意為動物的巢穴，後引伸為龕，指牆壁上放置物品的凹陷處。棲位與物種生長、繁殖、甚至所有環境因子均息息相關。

3. 何謂 Ecotype？（臺大動物所；成大生物所）

解答：自然界的任何一個族群其個体通常各有不同的形態。因為每種生物各有不同的基因型(Genotype)，因而會有不同的形態。然而相同的基因型亦有可能會因其生活環境的差異，而產生形態上的變異。這些形態上的差異於雌雄兩性生殖的族群更為顯著。Ecotype（生態型）指的是一種生物族群因適應其生長地區環境的特質而具有特殊的基因型與表現型。

4. 何謂 Sere？試以臺灣西海岸之沙丘地為例說明之。

解答：從某一地區的先鋒群落到顛峰群落按照順序發育的植物群落，我們可以稱之為演替系列群落(Sere)，其餘省略，類似題目可自由發揮。

5. 何謂 Ecotone？試以合歡山區為例說明之。（臺大漁科所；東華自然資源所）

解答：生態交會區(Ecotone)：在多數情況下，不同群落之間都存在過渡帶，此稱為生態交會區。以合歡山而言，低海拔山區以長綠闊葉林為主，高海拔山區以針葉林為主，而中海拔山區則是不易區分種植長綠闊葉林與針葉林區域的明顯區隔，此即所謂的生態交會區。

6. 何謂 Biosphere？何謂 Biosphere II？（中山海生所）

解答：生物圈是指地球上的所有生物與一切適合於生物生存的場所。生物圈包括了岩石圈、全部的水域及大氣層的下層。岩石圈是所有陸生生物的棲息場所，岩石圈的土壤中含有植物的地下部分，以及細菌、真菌、許多無脊椎動物

等。岩石圈中最深的生物極限可達 2,600~3,000 公尺。在大氣層中，生命主要集中於下層，即與岩石圈的交界處，一些鳥類能飛到數千公尺的空中，昆蟲與一些小動物能被氣流帶到更高的地方，在平流層當中亦有細菌與真菌。這些地方無法為生物提供長期生活的條件，故吾人稱之為副生物圈 (Parabiosphere)，亦有人稱之為 Biosphere II。

7. 何謂 Innate capacity for increase？

解答：Innate capacity for increase 即所謂的內在增長率(r)，當自然環境有利於族群生長，則 r 值為正值；若自然環境不利於族群生長，則 r 值為負值。長期觀察族群變化時內在增長率是很重要的指標。若在人為控制下提供充實的食物與水分，並且排除惡劣天氣因素與疾病、天敵等對動物生長不利的因素，即可觀察到族群的最大內在增長率。

# 臺灣大學動物所生態學(A)考題

## 題卷一

 **解釋名詞**

1. Ecological pyramid：生態金字塔，指的是各個營養階層之間的數量關係，這些數量關係可採用生物量單位或能量單位。若採用這些單位所構成的生態金字塔就分別稱為生物量金字塔或能量金字塔。

2. Biogeochemical cycle：生物地質化學循環。生態系統中的物質循環又可稱為生物地質化學循環。能量流動和物質循環是生態系統中的兩個基本過程，這兩個過程使得生態系統中各營養階層和各種成分之間形成一個完整的功能單位。能量流經生態系統最終以熱的形式消失，故能量流動屬於單方向。至於物質的流動則是循環式的，各種物質都能夠以可被植物所利用的型式重新回到環境當中。（臺大漁科所）

3. Hypervolume niche：生物的的生存環境可以用一些環境因子來加以描述，這些因子包括溫度、鹽度、濕度、食物等。而用環境因子來描述此類生物的生存空間即稱為 Hypervolume niche。

4. Edaphic climax：土壤顛峰，若一個族群在某種生態系中是穩定的，且能自行繁殖並結束其演替過程，則可以稱為顛峰群落。到達巔峰群落狀態的生態系統具有自我恢復，維持和更新的能力。可以忍受各種衝擊。除非環境發生不可逆轉的劇變（如火山、洪水、隕石撞擊等），否則可以保持恆久不變。土壤顛峰就是在某種生態系中的土壤因子已達到穩定。

5. System ecology：系統生態學，以生態系統中的生物組成環境條件為對象，探討各群落間的生態棲位及彼此間的依附性與制約性，並且分析環境因子對於生物群落的影響。

# 題卷二

##  解釋名詞

1. Generation time：細胞藉由有絲分裂及細胞分裂產生體細胞所需的時間；另外，親代誕生與子代誕生之間的平均時間亦可稱為 Generation time。

2. Game theory：競爭理論，關於兩種或多種生物處於競爭狀態下，判斷衝突與利弊得失的數學理論。

3. Lek 求偶場所：某些特殊種的鳥類除了築巢與覓食場所外，在交配之前用於公開求偶的一種特殊表現場所。此外，Lek 亦可用於其他動物公開炫耀自己的求偶場所。

4. Species diversity：物種多樣性。近代生物學家把所有的生物分為五界，即原核生物界、原生生物、植物界、動物界與真菌界(Fungi)。其中最多樣的生物為動物，除了多樣的無脊椎動物（包括數目最多的昆蟲），及魚類、兩棲類、爬蟲類、鳥類、哺乳類等脊椎動物。這些種類眾多的生物構成了物種多樣性。（中山生科所；屏科大熱帶農業研究所）

5. Net primary production：淨初級生產量。在初級生產量當中，有一部分的能量是被植物本身的呼吸作用所消耗掉，剩下的部分才是以有機物質的形式用於植物的生長與繁殖。我們把這剩下來的部分稱為淨初級生產量，而把包括呼吸作用消耗在內的全部生產量稱為總初級生產量(Gross primary production)。總初級生產量(GP)減去植物呼吸作用所消耗的能量(R)即為淨初級生產量(NP)。（臺大漁科所）

6. Detritus food chain：碎屑式食物鏈。某些綠色植物不是直接被動物啃食，而是藉由泥中或水中的微生物將枯枝落葉分解後，被動物消化吸收，這種方式稱之為碎屑式食物鏈。分解後的有機碎屑會被泥土內的食底泥動物所吸收，這些生物又會被更高層的消費者，如魚和鳥所捕捉，而未被吸收的碎屑則向下滲透至無氧層，繼續被厭氧菌所分解。除了供應生長在濕地上的生物所需，這些有機碎屑也會隨著潮水被帶到附近的海域，吸引許多魚類、貝類與甲殼類前來覓食與繁殖。

## 問答題

1. 試以圖形比較 MSY(Maxium sustainable yield)與 MER(Maxium economic rent)的差異及對族群的影響？（師大生物所）

解答： 在探討魚類資源的管理，Clark(1990)提出生物經濟模型，就開放性使用的魚類資源的最適漁獲量而言，取決於收益與成本的交點，如圖 1 之 E 及 $E_1$ 點。

圖 1 之 TR 表示投入漁業捕撈的收益，TC 表示其成本，TR=TC 的交點為生產者的損益平衡點，其漁獲量為 E。TR 曲線的最高點 a 所表示之漁獲量，如圖 1 之 $E_{MSY}$，為在漁獲價格固定時（指不隨漁獲量而變），以價值表示的最大永續生產量(Maximum sustainable yield, MSY)，相對應於 $E_{MSY}$ 點之魚類資源的存量(Stock)可以持續保存在最大的生產水準以供捕用。在 $E_{MSY}$ 之外各點的存量其生產量都少於 $E_{MSY}$。當漁業資源為開放使用時，若其成本為 TC，漁獲量決定於 E，而如圖 1 中 E 大於 $E_{MSY}$，表示漁獲量超出最大永續生產量，將會減少魚類資源的存量並降低其生產量。倘能利用適當之管理將成本由 TC 提高為 $TC_1$，此時漁獲量為 $E_1$ 小於 $E_{MSY}$，則魚類資源的存量可以逐漸增加，進而提高其生產量。另若能適當管理使捕撈之成本與收益交於 a 點，或在數量上限制捕撈量為 $E_{MSY}$，則魚類資源可以維持在最大永續生產之狀態。

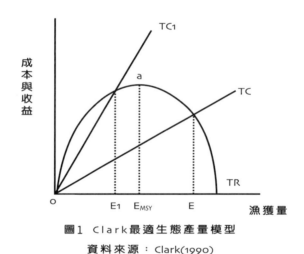

圖1 Clark最適生態產量模型

資料來源：Clark(1990)

2. 兩種生物共存的可能機制有哪些？（靜宜大學）

解答：種間相互作用如下：

(1) 種間競爭(Competition)：對交互作用中的兩者皆不利。

(2) 捕食作用(Predation)：交互作用有利於其中一種生物，寄生(Parasitism)亦可包括於其中。

(3) 片利共生(Commensalism)：一種生物自交互作用中得利，但另一種不受影響。

(4) 互利共生(Mutualism)：對兩種生物皆有利。

(5) 利他行為(Altruism)：利他行為是一種社會性的相互作用，指一個個體犧牲自我而使社群整體或其他個體獲得利益之行為。

列表說明如下：

| 類　型 | A | B | 實　例 |
|---|---|---|---|
| 中性共生<br>(Neutralism) | ○ | ○ | 同一生態系中不互相干擾，亦無利害關係的兩種生物 |
| 競爭<br>(Competition) | ─ | ─ | 自由游泳纖毛蟲／柄狀纖毛蟲 |
| 片利共生<br>(Commensalism) | + | | 生活於海參消化道末端之小魚<br>牛背鷺和牛 |
| 原始合作<br>(Protocooperation) | + | + | 氧化塘當中的藻類與微生物海葵與寄居蟹 |
| 互利共生<br>(Mutualism) | + | + | 地衣、豆科植物和根瘤菌、白蟻和鞭毛蟲 |
| 片害共生<br>(Amensalism) | ─ | ○ | 青黴菌與細菌 |
| 寄生<br>(Parasitism) | + | ─ | 肝吸蟲與人類 |
| 掠食<br>(Predation) | + | ─ | 獅子與兔子 |

3. 在談到臺灣之海岸開發問題時，有位政治家認為候鳥不重要，人的吃飯問題比較重要，請以生態學的觀點，向這位先生說明生物資源的重要與生態保育的必要性。

解答：生物資源指的是自然環境中的有機組成部分，包括各種農作物、林木、牧草、家畜、家禽、水生生物、微生物及野生動物。生物與人類生活有非常密切的關係，人類的食衣住行都離不開生物資源，一些野生的動植物為人類提供食物與藥品的來源，甚至某一些工業原料亦來自於野生動植物。

生物資源雖然屬於再生性資源，但受到非生物的環境因子所限制，對人類而言亦是有限的。生物在經過種內及種間的互相競爭，使得其數量始終保持著一定的平衡，無法無限度的繁殖。若生物的數量呈現過度擁擠狀態，而環境的外在

條件又非常有限，超過環境負載量而破壞生態平衡時就會產生疾病或繁殖率下降。所以生態系統能夠保持在一平衡狀態，讓族群生命得以延續。

為確保生物資源的生存空間，必須盡量減少對森林與草原等自然植物相的砍伐與開墾。而對於生物棲息地的保護，維持生物多樣性與複雜性，更是確保生多樣性的重要條件。以開發海岸為例，應注意生態影響的評估與預測，重視恢復生物資源的工作項目，方能使生物資源得到更好的管理與利用。

# 題卷三

##  解釋名詞

1. LTER：長期生態研究(Long-Term Ecological Research)。行政院國科會與各大學、研究機構及國家公園管理處合作，於 1992 年創設了「臺灣生態研究網計畫」，以了解臺灣重要生態系的長期生態現象與過程，迄今陸續設置若干個試驗地，致力於長期生態學研究。臺灣生態研究計畫乃依據生態重要性、實際限制，以及生態與環境議題的迫切性而設置。其主要焦點為蒐集生態系的生產力、生物多樣性、結構、功能與過程、穩定性與動態學等資訊。該計畫亦注重各種干擾力對試驗地的生態系所造成的影響。長期生態研究可增進我們對臺灣生態系的了解，並藉以建構生態模式，進而預測及補救受到干擾的自然環境。

2. Landscape ecology：景觀生態學。這是一門研究景觀的生物組成成分與非生物組成成分之間相互作用的學問，又可稱為地理生態學。其研究內容包括：能量流、物質流和資訊流在地球表層的轉換，研究地理圈各圈層之間相互影響形成的空間結構、內部功能及它們的相互關係。（臺大漁科所）

3. MacArthur-Wilson's equilibrium model：由 MacArthur 和 Wilson 所提出的生物生殖策略，分成 r-selection（機會主義者）及 K-selection（平衡者）兩種。（臺大漁科所；中山海生所；東華自然資源所）

解答：

| 特性 ＼ 演化策略 | r-selection | K-selection |
|---|---|---|
| 個體大小 | 小 | 大 |
| 出生率 | 高 | 低 |

| 特性＼演化策略 | r-selection | K-selection |
|---|---|---|
| 個體早熟與否 | 是 | 否 |
| 生殖策略 | 一生中僅產卵一次 | 一生中可產卵多次 |
| 子代數目 | 多 | 少 |
| 子代個體大小 | 小 | 大 |
| 子代保護機制 | 無 | 通常具備 |
| 競爭力 | 弱 | 強 |
| 族群擴張能力 | 族群擴散能力強，一有機會就侵入新的生態棲地 | |
| 成長速率 | 快 | 慢 |
| 壽命長短 | 短 | 長 |

　　這兩種不同類型的生活史分別出現在生存於因資源壓迫達到密度近乎極限時的 K-selection 族群（K 即為族群負載量）；而 r-selection 族群多半出現於密度波動多變的環境中，或是個體間競爭少的開放性棲地中。


## 二 問答題

1. 說明生態系的能量流動(Energy flow)過程。

解答：能量在生態系統內的傳遞與轉化合乎熱力學定律，即能量守恆定律。以光合作用而言，生成物的能量總和大於反應物的能量總和。生態系通過光合作用所增加的能量等於環境中太陽所減少的能量，而總能量不變。（中山生科所）

# 臺灣大學漁科所生態學考題

## 題卷一

 **問答題**

1. $dN/dt = r_{max} \times N \times (K-N)/K$ 常被用來描述生物的族群成長模式，請回答：

   (1) 分別指出上式中，$dN$、$dt$、$N$、$t$、$r$、$K$ 各代表何種之意義。

   (2) 此模式在生態應用上的優、缺點為何？

   解答：(1) $dN$：族群改變量；$dt$：族群生長的時間間隔；$N$：族群大小；$t$：時間；
   $r$：族群成長率；$K$：族群負載量。

   (2) 當 N 對時間作圖時，族群成長的模式會產生一個 S 型的生長曲線（見下
   圖）。在中等族群大小時，族群的可用空間及其他環境資源較充沛，成長
   最為快速。在 N 趨近於 K 時，族群成長率迅速下降。然而，此模式無法
   適用於所有族群，在低族群量時，每一個個體對族群成長均有相同的負面
   效應。故當族群太小時每一個個體將難以存活及生殖。例如獨立生存的植
   物容易遭遇強風，而生活在樹叢中則容易受到保護。

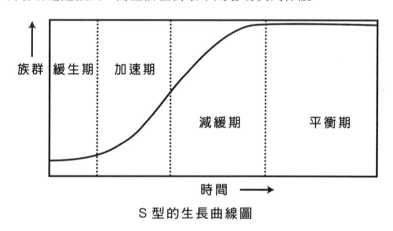

S 型的生長曲線圖

3. 常稱的生態敏感區指的是什麼？如何條件下可被稱為生態敏感區？請至少舉三個
   不同的例子作說明。

   解答：所謂的生態敏感區即是指環境在動植物的生存需要上及族群延續上占有極重
   要的地位，一旦受人為干擾便極難復原的生態區域。

**簡答或解釋下列各題**

1. Trophic level and food web

解答：營養階層(Trophic level)。依照生物的養分來源，將一個生態系的生物加以劃
　　　分之方法。其中生產者是最基本的營養階層，其上層還有初級消費者、次級
　　　消費者、三級消費者等等。食物網(Food web)。在生態系中，由各個食物鏈
　　　相互連結所產生的食性關係。（中山海生所）

## 題卷二

1. What are greenhouse gases and why they cause the global warming？（臺大漁科
　　所）

解答：由於工業革命帶動人類經濟發展，導致大氣中溫室氣體(Greenhouse gas)的濃
　　　度不斷上升，此處溫室氣體包括：二氧化碳($CO_2$)、甲烷($CH_4$)、氧化亞氮
　　　($N_2O$)、氫氟碳化物(HFCs)、全氟碳化物(PFCs)及六氟化硫($SF_6$)等。在溫室氣
　　　體中以二氧化碳的影響最為嚴重，由於燃燒燃料、農業開墾、樹木砍伐及焚
　　　燒森林等行為，使大氣中二氧化碳濃度逐漸升高，造成地球熱外流受阻，使
　　　地球溫度升高，此即所謂溫室效應(Greenhouse effect)。溫室效應如同溫室之
　　　玻璃，太陽光射入地球後僅有少部分反射回到太空中，大部分的太陽光被溫
　　　室氣體吸收而重新反射回地表，因此造成全球溫暖化(Global warming)、海平
　　　面上昇、生態系統失衡、生物多樣性驟減等效應，進而對全球生物的生存產
　　　生巨大威脅。事實上，人類活動所排放的溫室氣體，若不採取任何防治措
　　　施，預估全球年平均溫度與海平面高度將不斷上升，其後果將使氣候系統發
　　　生變遷，暴雨或乾旱等天災發生頻率也將增高，部分地區降雨型態發生變
　　　化，使水資源分配不均或不足；海平面上升將造成低窪地區海水倒灌、積水
　　　不退與漁場轉移等影響。

2. What is a keystone species？Give an example to illustrate its role in its ecological
　　community.

解答：Keystone species 即關鍵物種，一般意指生態體系的最高層捕食者，因為其對
　　　整個生態體系的結構（食物網）有調控的影響力。若是其消失，這個生態體
　　　系的物種將會因而減少更多。

 Explain the following terms

1. Anaerobic：厭氧的，指某些生化反應必須在缺氧環境下才能進行，例如厭氧呼吸。

2. Coral bleaching：珊瑚白化。珊瑚體內有單細胞藻類與其共生，這些藻類的色素藉由珊瑚呈現出來，形成珊瑚顏色。當環境不良時，如水溫過高、水質汙染、泥沙沉積物過多、甚至大雨後海水的鹽度變淡，都會使得珊瑚中的共生藻離開，因而造成珊瑚顏色變淡，即為珊瑚白化現象。

3. Herbivore：消費者當中，直接吃植物的動物叫做草食動物(Herbivores)，又稱為一級消費者（如蚱蜢、牛、羊等）。

4. Marine snow：海雪，在水深超過 100 公尺且自然光所無法到達的深海區域，因缺乏可以行光合作用的生產者，這個區域的能量來源只得仰賴有光層的食物沉降，而這些不溶的有機碎屑或其他生物殘骸即稱為海雪。

5. Microbial loop：微生物環。海洋生態系中之食物鏈主要是由兩個部分所構成，其一由植物性浮游生物—動物性浮游生物—魚蝦貝的傳統攝食食物鏈。另一為微生物環，微生物環主要之碳與能量是由自營或異營細菌所供應。此循環將細菌生產之有機物或能量，經由微細鞭毛蟲向上傳遞，故鞭毛蟲在微生物環的能量傳遞過程中，扮演重要的關鍵性地位。

6. Oligotrophic：貧養。指的是在低度開發的集水區，或水庫、湖泊形成之初，水體中營養鹽濃度較低，浮游動植物含量亦少，生物歧異度高，此時水質狀況亦佳。

7. Thermocline：斜溫層。海水當中溫度可迅速變化的水層，其深度約在 10~1000 公尺（因地點、時間不同而不同），斜溫層是海洋物理學的重要因子，上下密度差極大。斜溫層的變化亦是一良好推算海流上下運動速度之工具。

8. Vertical migration：垂直性洄游。海水中深度較深（約 100 公尺以上）的海域中常有小型浮游生物及稚魚成群聚集在某水層中，因晝夜不同而作。這些因垂直性洄游而聚集的生物需用回聲探測器方可測得。

## 題卷三

 解釋名詞

1. Eutrophication：優養化。指一片水域所涵容的養分（特別是 N 及 P），隨著時間逐漸增加的一種現象和過程。換句話說，優養化本來是水域自然生態系必然的演替過程。優養化常發生於湖泊、水庫、流動緩慢之河水及靜態海域等地點。（師大生物所；東華自然資源所）

2. Character displacement：特徵置換。種間的競爭減少了競爭個體的適應度，競爭少的個體比競爭多的個體有較高的適應度。假設種間競爭是由物種生態棲位(ecological niche)重疊所造成，則種間競爭的結果會選擇降低生態棲位的重疊來減少產生競爭的機會。這種因競爭而導致演化上生態棲位的脫離現象，稱為Character displacement。

3. Recruitment：藉由繁殖或是個體遷入，讓族群總數增加的一種作用。

4. Stochastic model：水文隨機模擬。用水文時間序列分析的方法，對給定的水文時間序列建立模型。

5. Cohort：一個生物族群當中具有相同年齡的一組個體。（師大生物所）

6. Disturbance：干擾。以字面涵義而言，指的是生物的正常生活過程被打擾或妨礙。干擾引起群落的非平衡特性，舉例而言，人類活動中的農業、林業、狩獵、汙染等皆對於自然群落造成不同程度的干擾現象。

7. Primary productivity：初級生產力。在一定時間內，生態系中初級生產者將光能或無機物的化學能轉變成有機物型式之化學能的速率。在初級生產力當中，有一部分的能量是被植物本身的呼吸作用所消耗掉，剩下的部分才是以有機物質的形式用於植物的生長與繁殖。我們把這剩下來的部分稱為淨初級生產量(Net primary productivity)，而把包括呼吸作用消耗在內的全部生產量稱為總初級生產量(Gross primary productivity)。總初級生產量(GP)減去植物呼吸作用所消耗的能量(R)即為淨初級生產量(NP)。（東華自然資源所）

8. Benthos：底棲生物。指棲息於海洋或內陸水域底表的生物。這類生物為自由生活或固著於水底，除淡水水域外，在海洋自沿岸帶到海底最深處都有生存。淡水中主要是水草、軟體動物、環節動物等。在海洋生物中，底棲生物種類最多，包括無脊椎動物中的絕大部分、許多大型藻類及少數高等植物。

## 二 問答題

1. How to define a population？What is population dynamics？（東華自然資源管理所）

解答：族群動態是族群生態學的主要問題，族群動態是研究族群數量在時間上和空間上的變動規律，其內涵包括：

(1) 族群的數量與或密度。

(2) 族群的分布。

(3) 族群的遷移方式。

(4) 族群的調節方式。

族群數量統計的公式：$NT=N_0+B-D+I-E$

$NT$：族群總數；$N_0$：原有數量；$B$：出生；$D$：死亡；$I$：遷入；$E$：遷出

研究族群動態，首先要進行族群的數量統計。因為許多生物呈現大面積的連續分布，族群邊界並不明顯，故在實際工作中往往隨研究者的方便來確立族群邊界。估計族群大小最常用的指標是密度，密度通常以單位面積（或空間）上的個體數目來表示。一般而言分為絕對密度統計與相對密度統計兩類。

2. What is a community？List and explain the basic characteristics of a community？（中山海生所）

解答：生物群落(Community)可以定義成特定空間或特定生境之下生物族群有規律的組合。簡單的說，一個生態系統當中具有生命的部分即為生物群落。群落的基本特徵可分成下列七項：

(1) 生物群落具有一定的種類組成。

(2) 不同物種之間會產生交互影響。

(3) 生物群落可以適應環境或改善環境。

(4) 生物群落具有固定的構造。

(5) 生物群落會產生動態變化。

(6) 生物群落具有一定的分布範圍。

(7) 生物群落群落具有邊界特徵，不過生物群聚間有時並無明顯界線。

## 題卷四

 **解釋名詞**

1. Zonation：生物分區。各類生物為了適應其生態環境在時空上的變化,通常在生物與棲息環境及生物族群間交互作用的演化結果下,趨向於各自占有特定的棲所,同時在生態系中扮演相對應的角色和功能,亦即形成生物的生態棲位。一般而言,生物的分布與數量會隨著環境的不同而有差異,呈現出上下游縱向消長的現象,甚至形成明顯的生物分區(Zonation),這也是生物多樣性的基礎。

# 成功大學生物所生態學考題

## 題卷一

 **解釋名詞**

1. Mycorrhizae：菌根。自然界中真菌與植物根部的一種共生現象，真菌菌絲自土壤中吸收無機礦物養分供植物生長之需，植物則將部分光合作用產物供真菌生長與繁殖之用。菌根可分為外生菌根(Ectomycorrhizae)及內生菌根(Endomycorrhizae)二大類。此外，菌根能增加植物吸收的表面積，協助宿主植物吸收養分、水分，同時菌絲本身能提供極佳的生理屏障，將土壤中有毒金屬如鋁、錳、鎘等堆積在菌絲中，讓這些重金屬不至於危害到宿主的生長。（師大生物所）

2. Shannon-Weiner index

   $H = -\Sigma_{i=1}^{s} P_i \log_2 P_i$

   $Pi$：為第 $i$ 種個體數占群聚全部個體數之比例

   此公式中對數底亦可為 $e$ 或 10，$H$ 為訊息量(Information content)，訊息量越大則表示生物多樣性越高

 **申論題**

1. 何謂標記再捕捉法(Capture-recapture method)，可以用來了解何種生態現象？

解答：這是一種統計族群數量的方法。對於不斷移動的動物，直接統計個體數很困難，可以應用標記再捕捉法。即在調查樣地上捕獲一部份欲調查總體數量的動物進行標示，標示完後放回，經一定期限後進行重捕，根據重捕取樣中標示的比例與樣地中總數標示比例相等的假設，來估計樣地中被調查動物的總數。公式為 $N = M \times n/m$

$N$：族群動物總數；$M$：初次標示動物總數；$n$：再捕獲動物個數；$m$：再捕獲動物中之標示數；Trap-happy：有些動物喜歡被抓到；Trap-shy：有些動物很害怕被抓到

故本法適用於 Closed population，即本地區動物移進移出的變動率不會太大。

2. 如果要解決福壽螺危害農業的問題，你會從哪些方面下手？

解答：　對付福壽螺的方法主要有化學防治法跟生物防治法。福壽螺喜歡吃臺灣水稻
　　　　及其他水生經濟作物，是一種有害螺類。我們去鄉下看到水稻上面有許多一
　　　　粒粒集合成團狀的粉紅色物質就是福壽螺的卵。政府推薦的防治藥劑必須施
　　　　用在淺水及靜止狀態下 24 小時以上，才能發揮隔絕水面氧氣之效果，進而
　　　　殺死福壽螺。不過此化學藥劑卻不適合用於深水栽培作物，且水呈流動狀態
　　　　時也無法適用。生物防治法則是在田間或水搪內放置青魚（俗稱烏鰡），青
　　　　魚喜歡捕食福壽螺，以 4 斤重左右的青魚而言，每個月可以吃掉 300～400
　　　　顆福壽螺，其效果比化學防治法來得好。

3. 請描述自然界碳循環(Carbon cycle)的過程，並說明生物多樣性(Biodiversity)與碳
　　循環間的關係。

解答：碳循環之要角主要是二氧化碳，植物、藻類與藍綠細菌可利用空氣或水中的
　　　　二氧化碳進行光合作用(Photosynthesis)，把無機碳轉化為有機物，作為成長
　　　　和存續之用。初級、次級和高級消費者（一些動物）則以這些生產者作為食
　　　　物。同樣地在水中和陸地上的消費者(Consumer)和生產者(Producer)則進行呼
　　　　吸作用(Respiration)，把二氧化碳排放至環境中。這些有機物，包括人為之汙
　　　　染物、動植物之殘骸則依賴分解者(Decomposer)例如微生物，透過各種新陳
　　　　代謝作用在有氧情況下，將碳釋放出來，反之，在無氧狀態下，這些有機物
　　　　將經由一連串微生物的作用，最後形成甲烷，當這些甲烷遇到氧氣時，又會
　　　　被甲烷氧化菌將之分解成二氧化碳，形成一個自然界之碳璇環。而當化石燃
　　　　料被燃燒時，亦會釋出大量之二氧化碳。

4. 請舉出兩種專門刊登生態論文的期刊以及其出版者。

解答：　(1) Ecological engineering：出版者為 Elsevier。
　　　　(2) Ecological modelling：出版者為 Elsevier。

## 題卷二

 簡答題

1. 影響群落結構的因素有哪些？對群落的組成有何影響？

解答：(1) 競爭：海洋生物的種間競爭較陸地生物為重，且大型生物較小型生物為多。舉例來說，若某一生態棲地原本有三種野兔共存，且棲息地與食性彼此不同，當去除其中一種野兔，另外兩種野兔的生態棲地就會增大。

(2) 捕食：具有選擇性的捕食者與廣泛性的捕食者對於群落構造的影響程度有所不同。例如一種草食性貝類喜歡吃海藻，尤其是綠藻，隨著此種螺類捕食壓力的增加，綠藻的種類數目亦隨之增加，如此一來，提高了物種的多樣性。

(3) 干擾：指的是生物的正常生活過程被打擾或妨礙。干擾引起群落的非平衡特性，舉例而言，人類活動中的農業、林業、狩獵、休憩等活動皆對於自然群落造成不同程度的干擾現象。

(4) 物種入侵：由於人類活動的緣故，將某些原不屬於該地區的外來物種帶入該地區，因而造成生物多樣性產生變化，進而影響群落結構。現在許多民眾飼養非本土性的動物，一旦棄養，這些動物與本土性動物交配或是捕食本土性動物，就會造成原本的生態系統遭到破壞。

## 題卷三

 解釋名詞

1. Inclusive fitness：概括適合度。一個生物個體本身的適合度加上對其近親（非直接後代）的適合度之全部影響總和。要評估某生物體之適合度，就得計算下一代的基因中與此個體之基因相同者之總和。研究者指出，某人投入時間或是其他資源給予基因相關但非自身的子代，則可以增加該個體的概括適合度。（成大生物所）

2. Parasitoid：擬寄生物，此類生物並非行專性寄生，而是交替進行寄生生活和自由生活的生物。像是某種真菌在特定時間寄生於鱗翅目昆蟲體內，日後形成冬蟲夏草即為擬寄生的一種例子。

3. Acclimatization：指在自然環境下所誘發的生理補償變化，比起在實驗室條件下誘發的生理補償機制馴化(Acclimation)，Acclimatization 通常需要比較長的時間。（成大生物所）

## 二 申論題

1. 何謂族群生命表(Life table)？其內容及重要性是什麼？

解答：生命表(Life table)是根據生物體各年齡組的出生率、存活或死亡率繪製而成的表格，從生命表中能夠估計族群的增長率。

2. 造成族群量呈周期性波動的因素有哪些？試舉一實例描述其中一種因素如何造成此種波動。

解答：影響族群量呈周期性波動的可能因素：族群數量、個體內分泌、對密度依賴因子反應的時間差。

以白足鼠(White-footed mice)為例，高族群密度的壓力改變了激素的平衡並降低了生育力，增加了侵略性，最後導致群體遷移。

# 東華大學自然資源管理所生物學考題

## 題卷一

###  解釋名詞

1. Tundra（苔原）：美洲和歐亞大陸上極北的地方，是地球上最不適合生物生存的地區之一，吾人一般將之稱為凍原或苔原。此地區夏季短而冬季長，冬季相當寒冷，夏季溫暖適中。降水量低且多半以雪的型態產生，土壤底層在夏天時因時間太短而無法解凍，形成永凍層(Permafrost)。在此環境下物種生存相當困難，植物種類以蘆葦地衣為主，動物則以耐寒動物為主，人類僅有愛斯基摩人能夠適應當地的生活。

###  簡答題

1. 試各舉五種臺灣列入保育類的動植物。

解答：(1) 植物：臺灣蘇鐵、臺灣油杉、臺灣水韭、烏來杜鵑、紅星杜鵑。

(2) 動物：臺灣雲豹、臺灣黑熊、水獺、臺灣狐蝠、櫻花鉤吻鮭。

2. 說明臺灣垂直植被的分布情形。

解答：(1) 熱帶雨林：臺灣少數海拔在 900 公尺以下之南部無霜地區及北部 700 公尺以下的山區始能發現。林木以次生林為主，樹種包括血桐、山黃麻、九芎等。

(2) 亞熱帶常綠闊葉林：位於臺灣北部海拔 700~2,100 公尺及南部海拔 900~2,300 公尺間的平緩坡地。主要樹種包括樟樹及山毛櫸。

(3) 北方針葉林：在臺灣海拔 2,500~3,600 公尺之間的山地是主要分布區。本地區樹種以臺灣冷杉、紅檜、臺灣扁柏及臺灣杉為主。

## 題卷二

 解釋名詞

1. Batesian 擬態與 Mullerian 擬態

解答：(1) Batesian 擬態：一種沒有毒的生物在外型、行為上模仿另一種有毒或是有
　　　　令人不舒服氣味的生物，達到保護自己的目的。有一種蝴蝶鳥類吃了會嘔
　　　　吐，故以後鳥類看到長相類似於這種花色的蝴蝶，不論好吃與否，皆不會
　　　　去吃。這一種的擬態最早是由英國動物學家 H. W. Bates 研究提出，所以
　　　　命名為"Batesian mimicry"。

　　　(2) Mullerian 擬態：天擇理論中的典型範例之一，在同一棲地裡，不同種而
　　　　皆有毒之生物，為了警告捕食者遠離他們，會傾向演化出相同或是類似的
　　　　體色。如此一來，捕食者便會在很短的時間內學到教訓，遠離帶有類似體
　　　　色的生物。

 簡答題

1. 解釋水生生物的高滲(Hyperosmotic)動物與低滲(Hypoosmotic)動物，淡水魚類是
　哪一類？

解答：(1) 海洋動物：海洋是一種高滲(Hyperosmotic)環境，海洋動物有兩種滲透壓
　　　　調節類型，一種是動物的血液或體液的滲透壓與海水的滲透壓幾乎相等，
　　　　例如鯊魚；另一種類型是動物的血液或體液之滲透壓遠低於海水的滲透
　　　　壓，因此常需引入海水平衡水壓，例如一般的硬骨魚。這一類體內滲透壓
　　　　遠低於海水的海洋動物稱為低滲(Hypoosmotic)動物。

　　　(2) 淡水動物：淡水動物所面臨的滲透壓調節問題很嚴重。因為淡水的滲透壓
　　　　極低，由於動物血液或體液滲透壓比較高，所以水不斷的滲入動物體內，
　　　　這些多餘的水分必須不斷地排出體外才能保持體內的水分平衡。因此，淡
　　　　水魚類屬於高滲(Hyperosmotic)動物。

2. 為何在湖泊與海洋生態系中，生物量金字塔形狀是與陸域生態系相反的倒金字塔
　型？

解答：多數的生物量金字塔都會因營養階層的增加而減少其生物量，但是在湖泊或
　　　海洋生態系中，數量較少的生產者（如浮游性植物）的現存量支撐數量較多

的初級消費者（浮游動物）。其原因是光合浮游植物的轉換速率較快，藻類生產速率快速並且以較高的速率被吸收所致。

## 題卷三

 名詞解釋

1. 近親交配衰退(Inbreeding depression)：親緣關係相近的個體產生交配行為稱為近親交配，這是動植物育種中常用的交配形式。近親交配能使群體的雜合度降低且純度提高，讓遺傳性狀逐漸穩定。但動植物進行近親交配時，常產生近親交配衰退現象，即後代的生活力、生產力與繁殖力均有下降的趨勢，並且生長遲緩。近親交配衰退的程度依品系種類的不同而有所差異，但連續近親交配若干代後，其後代的生活力、適應性和產量等則不再繼續降低。

2. 奠基者效應(Founder effect)：在大族群中，基因庫有其穩定性。但在小族群中，基因改變的機會較大，這稱為基因漂流。例如族群數目不多的小族群，若其中某些個體發生遷徙行為，則原來基因庫當中的便有部分消失了，這些遠離母族群的個體在繁衍後代後所建立新的族群就叫作奠基者效應。

3. 硝化作用(Nitrification)：氮循環中，$N_2$ 經由亞硝化菌轉變成為 $NO_2^-$，然後再經由硝化菌轉變成 $NO_3^-$ 的過程。

## 題卷四

 簡答題

1. 何謂生態效率(Ecological efficiency)？

**解答**：生態系統中各營養級生物在能流過程中利用能量的效率，以能流線上不同點之間的比值來表示。生態效率在生物間變化很大，通常在 5~20 %間變動。而一階層當中的有效能量是不會轉移到下一個階層的。

2. 何謂共同演化(Coevolution)？

**解答**：兩個物種在演化上互相會影響對方，以至於一個物種的改變會形成另一個物種的選擇壓力，此種現象稱為共同演化。例如有些植物為了保護自己，防止

動物捕食，於是演化出尖刺、堅厚的葉子或分泌出異味、毒素等防禦機制，而動物們也隨著植物的改變而跟著去適應，進而發展出最適合自己的生存機制。

3. 何謂初級生產量(Primary Production)與次級生產量(Secondary Production)？（靜宜大學）

解答：(1) 初級生產量：在一定時間內，生態系中初級生產者將光能或無機物的化學能轉變成有機物型式之化學能的速率稱為初級生產力。而由初級生產力所合成有機物質的總量稱為初級生產量。

(2) 次級生產量：消費者和分解者取得食物以建構自己身體的速率稱為次級生產力，而其生產量稱為次級生產量。

4. 何謂生物需氧量(BOD, Biological oxygen demand)？

解答：汙水內的主要汙染物為有機廢料，因為它們在分解時會消耗水中的氧氣，故在富含有機物的水中，測計好氣性微生物代謝作用時所需的氧量，可為汙染的一種指標，而耗氧程度通常以生物需氧量來測量。

 **二 申論題**

1. 生物族群(Population)的年齡結構常以年齡錐體(Age pyramid)來表示。試列出三種的基本類型，並預測其族群未來發展趨勢。

解答：(1) 增長型族群：錐體呈典型金字塔，基部寬而頂端狹窄，族群中有大量年輕個體，而老年個體較少，整體族群出生率大於死亡率。

(2) 穩定型族群：族群出生率與死亡率大致相平衡。

(3) 下降型族群：錐體基部狹窄而頂部比較寬。族群中幼體個數少而老年個體比例大，整體族群死亡率大於出生率。

## 題卷五

 **一 解釋名詞**

1. Carrying capacity：負載力。族群能夠被特定的環境支持的最大數量，通常以 K 表示。

## 二 簡答題

1. 自然資源可分為哪幾類？試舉例說明之。

解答：自然界提供給人類賴以維生的物質即稱為自然資源，若依其特性可分成三類：一是恆定性資源，包括太陽能、風能、潮汐能、地熱能等；二是非再生性資源，包括各種礦產、煤炭、原油等有限資源；三是再生性資源，包括土壤、水源、森林、生物等。

2. 就島嶼生態學的觀點而言，島嶼可分為哪些類型？島嶼生態之特性如何？

解答：島嶼一般分為大陸島及海洋島。大陸島是在內陸部分被隔離出的一塊區域，島嶼周圍可能是河川或湖泊；海洋島則是島嶼四周都是海洋。其特性如下：

(1) 島上各類生物族群本來就小，若受到干擾會影響繁衍及延續。

(2) 長期與大陸隔離的結果造成島上近親繁衍，遺傳特性漂失，導致絕種率高。

(3) 島嶼生物常缺少天敵競爭，時間久了就無競爭力，一旦有天敵進入，族群的生存即受威脅。

(4) 人類引進相近物種，以至原有生物生存空間被取代，導致絕種速度加快。

## 題卷六

 **一 解釋名詞**

1. 極盛相(Climax)：演替(Succession)是地表上同一地區分布不同植物群落的時間過程。任何一種演替都會經過遷移、定居、群聚、競爭、反應及穩定六個階段。到達穩定階段的植被會與當地的氣候環境形成平衡。此時即稱為極盛相。

2. 指標生物(Indicator)：對環境中的某些物質（包括汙染物）能產生各種反應或訊息而被用來監測和評估環境現狀和變化的生物。指標生物可分為水汙染指標生物及大氣汙染指標生物。在河川的不同汙染地帶所存在的指標生物其種類及特徵均不相同。

3. 紅樹林(Mangrove)：此名稱的由來是來自於一種紅樹科植物紅茄冬，因為其木材呈紅色，樹皮可以提煉出丹寧作為紅色染料，而稱為紅樹。英文則以 Mangrove 來通稱所有的紅樹林植物，適合紅樹林生長的環境包括：(1)隱密的海岸線；(2)面積廣大的潮間帶；(3)河口三角洲及潟湖等地區。（東華自然資源管理所）

4. 食物鏈(Food chain)：生物群落間，由生產者開始，依食性（吃與被吃）關係所形成的關係圖。其中包括生產者、初級消費者、次級消費者、三級消費者等。

5. 相對濕度(Relative humidity)：空氣中水蒸氣的多寡會使空氣的乾濕程度有所不同，此現象稱為濕度。一般在氣象上表示濕度有兩種方法，一種是絕對濕度，一種叫做相對濕度。絕對濕度指的是將水蒸氣質量除以空氣的體積所得到的數值，亦即絕對濕度相當於空氣中的水蒸氣密度。相對濕度則是把實際的水蒸氣密度與該溫度下的飽和水蒸氣密度做比較。

## 二 問答題

1. 自然保護區設置的目的及方法為何？試述臺灣各自然保護區的現況及問題。

解答：　由於人類活動範圍一直在擴大，使得許多野生動植物的棲地遭受破壞。人們意識到此一問題的嚴重性，慢慢在世界各地形成許多大小規模不同的自然保護區。除了保護野生動植物之外，也讓人類給自己留一線生機。

自然保留區設置之目的在於：

(1) 適當的保護生物的環境，保育生態系中的各種動、植物，以做為土地及資源利用與經營的基準。

(2) 提供長程性生態演替與生物和地理現象研究的機會。

(3) 提供基準值，做為檢定因人類活動所引起自然作用與生態系改變的依據。

(4) 提供作為生態研究、環境教育和訓練的場所。

(5) 長期保存複雜的基因庫，有助於保留區內基礎科學的研究。

(6) 做為稀有及瀕臨絕種的生物種類及獨特地質地形景觀的保留區。

臺灣目前的自然保護區可以分成國家公園、自然保留區、森林保護區、海岸保護區、水源保護區及保安林等 6 大類。國家公園目前有 9 座：墾丁、玉山、陽明山、太魯閣、雪霸、金門、東沙環礁、臺江、澎湖南方四島；以及 1 個壽山國家自然公園；自然保留區則有 22 個。

## 題卷七

 **解釋名詞**

1. Conservation：保育。對自然環境及自然資源的保護。在狹義上指的是保護某些地區使其不受人為干擾，其目的包括觀賞、科學研究及物種資源保存等。在廣義上指對一切自然資源的妥善保護和合理開發，其目的在於生態環境的永續利用。

2. Liebig's Law of minium：每一種植物都需要一定種類和一定數量的營養物，如果缺乏其中一種營養物質即不能生存。如果該種營養物質數量極微，植物的生長就會受到不良影響，這就是 Liebig 所提出之最小因子法則。

# 東華大學環境政策研究所生態學考題

 **名詞解釋**

1. Phenotype：表現型。一個生物體可以被見到的，或是可被測量的物理或生化特徵，為基因型與環境交互作用的結果。

2. 蓋亞學說(Gaia hypothesis)：蓋亞(Gaia)是希臘神話中的大地之母，地球之所以能有宜人的氣候可以孕育萬物，關鍵就在於大氣中的溫室氣體濃度。地球的大氣組成與其他行星都不一樣，金星大氣壓力非常高，絕大部份氣體是二氧化碳。火星的大氣壓力極低，一半的氣體是二氧化碳。木星和土星的組成則以氫氣為主（與太陽類似）。只有地球的大氣有氧氣，因為許多植物能夠行光合作用放出氧氣。（東華自然資源所；靜宜大學）

## 屏東科技大學熱帶農業研究所生態學考題

 **解釋名詞**

1. 邊緣效應(Edge effect)：在群落與群落之間的分界帶上會有生物種類變異性增高及密度增大的傾向。

 **問答題**

1. 何謂 S 型生長型(Sigmoid growth form)？試述此生長型之特性，並舉例說明植物族群、動物族群之 S 型生長型。

解答：產生 S 型生長曲線的數學模型為邏輯方程式(Logistic equation)，其公式為

$dN/dt = r_{max} \times N \times (K-N)/K$

$dN$：族群改變量；$dt$：族群生長的時間間隔；$N$：族群大小；$t$：時間；$r$：族群成長率；$K$：族群負載量

通常 S 型生長型可以分為五個時期：

(1) 開始期，亦稱為潛伏期，族群由於個體少，密度增長緩慢。

(2) 加速期，隨著個體數增加，密度增長速率加快。

(3) 轉折期，當個體數達到飽和密度的一半(K/2)，密度增長最為快速。

(4) 減緩期，個體數超過 K/2 後，密度增長速率變慢。

(5) 飽和期，個體數達到 K 時而飽和。

一般大型哺乳動物的增長都是 S 型生長型。

# 師範大學生物所生態學考題

## 題卷一

###  解釋名詞

1. Evolutionary stable strategy(E.S.S.)：演化穩定策略。因為繁殖地和非繁殖地有密度依存的競爭存在，因此會演化出穩定的遷徙路線，演化穩定策略即是指當一個策略被族群中大多數個體所採用後，便不會被其他的策略所取代。

2. Hotspot：熱點。在生態學上熱點的定義是對於生物多樣性將以熱點的方式來加以保護，訂定熱點保護區是因為涉及到人力與財力上的限制，希望能以最少的花費來保護最多的物種。目前較常用的是單位面積物種的豐富度或是單位面積特／稀有種(Endemic / Rarity species)。

3. Entropy：熵。熱力學基本概念，表示系統中分子運動混亂程度的度量，用 S 表示。熵是系統狀態的函數，與系統演化的過程無關。熵和能從兩個不同角度描寫系統的狀態。能越大，運動轉化的能力也越強；熵從運動不能轉化的一面度量運動，表示運動轉化已經完成的程度。在沒有外界作用的情況下，一個系統的熵越大就越接近平衡態，也就越不能轉化。

###  問答題

1. 試以臺灣本土生物為例子，分別說明(1)Iteroparity，(2)Semelparity。

解答： Iteroparity：一生中可產卵多次（如臺灣彌猴）。

　　　 Semelparity：一生中僅產卵一次（如蚱蜢）。

## 題卷二

###  解釋名詞

1. Torpor：蟄伏有的恆溫動物在環境溫度超過適溫區過多時會進入蟄伏狀態，此時身體的代謝率降低，以減少能量的消耗。

385

2. Synergistic effect：增效作用。兩種生態因子或物種同時引發之效應高於兩者個別引起的效應之和。

## 二 簡答題

1. 何謂 Biomes、Community 及 Ecosystem？

解答：(1) Biomes：生物相。根據主要的植被分布，以及適應某特定環境的動物，將全球分為若干區域，這些區域就稱為生物相，例如草原生物相、沙漠生物相、熱帶雨林生物相等。

(2) Community：群落。群落可以定義成特定空間或特定生境之下生物族群有規律的組合。簡單的說，一個生態系統當中具有生命的部分即為生物群落。

(3) Ecosystem：生態系統。指的是在一定的空間內生物的成分和非生物成分通過物質的循環、能量的流動等交互作用，互相依存而構成的一個生態學功能單位。

# 輔仁大學生態學考題

## 題卷一

1. Distinguish between poikilothermy and homeothermy. What are the advantages and disadvantages of each?

**解答**：(1) 變溫動物(Poikilotherm)：又稱冷血動物，地球上的動物大部分都是冷血動物，如魚、蛙、蛇和龜等。冷血動物的體溫與其所生活的環境類似，例如魚的體溫等於其四周的水溫。這一類動物的體溫是隨著環境溫度的改變而改變，而不能直接的控制自己的體溫。即牠們缺乏維持一定體溫的生理機能。

(2) 恆溫動物(Homeotherm)：如鳥類和哺乳類的腦部有體溫調節中樞，且保溫的構造較好，因此可以維持體溫在某一範圍內，這類動物即稱為恆溫動物。當天氣寒冷時，恆溫動物皮膚中的血管會收縮，使流至皮膚的血液量減少，可以減少體熱的散失，當天氣炎熱或運動後，皮膚的血管便擴張，使較大量血液流入皮膚表層，以促進體熱的發散。

2. What is a mating system? Distinguish among monogamy, polygamy, polygyny, and polyandry.

**解答**：動物的婚配制度可以分為單配偶制(Monogamy)與多配偶制(Polygamy)，多配偶制又可以分為一雄多雌制(Polygyny)與一雌多雄制(Polyandry)。

(1) 一雄多雌制(Polygyny)：如多數的哺乳動物。

(2) 一雌多雄制(Polyandry)：如水雉。

3. Why is it hard to determine the density of a population? Do these same problems extend to a census of populations?

**解答**：估計族群大小最常用的指標是密度，密度通常以單位面積或空間上的個體數目來表示。一般而言分為絕對密度統計與相對密度統計兩類。

(1) 絕對密度：單位面積或空間的實有個體數。

(2) 相對密度：表示數量高低的相對指標。例如每公頃有 20 隻田鼠是絕對密度，每日置放 100 個捕鼠器捕獲 20 隻田鼠是相對密度，即 20 %捕獲率。

對於不斷移動的動物,直接統計個體數很困難,可以應用標示重捕法。即在調查樣地上捕獲一部分欲調查總體數量的動物進行標示,標示完後放回,經一定期限後進行重捕,根據重捕取樣中標示的比例與樣地中總數標示比例相等的假設,來估計樣地中被調查動物的總數。

$N=M\times n/m$

$N$:族群動物總數;$M$:初次標示動物總數;$n$:再捕獲動物個數;$m$:再捕獲動物中之標示數;trap-happy:有些動物喜歡被抓到;trap-shy:有些動物很害怕被抓到

故本法適用於 closed population,即本地區動物移進移出的變動率不會太大。對於人口普查而言,若某地區的人口流動性很高,則該地區的人口密度也不容易調查。

# 題卷二

1. What are the various methods that ecologists use to study ecosystem structure and function?

**解答**: 生態學是生物科學的一個分支,故基本研究方法也是以科學方法為主。此外,生態學家對於生物的族群分析、棲地研究、環境因子的影響也很重視。近年來,許多生態學家利用數學模型與遙感探測等方法來模擬無法在野外進行的大規模實驗。

2. What is the difference between taxonomic and ecological diversity?

**解答**: 生物多樣性可以分為遺傳多樣性(Genetic diversity),物種多樣性(Species diversity)與生態系多樣性(Ecosystem diversity)。不同的物種即是以分類學原理加以描述,因此也可以稱之為分類多樣性(Taxonomic diversity)。地球上的物種總數估計有一千多萬種至一億種之多,但是有被描述過的不過一百七十多萬種,可見有 80 %以上的物種尚不知其名,從高山上的高等植物到深海的細菌,構成了物種多樣性。生態多樣性方面,生態系是連續不可分的,其中遺傳與物種多樣性是地球生命演化之所繫,若要遺傳與物種多樣性能持續,則其棲地必須加以保護,如此在更大格局的生態系多樣性才能得以維持。

3. What is the difference between density-dependent and density-independent population regulation?（成大生物所）

解答：(1) 與密度無關的族群調節(Density-independent population regulation)：族群在「無限制」的環境中，即假設環境中空間食物等資源是無限的，因而其增長率不會隨族群本身的密度而變化，這類增長通常呈指數式增長，或可稱為與密度無關的增長(Density-independent growth)。與密度無關的增長又可分為兩類，如果族群的各個世代彼此不重疊，如一年生植物和許多一年生殖一次的昆蟲，其族群生長是不連續的，稱為離散增長；如果族群的各個世代彼此重疊，例如人類與多數的脊椎動物，其族群增長是連續的，此稱為連續增長。

(2) 與密度有關的族群調節(Density-independent population regulation)：與密度有關的增長同樣分離散和連續的兩類。自然族群不可能長期的按照指數生長，即使是細菌。若依照指數生長，在很短的時間內細菌族群就會充滿地球表面。在空間、食物等資源有限的環境中，比較可能的情況是出生率隨密度上升而下降，死亡率隨密度上升而上升。

4. What is the difference between primary and secondary succession?

解答：植物群落的發展可分為原生演替(Primary succession)與次生演替(Secondary succession)。原生演替是植物從裸地開始，植物必須藉由外力引入種子或是繁殖體才能出現先鋒群落的演替方式；次生演替是從火災或採伐後的次生裸地開始，植物從土壤中的種子萌發而開始形成先鋒群落的演替方式。（中山海生所；東華自然資源所）

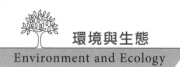
## 靜宜大學生態學考題

 **解釋名詞**

1. Law of tolerance：Shelford 在最小因子法則之基礎上又提出了耐受性法則(Law of tolerance)，他認為生物不僅受生態因子最低量的限制，而且受生態因子最高量的限制。

### 解答參考資料

1. 環境生態學，游以德，地景出版社。

2. 普通生態學，孫儒泳、李博、諸葛陽、尚玉昌，2000，藝軒出版社。

3. 生態學，周光裕，地景出版社。

4. 環境科學導論，張仁福，新文京開發出版股份有限公司。

5. 生態學，朱錦忠，高立圖書公司。

6. http://www.wordpedia.com/search/kdg.asp?kl=332J

7. http://www.cmi.hku.hk/Ref/Glossary/Bio/e.htm

8. http://www.geog.ntu.edu.tw/course/en_ecology/lect03.htm

9. http://www.wordpedia.com/search/gloss.asp?id=166a3e50

10. http://ise.nhltc.edu.tw/sciewww/%E5%BE%9E%E7%94%9F%E7%89%A9%E7%9A%84%E5%A4%9A%E6%A8%A3%E6%80%A7%E8%AB%87%E8%B5%B7.htm

11. http://www.cc.nctu.edu.tw/~humeco/9pub/ozone.htm

12. http://bc.zo.ntu.edu.tw/proj_200011/chap03.htm

13. http://biogeo.geo.ntnu.edu.tw/test1/teaching/lesson2/lesson2.htm

14. http://wagner.zo.ntu.edu.tw/guandu/article/4-4%E6%BA%BC%E5%9C%B0%E7%9A%84%E5%83%B9%E5%80%BC%E8%88%87%E7%94%9F%E6%85%8B%E5%8A%9F%E8%83%BD.htm

15. http://lter.npust.edu.tw/

16. http://content.edu.tw/local/yilan/baichen/fish/fish1.htm

17. http://www.tfri.gov.tw/tfe/sp75/11-6.htm

18. http://www.geog.ntu.edu.tw/course/en_ecology/lect04.htm

19. http://www.trongman.com.tw/abook/a176.HTM

20. http://www.bud.org.tw/Ma/Ma22.htm

21. http://life.nthu.edu.tw/~labtcs/ls2143/04.htm

1. 環境生態學，游以德，地景出版社。

2. 環境生態學鄉土教材，游以德，地景出版社。

3. 普通生態學，孫儒泳、李博、諸葛陽、尚玉昌，藝軒出版社。

4. 生態學，周光裕，地景出版社。

5. 環境科學導論，張仁福，新文京開發出版股份有限公司。

6. 生態平衡與自然保護，楊光仁，五洲出版社。

7. 生態學，朱錦忠，高立圖書公司。

8. 植物生態學，周昌弘，聯經出版社。

9. 應用生態學，趙榮臺，國立編譯館。

10. 海洋生態學，邵廣昭，明文出版社。

11. 環境生態學，朱錦忠，新文京開發出版股份有限公司。

12. 環境科學，段國仁，國立編譯館。

13. 環境生態學，張志傑，科技圖書公司。

14. 環境微生物，石濤，鼎茂出版社。

15. 環境生態學，張仁福，臺南復文書局。

16. 土壤汙染學，王一雄等，國立空中大學印行。

17. 蚯蚓大量離洞現象，科學月刊 365: 432-435 (2000)。
http://web.nchu.edu.tw/~htshih/worm/earthwrm/mass_fac.htm

18. 臺灣土壤劣化問題及改善，楊秋忠，國立中興大學土壤環境科學系。

19. 臺灣地區土壤汙染現況與整治政策分析，張尊國，永續（析）091-021號。

20. 土壤中有機汙染物處理技術研究，環保署研究計畫報告，曾四恭，EPA87-H104-09-06(1999)。

21. 土壤汙染評估方法之發展，環保署研究計畫報告，陳尊賢，EPA86-E3E1-09-01(1998)。

22. 美國土壤及地下水汙染整治技術，葉琮裕，環保訓練園地，50 期(2000)。

23. 環境科學概論，臺大生物環境系統工程系，張尊國，網路教學資料。

24. 經濟部水利署北區水資源局網，http://www.wranb.gov.tw/mp.asp?mp=5(2017)。

25. 臺灣地區之水資源，經濟部水資會(2017)。

26. 中興大學水土保持學系植生工程暨生態環境系統研究室網頁。

27. 大河戀網站，http://contest.ks.edu.tw/~river/，徐美玲。
http://www.ymsnp.gov.tw/index.php?option=com_content&view=article&id=27&Itemid=187。

28. 行政院農業委員會自然保育網站，http://conservation.forest.gov.tw/。

29. 取法日本對人工濕地生態工法之經驗，臺灣濕地第 26 期，楊磊。

30. 人工濕地應用規劃與法治課題，臺灣濕地第 23 期，邱文彥。

31. 漁農自然護理署網站，http://www.afcd.gov.hk/cindex.html

32. 冬山河風景區親水公園網頁，
http://www.e-land.gov.tw/Default.aspxhttp://okgo.tw/butyview.html?id=573。

33. 臺北市政府產業發展局網頁，
http://www.doed.gov.taipei/GIPDSD/xslGip/xslExport/105001/welcome2015/index.html。

34. 國立彰師大生物系網路教材，
http://163.23.212.3/bioedu/bijunior/ch12-15.html。

35. 環境教育網，http://www.bio.ncue.edu.tw/main.php。
https://elearn.epa.gov.tw/。

36. 臺灣酸雨資訊網，http://acidrain.epa.gov.tw/。

37. 生態工法技術參考手冊，國立臺北科技大學。

38. 環境綠化網頁 http://water.nchu.edu.tw/gren/gren.htm。

39. 新營市政府綠資源導覽手冊，http://www.sych.gov.tw/綠資源手冊.htm。

40. 都市植栽的生態問題，
http://www.alishan.net.tw/taiwan/activity/act2/act2-20.htm。

41. 行政院環保署環境督察總隊網頁，http://www.twdep.gov.tw/。

42. 行政院環境保護署「建立垃圾掩埋場復育工程及技術規範」。

43. 八里下罟子區域性衛生掩埋場網頁，http://pls.tpepb.gov.tw/。

44. 第一屆廢棄物清理實務研討會論文集，游以德、楊明德及余惠華。

45. http://www.twdep.gov.tw/www/d40/fuyui/index.htm。

46. http://leos.bu.edu/news_details.html?news_id=330。

47. 彰化師範大學遠距教學網頁，http://pck.bio.ncue.edu.tw/。

48. 生態保育，王麗娟、謝文豐，揚智出版社。

49. 環境保護概論，石濤，鼎茂出版社。

50. 經濟部水利署網站，http://www.wra.gov.tw/default.asp(2017)。

51. 行政院環保署空氣監測網，http://taqm.epa.gov.tw/emc/default.aspx?mod=
PsiAreaHourly(2017)。

• **MEMO** •

國家圖書館出版品預行編目資料

環境與生態/陳偉, 石濤編著. -- 四版. -- 新北市：
新文京開發出版股份有限公司, 2021.05
面 ； 公分

ISBN 978-986-430-716-6（平裝）

1.環境工程 2.環境保護 3.自然保育

445 110005582

環境與生態（第四版） （書號：E136e4）

| | |
|---|---|
| 編 著 者 | 陳偉 石濤 |
| 出 版 者 | 新文京開發出版股份有限公司 |
| 地 址 | 新北市中和區中山路二段 362 號 9 樓 |
| 電 話 | (02) 2244-8188（代表號） |
| F A X | (02) 2244-8189 |
| 郵 撥 | 1958730-2 |
| 初 版 | 西元 2003 年 02 月 15 日 |
| 二 版 | 西元 2007 年 01 月 15 日 |
| 三 版 | 西元 2017 年 07 月 15 日 |
| 四 版 | 西元 2021 年 06 月 01 日 |

**New Wun Ching Developmental Publishing Co., Ltd.**

New Age · New Choice · The Best Selected Educational Publications — NEW WCDP

新文京開發出版股份有限公司

NEW
WCDP

新世紀・新視野・新文京 — 精選教科書・考試用書・專業參考書